Photoshop CS4

平面设计

宝典

陈晓飞　刘娟娟　张恒国●主编

秦春环●副主编

中国电力出版社

www.cepp.com.cn

内 容 提 要

本书通过大量精选案例，详细讲解了商业平面设计的方法和技巧，内容包括 Photoshop CS4 在平面广告设计、产品包装设计、地产广告设计、汽车广告设计、电子产品广告设计、卡通动漫等设计领域的应用，全面提高读者 Photoshop CS4 应用能力和设计能力。

本书以理论为基础，以操作为目标，注重培养读者的实际操作技能和设计能力，在讲解时以实例设计为主，在操作步骤中应用相关知识，将理论和实践相结合，真正做到"学以致用"。

本书由浅入深、循序渐进，适合 Photoshop 初中级读者，以及准备跨入平面广告设计、包装设计、数码艺术设计、影视后期处理、原画创作等行业的人员学习使用，同时也可用作各类职业院校相关专业及各类培训班的教材或参考用书，还可供自学人员学习参考。

图书在版编目（CIP）数据

Photoshop CS4平面设计宝典／张恒国主编. —北京：中国电力出版社，2009

ISBN 978-7-5083-9312-4

Ⅰ. P… Ⅱ. 张… Ⅲ. 图形软件，Photoshop CS4 Ⅳ. TP391.41

中国版本图书馆CIP数据核字（2009）第142667号

中国电力出版社出版、发行

（北京三里河路 6 号 100044 http://www.cepp.com.cn）

北京市同江印刷厂印刷

各地新华书店经售

*

2010 年 1 月第一版 2010 年 1 月北京第一次印刷

787 毫米×1092 毫米 16 开本 24.5 印张 661 千字 12 彩页

印数0001—3000 册 定价 **39.00** 元（含 1CD）

前　言

Preface

　　如今，计算机正在以前所未有的力量影响着人们的工作、学习和生活，计算机技术已经广泛地运用于社会的各个领域，对于接触计算机不多的人们来说，让他们一下子去读厚厚的手册或教材，就像进入一个全然陌生的世界，会感到困难重重，抽象的概念、复杂的操作步骤、全新的用户界面、日益庞大的功能会让初学者不知所措。因此，我们推出了这套"宝典系列"图书，旨在以读者需求为主线，以软件功能为依托，以实例制作为手段，全书语言生动简洁，图文并茂地对各个流行软件的使用与应用技巧进行介绍。

　　Photoshop 功能及其强大，堪称目前最好用的图像处理软件，目前最新的版本是 Photoshop CS4，它是由 Adobe 公司开发的图形处理系列软件之一，主要应用于图像处理、广告设计等领域。Photoshop 支持众多的图像格式，对图像的常见操作和变换做到了非常精细的程度，使得任何一款同类软件都无法望其项背，它拥有异常丰富的滤镜，熟练后读者自然能体会到"只有想不到，没有做不到"的境界，而这一切，Photoshop 都为我们提供了相当简捷和自由的操作环境，使我们的设计工作游刃有余。

　　全书运用了实例解析的方法，逐步阐述了 Photoshop CS4 的基本功能和使用方法，全书共分 16 个章节，内容丰富、结构安排合理，从实际应用的角度出发，通过大量精选的典型实例，全面介绍了使用 Photoshop CS4 软件绘制各种图形的过程，紧扣"基础"和"实用"两大基点，系统地讲解了 Photoshop CS4 的基本功能和使用技巧。详细阐述了使用 Photoshop CS4 进行平面设计和图形处理的思路、表现手法以及技术要领。本书案例丰富，集行业的宽度与专业的深度于一体，可谓"商业全接触，行业集大成"。通过综合实例的演练，更能帮助读者快速提升制作水平，为读者提供了轻松愉悦的学习氛围。书中包含的典型综合实例，结合作者多年的实践经验，介绍了专业人员需要掌握的技巧，帮助读者循序渐进地学会如何将 Photoshop CS4 应用于实际工作当中。力求使不同层次、不同行业的读者都能够从中学到更前沿、更先进的设计理念和实战技法，并且即学即用，学以致用，将所学知识直接应用于求职或实际工作当中。

　　本书实例丰富、分析透彻，针对较强，适合平面设计、广告设计、包装设计及出版印刷等相关行业使用，也可以作为高等院校和培训学校平面设计、广告设计、包装设计、CI 设计等专业学生学习的教材，以及平面设计行业的从业人员和社会培训班学员的自学参考用书。

　　由于时间紧张，加上编者水平有限，书中难免有不足和疏漏之处，敬请广大读者或专家同仁予以指正。

作　者
2009 年 6 月

▲人寿标志（见第3章）

▲棒棒糖（见第3章）

▲足球（见第3章）

▲铜钱（见第3章）

▲蒲公英（见第3章）

▲月饼（见第3章）

▲饼干字（见第4章）

▲金属字（见第4章）

▲特效字（见第4章）

▲LOVE（见第4章）

▲特效字（见第4章）

▲特效字（见第4章）

▲English（见第4章）

▲水晶字（见第4章）

▲话筒（见第5章）

▲茶壶（见第5章）

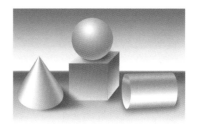

▲几何体（见第5章）

▲果盘（见第5章）

▲跳舞卡（见第6章）

▲牙膏广告（见第6章）

▲奇强广告（见第6章）

▲笔记本电脑（见第7章）

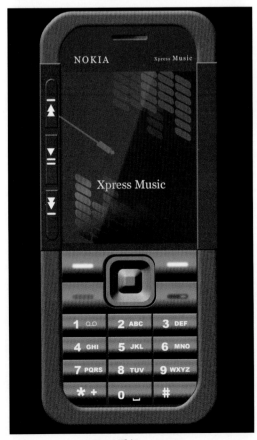

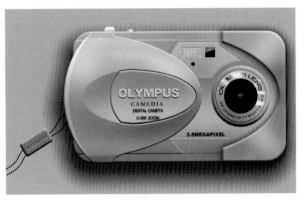

▲NOKIA手机（见第7章）

▲相机（见第7章）

▲录音机（见第7章）

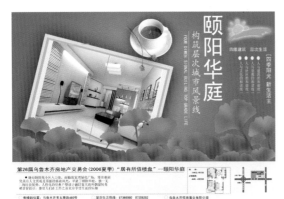

▲颐阳地产（见第8章）

▲房产广告（见第8章）

▲别墅广告（见第8章）

▲商业街（见第8章）

▲牛奶包装盒（见第9章）

▲蛋卷（见第9章）

▲葡萄酒（见第9章）

▲剑南春广告（见第9章）

▲乐驰汽车（见第10章）

◀汽车轮胎广告（见第10章）

▲汽车广告（见第10章）

▲鼠绘车效果（见第10章）

▲男士香水（见第11章）

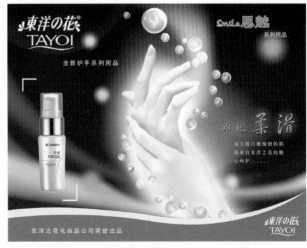

▲东洋之花（见第11章）

▲唇彩广告（见第11章）

▲飘影广告（见第11章）

▲薯圈软包装（见第12章）

▲薯片包装（见第12章）

▲亿家净（见第12章）

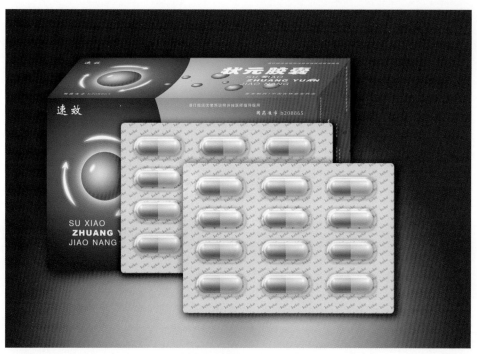

▲药品（见第12章）

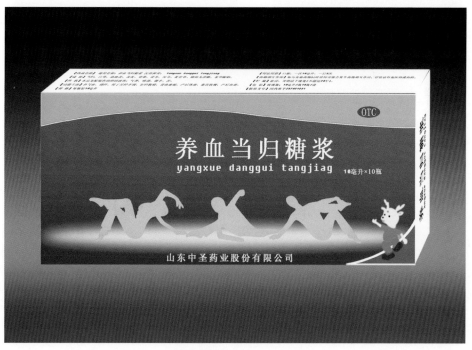

▲养血糖浆（见第12章）

▲保温杯（见第13章）

▲打火机（见第13章）

▲瑞士军刀（见第13章）

▲皮鞋（见第13章）

▲小蚂蚁（见第14章）

▲小女孩（见第14章）

▲母女俩（见第14章）

▲明星（见第14章）

▲插图1（见第15章）

▲插图2（见第15章）

▲森林（见第15章）

▲少女插画（见第15章）

▲玉器盒（见第16章）

▲胶卷（见第16章）

◀瓜果飘香（见第16章）

◀小提琴（见第16章）

目 录

Contents

第1章

Photoshop CS4 概述

本章导读

本章主要是介绍 Adobe Photoshop CS4 的入门章节，主要介绍 Photoshop CS4 的工作界面和各种基本工具的使用方法，包括选区类工具、画笔类工具、填色类工具、文字类工具等基本工具，这些工具是学习使用 Adobe Photoshop CS4 软件的基础，熟练掌握并应用这些工具是处理图像的第一步，也是学好 Photoshop CS4 的关键。

知识要点

首先要熟悉 Photoshop CS4 的工作界面，然后要学习和掌握各种基本工具的用法，在学习这些工具时，要了解各种选区工具的特点和使用方法：画笔类工具要了解画笔的设置，画笔面板的运用以及定义画笔图案；填色类工具中要掌握渐变填色，渐变的编辑方法；文字类工具中文字的应用，文字的变形等知识，要理解每一类工具的特点，并结合属性工具栏和调板进行使用，掌握好这些基本工具，对编辑处理图像十分有帮助。

1.1　Adobe Photoshop CS4 概述

Adobe Photoshop 最初的程序是由 Mchigan 大学的研究生 Thomas 创建的，后经 Knoll 兄弟以及 Adobe 公司程序员的努力，Adobe Photoshop 产生巨大的转变，一举成为优秀的平面设计编辑软件。它的诞生可以说掀起了图像出版业的革命，目前 Adobe Photoshop 最新版本为 CS4，它的每一个新版本都会增添新的功能，这使它获得越来越多的支持者，也使它在诸多的图形图像处理软件中立于不败之地。

美国 Adobe 公司 1982 年成立，是美国第四大个人电脑软件公司，它提供的产品遍及图形设计、图像制作、数码视频等领域。其产品被网页和图形设计人员、专业出版人员、商务人员广泛应用。

Photoshop 是 Adobe 公司旗下最为出名的图像处理软件之一，它可以提供最专业的图像编辑与处理。Adobe Photoshop CS4 软件通过更直观的用户体验、更大的编辑自由度以及大幅度提高的工作效率，能更轻松地使用其无与伦比的强大功能，在众多的图像处理工具中，Photoshop 是非常引人注目的软件，它在图像处理、图片合成、多媒体界面设计、网页制作等方面都得到广泛的应用。

Photoshop 基本的功能特征表现在如下几点：

（1）丰富的画笔和全面的绘画工具可以完全模拟现实工具。

Photoshop 是图片处理软件，但是它的绘图功能一点也不逊色于专业的绘图类软件。它可以自由地绘制笔触清晰的艺术作品，也可以用来修饰照片和修复图片。

（2）快速高效的选择工具帮你快速锁定目标。

在图片处理的过程中，经常要把图像局部从图像背景中提出来，一般可以使用选取工具，对于精确度高的操作，则可以使用钢笔工具选取后转化成选区。

（3）层的应用使复杂的图像在处理时井然有序。

在设计中，通常需要在一个文件中处理许多要素，如背景层、图像层、填充层、调节层、文字层等。可以定义层的名称、外观、颜色。

（4）丰富的图层样式可以给我们的字体或图形快速添加效果。

我们可以轻易地为文字、路径、造型添加纹理效果，而且观察效果和修改效果都很方便，并能导出和导入，增加了实用性。

（5）更加完善的文字编辑功能。

文字的编辑功能在新版本中更加完善，功能更接近专业的文字排版软件。

（6）百余款实用的精品滤镜为我们的设计增光添彩。

Photoshop CS4 具有百余款非常好用的滤镜，基本上已经可以满足我们日常工作的需求。

1.2　Adobe Photoshop CS4 安装和界面介绍

1.2.1　Adobe Photoshop CS4 安装

步骤 01 首先双击 "Setup.exe" 的 Photoshop CS4 安装程序，如图 1-1 所示。

步骤 02 首先检查系统配置文件，检查的进度会在初始化面板显示，如图 1-2 所示。

图 1-1　　　　　　　　　　　　　　　　　　　图 1-2

步骤 03 检查完毕后，会出现欢迎界面，在该面板中可以输入序列号或选择安装试用版，如图 1-3 所示。

步骤 04 接下来会显示安装许可协议，选择 "接受" 许可证协议中的条款，如图 1-4 所示。

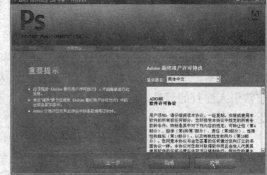

图 1-3　　　　　　　　　　　　　　　　　　　图 1-4

步骤 05 接着可以选择安装的类型和语言，安装位置默认路径为 c:\program Files\Adobe\，如果要改变路径，就单击"更改"按钮。在右侧可以选择安装选项，如图 1-5 所示。

步骤 06 接下来系统进行安装，并显示文件复制进度，如图 1-6 所示。

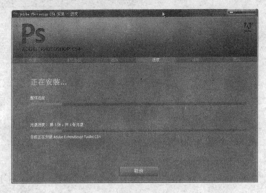

图 1-5　　　　　　　　　　　　　　　　　　　图 1-6

步骤 07 安装完成后，单击"退出"按钮，Photoshop CS4 安装完成，如图 1-7 所示。

步骤 08 在桌面上会自动添加 Photoshop CS4 快捷图标，双击图标可以直接运行 Photoshop CS4 软件，如图 1-8 所示。

图 1-7　　　　　　　　　　　　　　　　　　　图 1-8

步骤 09 接着会显示 Photoshop CS4 的运行界面，如图 1-9 所示。

步骤 10 如果之前软件没有注册，此时就会弹出注册面板，可以试用 30 天，也可以输入序列号，注册软件，如图 1-10 所示。

图 1-9　　　　　　　　　　　　　　　　　　　图 1-10

步骤 11 输入完成后，启动 Photoshop CS4，进入到 Photoshop CS4 工作界面，如图 1-11 所示。

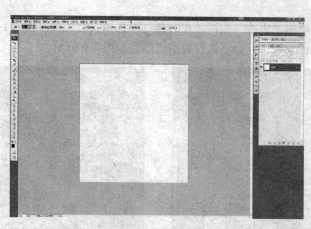

图 1-11

1.2.2 Adobe Photoshop CS4 界面介绍

Photoshop CS4 的工作界面简洁整齐，如图 1-12 所示。界面由以下几个部分组合而成，它们分别是：

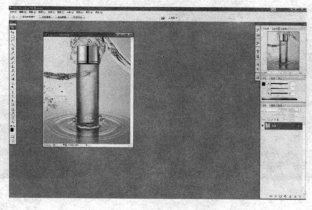

图 1-12

1．标题栏

这里显示当前应用程序的名字即 Adobe Photoshop，当我们将图像窗口最大化显示时，这里会改为显示当前编辑图像的文件名及色彩模式和正在使用的显示比例。标题栏右边的三个按钮从左至右依次为最小化、最大化和关闭按钮，分别用于缩小、放大和关闭应用程序窗口。

2．菜单栏

使用菜单栏中的菜单可以执行 Photoshop 的许多命令，在该菜单栏中共排列有 9 个菜单，其中每个菜单都带有一组自己的命令。

3．工具选项栏

从 Photoshop 6.0 开始，工具选项栏取代了以往版本中的工具选项面板，从而使得我们对工具属性的调整变得更加直接和简单。

4．工具箱

工具箱包含了 Photoshop 中各种常用的工具，单击某一工具按钮就可以调出相应的工具。

5．图像窗口

图像窗口即图像显示的区域，在这里我们可以编辑和修改图像，对图像窗口我们也可以进行放大、缩小和移动等操作。

6．参数设置面板

窗口右侧的小窗口称为控制面板，我们可以使用它们配合图像编辑操作和 Photoshop 的各种功能设置。执行窗口菜单中的一些命令，可打开或者关闭各种参数设置面板。

7．状态栏

窗口底部的横条称为状态栏，它能够提供一些当前操作的帮助信息。

8．Photoshop 桌面

在这里我们可以随意摆放 Photoshop 的工具箱、控制面板和图像窗口，此外我们还可以双击桌面上的空白部分快速打开各种图像文件。

1.3　选　区　工　具

选区工具是 Photoshop CS4 一个重要的基础工具，它在编辑图像时十分常用。Photoshop CS4 提供了各种建立选区和编辑选区的方法。

1.3.1　规则选区

选框工具共有 4 种，包括矩形选框工具、椭圆选框工具、单行选区，单列选区工具，如图 1-13 所示。

1．矩形选区

选择矩形选区选框工具，按住鼠标拖曳，可以直接绘制矩形选区，如图 1-14 所示。

在使用矩形选区时：按住 Shift+□组合键可以绘制正方形，如图 1-15 所示。按住 Shift + Alt+□组合键可以以起点为中心绘制正方形。

（1）选区运算。

所谓选区的运算就是指添加、减去、交集等操作。它们以按钮形式分布在属性工具栏上。它们分别是新选区、添加到选区、从选区减去、与选区交叉，如图 1-16 所示。

图 1-13　　　　　　　图 1-14　　　　　　图 1-15　　　　　　图 1-16

1）新选区：清除原有的选择区域，直接新建选区。

2）添加到选区：在原有选区的基础上，增加新的选择区域，形成最终的选择范围，如图 1-17 所示。

3）从选区减去：在原有选区中，减去与新的选择区域相交的部分，形成最终的选择范围，如图 1-18 所示。

图 1-17　　　　　　　　　　　　　　　　　　　图 1-18

4）与选区交叉：使原有选区和新建选区相交的部分成为最终的选择范围，如图1-19所示。

（2）羽化。

设置羽化参数可以有效地消除选择区域中的硬边界并将它们柔化，使选择区域的边界产生朦胧渐隐的过渡效果，如图1-20所示。

图1-19   图1-20

（3）样式。

该选项是用来规定矩形选框的长宽特性的。如我们选择"固定大小"，然后在"宽度"和"高度"上分别输入"80 PX"和"80 PX"，设置完毕，用鼠标在编辑区中单击一下，一个80 px×60 px的选区便自动建立起来了。样式下拉菜单中提供了3种样式选择，如图1-21所示。

1）正常：这是默认的选择样式，可以用鼠标创建长宽任意的矩形选区。

2）约束长宽比：可以为矩形选区设定任意的长宽比。

3）固定大小：可以通过直接输入宽度值和高度值来精确定义矩形选区的大小。

2．椭圆形选区

使用椭圆选框工具可以在图像中制作出半径随意的椭圆形选区。它的使用方法和工具选项栏的设置与矩形选框工具的大致相同，如图1-22所示。

图1-21   图1-22

3．单行单列选区

（1）单行选框工具。使用单行选框工具可以在图像中制作出1个像素高的单行选区。

（2）单列选框工具。与单行选框工具类似，使单列选框工具可以在图像中制作出1个像素宽的单列选区。

1.3.2 套索工具

套索工具也是一种经常用到的制作选区的工具，可以用来制作折线轮廓的选区或者徒手绘画不规则的选区轮廓。套索工具共有3种，包括：套索工具、多边形套索工具和磁性套索工具，如图1-23所示。

1．套索工具

使用套索工具，可以用鼠标在图像中徒手描绘，制作出轮廓随意的选区。通常用它来勾勒一些形状不规则的图像边缘，如图1-24所示。

2．多边形套索工具

多边形套索工具在图像中制作折线轮廓的多边形选区。使用时，先将鼠标移到图像中单击以确定折线的起点，然后再陆续单击其他折点来确定每一条折线的位置。最后当折线回到起点时，光标下会出现一个小圆圈，表示选择区域已经封闭，这时再单击鼠标即可完成操作，如图1-25 所示。

3．磁性套索工具

磁性套索工具是一种具有自动识别图像边缘功能的套索工具。使用时，将鼠标移动到图像中单击选取起点，然后沿物体的边缘移动鼠标（不用按住鼠标的左键），这时磁性套索工具会根据自动识别的图像边缘生成物体的选区轮廓，如图1-26 所示。

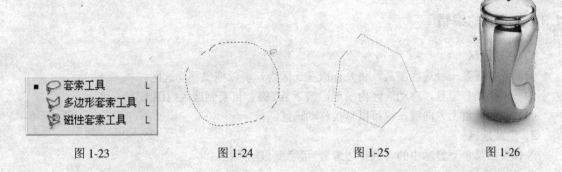

图 1-23　　　　　　　图 1-24　　　　　　　图 1-25　　　　　　　图 1-26

1.3.3　通过颜色建立选区

1．魔棒工具

（1）魔棒工具是 Photoshop 中一个有趣的工具，它可以把图像中连续或者不连续的颜色相近的区域作为选区的范围，以选择颜色相同或相近的色块，只要用鼠标在图像中单击一下即可完成操作。

（2）容差。用来控制魔棒工具在识别各像素色值差异时的容差范围。可以输入 0～255 之间的数值，取值越大容差的范围就越大；相反，取值越小容差的范围就越小。它能够有效地控制魔棒工具的选择灵敏度。如图1-27 和图1-28 所示为容差值大小不同的选择效果。

图 1-27　　　　　　　　　　　　　　　　图 1-28

2．色彩范围

选择菜单下的"色彩范围"也是通过颜色建立选区的，使用方法是先在色彩范围面板中选择一种颜色，如图1-29 所示。然后调节颜色容差范围来建立选区，如图1-30 所示。

图 1-29

图 1-30

1.3.4 选区的编辑

1．移动选区

（1）选择任意一种选区工具，将光标放在选区内，可以拖曳移动选区。

（2）使用选择工具，移动选区内图形，按下 Alt 键，可复制选区内图形。

（3）使用键盘上方向键，也可以直接移动选区。

2．隐藏选区

选择视图菜单下显示中的"选择边缘"，可隐藏显示选区。

3．反向选区

使用选择菜单下的"反选"命令或按下键盘上 Ctrl+Shif+I 键，可以将选区反向选择。

4．软化选区边缘

使用选择菜单下"修改"中的"羽化"命令或按下键盘上 Ctrl+Alt+D 键，可以弹出羽化选区面板，输入羽化半径，可以柔化选区边缘，如图 1-31 所示。

5．修改选区

（1）扩大或缩小选区边框。

在选择菜单下选择修改中的扩展命令，可以将选区按像素扩大，如图 1-32 所示。

在选择菜单下选择修改中的收缩命令，可以将选区按像素缩小，如图 1-33 所示。

图 1-31

图 1-32

图 1-33

（2）基于颜色扩展选区。

1）扩大选区：以包含所有位于魔棒选项中指定的容差范围内的相邻像素。

2）选取相似：以包含整个图像中位于容差范围内的像素，而不只是相邻的像素。

（3）使选区平滑。

在选择菜单下选择修改中的平滑，可以使选的边缘平滑。

（4）使用选区扩边。

在选择菜单下选择修改中的扩边，可将选区扩边。

6．选区的变形操作

在选择菜单下选择"变换选区"命令，可以对选区进行变换调节，如图 1-34 所示。

　　在变换选区工具框上单击鼠标右键，可以对选择框执行缩放、透视、变形等操作，如图 1-35 所示。

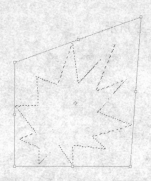

　　　　　　图 1-34　　　　　　　　　　　　　　　　　　图 1-35

7．选区的高级处理

（1）选区的保存。

在选择菜单下选择"存储选区"命令，可以将选区以通道方式保存。

（2）选区的载入。

在选择菜单下选择"载入选区"命令，可以将选区载入，如图 1-36 所示。

　　　　　　图 1-36　　　　　　　　　　　　　　　　　　图 1-37

1.4　笔　刷　工　具

　　笔刷工具是十分常用的一种绘图工具，它的使用方法也十分具有代表性，一般绘图和修图工具的用法都和它类似。在使用笔刷工具时只要指定一种前景色，设置好画笔的属性，然后用鼠标在图像上直接描绘即可。在画笔面板中设置相应的笔刷图标即可选择需要的画笔形状。画笔类工具包括画笔工具、铅笔工具和颜色替换工具，如图 1-37 所示。

1.4.1　画笔工具

　　画笔主要用于手工直接绘制图像，可设置不透明度，调整其不透明度的设置，可改变绘画颜色的深浅。

　　在使用画笔时，可通过基工具属性栏中的画笔下拉列表框选择笔刷的形状和尺寸，也可以在画布中右键单击鼠标打开笔刷选择列表，增大或缩小画笔的尺寸，快捷方式是"]"、"["。

1．调节画笔

使用画笔时，在属性栏上的画笔面板中可以设置画笔的直径大小、硬度、笔头的类型，还可以设置画笔的模式和透明度等参数，如图 1-38 所示。

选择画笔并调节直径、硬度等参数，绘制线条，如图 1-39 所示。

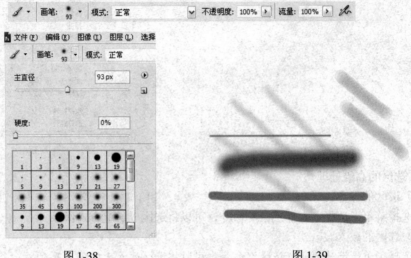

图 1-38　　　　　　　　　　　　　　　　图 1-39

2．画笔调板

可以如同在"画笔预设"选取器中一样在"画笔"调板中选择预设画笔，还可以修改现有画笔并设计新的自定画笔。"画笔"调板包含一些可用于确定如何向图像应用颜料的画笔笔尖选项。此调板底部的画笔描边预览可以显示当使用当前画笔选项时绘画描边的外观，如图 1-40 所示。

在画笔调板中设置画笔，并绘制图形，如图 1-41 所示。

图 1-40　　　　　　　　　　　　　　　　图 1-41

1.4.2　铅笔工具

铅笔工具没有羽化值，用前景色画图的用法和画笔基本相似，如图 1-42 所示。

若在属性工具栏中勾选了"自动抹除"，则在第二笔起笔时画笔有一半覆盖了第一笔，会以背景色在第一笔上绘制。

用画笔工具可以绘制实边的图形，如图 1-43 所示。

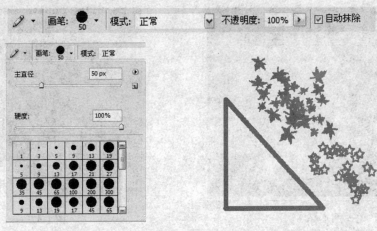

图 1-42　　　　　　　　　　　　　　　　图 1-43

1.4.3　历史记录画笔

（1）历史记录艺术画笔工具可使用选定状态或快照，采用模拟不同绘画风格的风格化描边进行绘画。

（2）历史记录画笔工具可将选定状态或快照的副本绘制到当前图像窗口中。

（3）颜色替换工具可将选定颜色替换为新颜色。

1.4.4　擦除工具

擦除工具可以擦除画面中的图形、像素。擦除工具包括橡皮工具、背景橡皮擦工具和魔术橡皮擦工具三种，如图 1-44 所示。

1．橡皮工具

橡皮工具用来擦除图像，它的使用方法很简单，像使用画笔一样，先选中橡皮擦工具后，按住鼠标左键在图像上拖动即可。当作用于背景图层时，擦除过的地方会用背景色填充；当作用于普通图层时，擦除过的地方会变成透明。在橡皮工具的选项栏中可设置画笔的大小、羽化值、不透明度等选项，这与笔刷工具很相似，如图 1-45 所示。

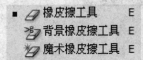

图 1-44　　　　　　　　　　　　　图 1-45

2．背景橡皮擦工具

背景橡皮擦工具是用来擦除像素的，擦除后的区域将为透明，如图 1-46 所示。

3．魔术橡皮擦工具

魔术橡皮擦工具将容差相近的颜色选中并擦除，如图 1-47 所示。

图 1-46

图 1-47

1.5 填 充 工 具

1.5.1 前景色与背景色

当前的前景色的显示在工具箱上部的颜色选区框中，当前的背景色会显示在下部的框中，如图 1-48 所示。

（1）要更改前景色，单击工具箱中靠上的颜色选择框，然后在拾色器中选取一种颜色，如图 1-49 所示。

（2）要更改背景色，单击工具箱中靠下的颜色选择框，然后在拾色器中选取一种颜色。

（3）要反转前景色和背景色，可单击工具箱中的"切换颜色"图标。

（4）要恢复默认前景色和背景色，可单击工具箱中的"默认颜色"图标。

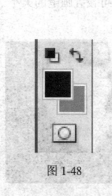

图 1-48

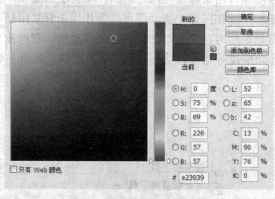

图 1-49

1.5.2 油漆桶工具

油漆桶工具有两个选项，即前景色和图案。前景色是使用前景色为填充色来在各选区内填充选择油漆桶工具，图案是指软件提供的图案或用户定义的图案，如图 1-50 所示。

使用油漆桶工具在图形中分别填充前景色和图案，如图 1-51 所示。

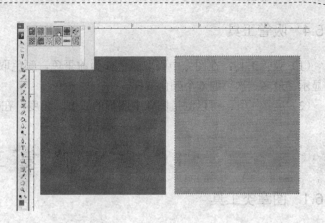

图 1-50   图 1-51

1.5.3 渐变填色

1．渐变工具

渐变就是在图像的某一区域填入多种过渡颜色的混合色。它提供了五种渐变工具，从左至右分别为直线状渐变、放射状渐变、螺旋状渐变、反射状渐变、菱形渐变，如图 1-52 所示。在属性栏中还有下面几项：

（1）反向：复选框使渐变的以相反的方向产生。

（2）仿色：复选框可使用递色法来调中间色调，从而使渐变效果更平缓。

（3）透明度：复选框可设置渐变的不透明度，在渐变编辑面板。

2．编辑渐变

在渐变编辑器面板中用户可以编辑渐变类型，如图 1-53 所示。

（1）在下方的颜色条下方每单击一次增加一个色标，其颜色是以最近使用的颜色。

（2）双击色标或在下方的颜色框中可改变色标的颜色，在上方每单击一次产生一个不透明性色标，其作用是改变当前不透明色标所在位置的颜色的不透明度。

（3）色标和不透明性色标的位置都可以在对话框中直接输入。单击删除可删除当前色标或不透明性色标，或将色标拖离颜色条即可删除一个色标。

（4）在当前色标和不透明性色标的两边各有一个控制点，拖动它可改变颜色或不透明度的过渡。

（5）存储按钮可保存设定好的渐变色，载入按钮可调用已经存储的渐变色和软件设定好的渐变色。在使用渐变时，直接单击数字键可改变渐变的整体不透明度，和画笔的用法一致。

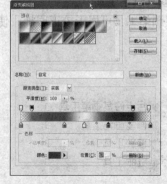

图 1-52   图 1-53

1.5.4 吸管工具

（1）吸管工具：在图像中吸取颜色作为前景色。颜色取样工具可吸取颜色值，在信息面板中显示，最多一次可取 6 个颜色取样。

（2）度量工具：可以测量图像中图形的长度、角度，在信息面板中显示。

1.6 图章修复工具

1.6.1 图章类工具

图章类工具包括仿制图章工具和图案图章两个工具，如图 1-54 所示。

1. 仿制图章工具

先按住 Alt 键吸取颜色，再移动到想要覆盖的区域将颜色覆盖上去，它也有画笔工具的不透明度、流量等选项，如图 1-55 所示。

图 1-54   图 1-55

2. 图案图章工具

图案图章工具是以图案作为填充色来覆盖图层，其用法和仿制图章工具相似。

1.6.2 修复工具

修复工具包括污点修复画笔工具、修复画笔工具、修补工具和红眼工具，如图 1-56 所示。

1. 污点修复画笔工具

污点修复画笔工具可移去污点和对象。

2. 修复画笔工具

修复画笔工具可用于校正瑕疵，使它们消失在周围的图像中，如图 1-57 所示。

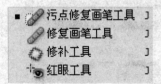

图 1-56   图 1-57

3．修补工具

通过使用修补工具，可以用其他区域或图案中的像素来修复选中的区域。像修复画笔工具一样，修补工具会将样本像素的纹理、光照和阴影与源像素进行匹配，如图 1-58 所示。

4．红眼工具

红眼工具可移去由闪光灯导致的红色反光。

图 1-58

1.7　局部调整工具

1.7.1　聚焦类工具

三个聚焦类工具可以对图像的细节进行局部的修饰，在修正图像的时候非常有用。模糊、锐化和涂抹工具可以使画面变柔化、变清晰、变模糊。它们的使用方法都和笔刷工具类似，如图 1-59 所示。

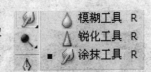

图 1-59

1．模糊工具

模糊工具是一种通过笔刷绘制，使图像局部变得模糊的工具。它的工作原理是通过降低像素之间的反差，使图像产生柔化朦胧的效果，如图 1-60 所示。

2．锐化工具

锐化工具是在颜色接近的区域内增加 RGB 像素值，使图像看起来不是很柔和，其选项和模糊工具相同。锐化工具与模糊工具相反，它是一种可以让图像色彩变得锐利的工具，也就是增强像素间的反差，提高图像的对比度，如图 1-61 所示。

3．涂抹工具

涂抹工具是在图像上拖动颜色，使颜色在图像上产生位移，感觉是涂抹的效果，涂抹工具就好比我们的手指，它可以模仿我们用手指在湿漉的图像中涂抹，得到特殊的变形效果，如图 1-62 所示。

图 1-60

图 1-61

图 1-62

1.7.2　色调类工具

减淡、加深和海绵工具可以将画面变亮、变暗、提高或降低纯度。这三个工具也可以对图像的细节进行局部的修饰，使图像得到细腻的光影效果，如图 1-63 所示。

图 1-63

1. 减淡工具

在图像原有的颜色基础上，减淡颜色，产生变浅的效果，如图 1-64 所示。

2. 加深工具

在图像原有的颜色基础上，加深颜色，产生变暗的效果，如图 1-65 所示。

3. 海绵工具

海绵工具可以用来调整图像的色彩饱和度。它通过提高或降低色彩的饱和度，达到修正图像色彩偏差的效果。

（1）去色：去色是在图像原有的颜色基础上，使图像原有的颜色逐渐产生灰度化的效果，如图 1-65 所示。

（2）加色：加色是在其原有的颜色基础上，增加颜色，使图像看起来更加鲜艳，如图 1-66 所示。

| 图 1-64 | 图 1-65 | 图 1-66 |

1.8 文 字 工 具

文字工具可以在图像中直接键入文本，并能够在上面对文本直接进行编辑和操作。文字工具包括直排文字工具、竖排文字工具、直排文字蒙版工具、竖排文字蒙版工具，如图 1-67 所示。

T 横排文字工具	T
T 直排文字工具	T
T 横排文字蒙版工具	T
T 直排文字蒙版工具	T

图 1-67

1.8.1 编辑文字

1. 输入文字

单击工具箱中的文字工具按钮，或者按快捷键 T 选取文字工具。在图像上输入文字的地方单击鼠标左键，出现一个"I"形的指示光标，这就是输入文字的基线，输入文字，完成后按组合键 Ctrl+Enter 结束文字编辑状态。如图 1-68 所示，此时，输入的文字将自动生成一个新的文字图层保存，如图 1-69 所示。

文字输入

图 1-68

图 1-69

2. 编辑文字

编辑修改文字时，选中要编辑的文字，可以在属性面板中调节文字字体和大小，也可调入字符面板对文字进行编辑，如图 1-70 所示。

1.8.2　编辑变形文字

（1）输入文字，然后选择字体变形按钮 ，使用字体变形工具可以创建变形文字，如图 1-71 所示。

（2）用钢笔工具绘制路径，然后沿着路径输入文字，如图 1-72 所示。

图 1-70

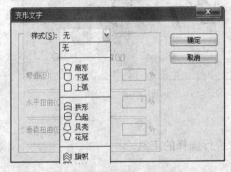

图 1-71

图 1-72

1.9　裁切切片工具

1.9.1　裁切工具

使用裁切工具可以对图像进行任意的裁减，重新设置图像的大小。裁剪工具用于减去画面中不需要的部分。使用方法是用裁剪工具拉框选中画面中需要的部分，将裁剪工具移入画面中进行双击，如图 1-73 所示。

图 1-73

1.9.2　切片工具

切片工具最大的作用就是可以将一张大图片分割为多个小图片。它将图片切割成多个小片，以此减少了登录到互联网中的滞留，加快了数据传送速度。切片工具包括切片工具和切片选择工具，如图 1-74 所示。

1．切片工具可创建切片

切片工具是将图片切割成多个小图片的工具，如图 1-75 所示。

■ ✂ 切片工具　　K
　✂ 切片选择工具　K

图 1-74　　　　　　　　　　　　　　图 1-75

2．切片选择工具

切片选择工具就是对由切片工具分割完的小图片进行选择的工具。

1.10　视图控制工具

1.10.1　缩放工具

缩放工具可以放大和缩小图像的显示倍数，最大为 1600%，最小为 0.22%，双击放大镜工具可将图像按 100%的比例显示。在使用其他工具时，按住 Ctrl+空格键可临时切换为放大镜，按住 Ctrl+"－"键为缩小显示倍数，按住 Ctrl+"＋"键为放大显示倍数。

1.10.2　抓手工具

当图像不能全部显示在画面中时，可通过抓手工具移动图像，但移动的是视图而不是图像，它并不改变图像在画布中的位置。双击抓手工具可以将图像全部显示在画面中。在使用其他工具时，按住空格键可临时切换为抓手工具，按 Ctrl+"0"键可将视图转为满画布显示，按任何工具+空格键为抓手工具🖐。

1.11　其　他　工　具

1．注释工具

在图像中插入注释，也就是图像的说明。

2．语音注释工具

可以在图像中插入语音注释，但要配合麦克风一起使用。

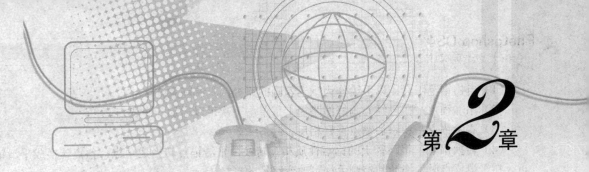

第 **2** 章

Photoshop CS4 基础操作

🎓 **本章导读**

　　本章将进一步介绍 Photoshop CS4 的其他基础工具的使用，其中包括路径、图层、滤镜等的使用方法，这些知识点是学习软件的重点和难点，而且这些内容在图形处理中都是经常用到的。在使用这些工具时，结合工具面板进行编辑，并调节相应参数，是设计创意的前提，因此学习和理解路径、图层、滤镜的特点和使用方法是十分必要的，在后面章节实例中将有大量练习都运用了这些知识点。

🎓 **知识要点**

　　本章主要学习路径、图层和滤镜等基础知识，路径是一种非常方便灵活的造型工具，Photoshop CS4 的路径工具功能强大并且操作简单，在使用时注意灵活运用；图层工具是 Photoshop CS4 软件的核心和魅力所在，是编辑图像中必不可少的，它使图像的编辑和处理变得十分简单和方便；滤镜也是学习 Photoshop CS4 的一个重要知识点，它在处理图像时会给图像带来意想不到的效果，是进行图像创意设计十分理想的工具。

2.1 路 径 工 具

2.1.1 钢笔工具

1．钢笔工具

　　钢笔工具主要用来勾画路径，使用钢笔工具可以创建或编辑直线、曲线或自由的线条及形状，这种图形被称为路径。路径是一种特殊的矢量图形，它可以存储选取范围并转为选区，也可以绘制各种复杂的图形。在属性栏上有三个选项：形状图层、路径、填充图层，如图 2-1 所示。

图 2-1

　　（1）形状图层是以图层作为颜色板，钢笔勾画的形状作为矢量蒙版来显示颜色，当改变矢量蒙版的形状时，图像中显示的颜色区域也随之改变，但改变的只是形状，颜色图层并没有改变。

　　（2）路径是以钢笔工具所勾画的形状存在的一种矢量图形，可以改变形状，转换成选区。

　　（3）填充图层是在钢笔工具时是不能用的，它在形状工具时才可以使用。

2．其他钢笔工具

　　钢笔工具中还包括自由钢笔工具、添加锚点工具、删除锚点工具和转换点工具，如图 2-2 所示。

♦ 钢笔工具	P
♦ 自由钢笔工具	P
♦⁺ 添加锚点工具	
♦⁻ 删除锚点工具	
∖ 转换点工具	

图 2-2

（1）自由钢笔工具：以手绘作为钢笔勾画的路径，具有随意性。

（2）添加锚点：在已经勾画好的路径上每单击一次可以增加一个锚点。

（3）删除锚点：和添加锚点正好相反。

（4）转换锚点：将路径上的锚点性质相互转换，平滑锚点转换成角点，角点转换成平滑锚点。在平滑锚点时，拖动其控制手柄可改变路径的形状。

3.路径面板的使用

"路径"调板列出了每条存储的路径、当前工作路径和当前矢量蒙版的名称和缩览图像。

在窗口菜单下可以调出路径面板，或按键盘上 F7 键也可以调出路径面板，如图 2-3 所示。

在路径面板中提供了对路径编辑的各种工具，其中包括：

（1）填充路径：可以将路径内填充颜色。

（2）描边路径：可以将路径用画笔描边，如图 2-4 所示。

（3）路径转为选区：将路径转换为选区。

（4）选区转为路径：将选区转换为路径。

图 2-3

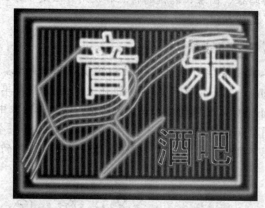

图 2-4

2.1.2　形状工具

形状工具分为矩形、圆角矩形、椭圆形、多边形、直线和自定义形状工具，如图 2-5 所示。

1.基本图形

用直线、矩形、椭圆形、多边形等工具可以绘制基本图形，如图 2-6 所示。

图 2-5

图 2-6

2.自定义形状

在自定义形状工具中，系统提供了不同类别的形状图案，包括动物、箭头、音乐、自然等，在使用时可以调出某一类，也可以选择全部，调出所有图案使用，如图 2-7 所示。

在使用自定义形状时既可以使用形状图层，也可以使用路径和填充像素。使用形状图案的方法很简单，选中图案后，在绘图区拖曳就可以出现图案，如图 2-8 所示。

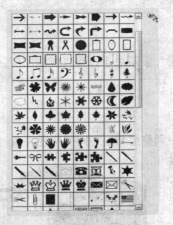

图 2-7

图 2-8

2.1.3 形状选择工具

形状选择工具包括路径组件选择工具和直接选择工具，如图 2-9 所示。

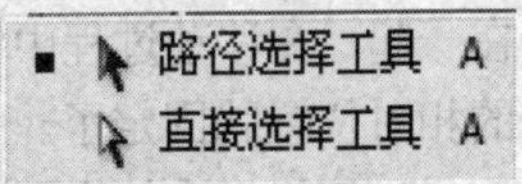

1.路径选择工具

只能选取矢量路径，包括形状、钢笔勾画的路径。被选择的路径可以进行复制、移动和变形等操作。

2.直接选择工具

可以选取单个锚点，并可以对其进行操作，如移动、变形等，按住 Alt 键也可以复制整个路径或形状。

图 2-9

2.2 图 层

图层是 Photoshop 中重要的功能，可以把图像分别放在不同的层，在对一层编辑时不会影响其他图层，各图层彼此独立，可以方便地进行修改。

2.2.1 图层面板

图层面板列出了图像中的所有图层、图层组和图层效果，可以使用图层面板来显示和隐藏图层、创建新图层以及处理图层组。在窗口菜单下可以调出图层面板，或按下 F7 键也可以调出图层面板，如图 2-10 所示。

图 2-10

2.2.2 编辑图层

在图层面板中可以对图层进行各种编辑处理操作。

1.新建图层

（1）在图层面板下单击"创建新图层"按钮 ，可以建立新的图层。

（2）按下键盘上 Ctrl+Shift+N 键也可建立新图层。

（3）在图层面板的子菜单中也可以新建图层。

2.复制图层

（1）在图层面板中选中一个图层拖曳到"创建新图层"按钮 上，可以复制图层。

（2）按下键盘上 Ctrl+J 键，可以复制图层。

（3）在图层面板的子菜单中也可以复制图层。

3.移动图层

（1）在图层面板中选中图层上下拖曳可以移动图层，调整层与层之间的位置关系。

（2）按下键盘上 Ctrl+[键，向下移动图层；按下键盘上 Ctrl+]键，向上移动图层。按下键盘上 Ctrl+Shift+N 键，将图层移动到底层，按下键盘上 Ctrl+Shift+N 键，将图层移动到顶层。

4.图层链接与编组

（1）链接：在编辑图像过程中，可以将关联的图层链接在一起，在移动过程中链接在一起的不同图层的图形之间的相对位置就固定了。

（2）编组：在编辑图像过程中，可以将有许多子对象构成的对象编组，以方便图层管理，如图 2-11 所示。

图 2-11

5.合并图层

（1）向下合并：向下合并图层，也可以按下键盘上 Ctrl+E 键。

（2）合并可见图层：将合并所有显示眼睛图标的图层。

（3）合并所有图层：拼合操作可以缩小文件大小，方法是将所有可见图层合并到背景中并扔掉隐藏的图层，可以按下 Shift+Ctrl+E 键。

2.2.3 图层效果

1.图层蒙版

在图层面板下按下"添加图层蒙版"按钮，可以给当前图层增加蒙版，利用蒙版可以制作透明渐变效果，如图 2-12 所示。

2.添加调整图层

在图层面板下面单击"创建新的填充或调整图层"按钮，可以弹出调整菜单，调整中包括填充类命令和色彩调整类命令，如图 2-13 所示。

新建调整图层，可在图层面板建立一个或多个调节层，主要是对色调和颜色的调整，如图 2-14 所示。

图 2-12

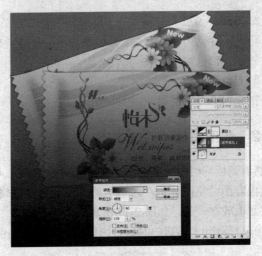

图 2-13　　　　　　　　　　　　　　　　图 2-14

3.图层样式

图层样式是应用于一个图层或图层组的一种或多种效果。可以应用 Photoshop 附带提供的某一种预设样式，或者使用"图层样式"对话框来创建自定样式。可以在"图层"调板中展开样式，以便查看或编辑合成样式的效果，如图 2-15 所示。

在图层样式面板中可以选择不同的效果，并在相应面板中调节参数，增加到对象，如图 2-16 所示。

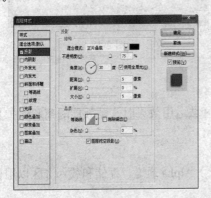

图 2-15　　　　　　　　　　　　　　　　图 2-16

2.3　通道和蒙版

2.3.1　通道

通道是指色彩的通道，将颜色分成基本的通道，存储不同类型信息的灰度图像。通道可以保存图像的颜色数据，可以保存选择区域，也可以制作各种特殊效果。通道包括下面三种类型。

1.颜色信息通道

它是在打开新图像时自动创建的。图像的颜色模式决定了所创建的颜色通道的数目。例如，RGB 图像的每种颜色（红色、绿色和蓝色）都有一个通道，并且还有一个用于编辑图像的复合通道。

2. Alpha 通道

将选区存储为灰度图像，可以添加 Alpha 通道来创建和存储蒙版，这些蒙版用于处理或保护图像的某些部分。

3. 专色通道

指定用于专色油墨印刷的附加印版。

2.3.2 通道面板

通道调板列出图像中的所有通道，对于 RGB、CMYK 和 Lab 图像，将最先列出复合通道。通道内容的缩览图显示在通道名称的左侧，在编辑通道时会自动更新缩览图。通道面板通常和图层面板放在一起，如图 2-17 所示。

当只打开一个通道的时候，图像显示灰色，如图 2-18 所示。

图 2-17

图 2-18

2.3.3 蒙版工具

蒙版是一种通常为透明的模板，在对图像的某一区域运用效果时，蒙版能隔离和保护其他区域不被编辑。

1. 选区蒙版

（1）快速蒙版：查看图像的临时蒙版（在工具箱上）Alpha 通道，存储和载入选区以用作蒙版。

（2）图层蒙版：控制图层不同区域如何被隐藏和显示。

2. 文字蒙版

选择文字蒙版工具，输入文字，提交后可转为选区。

2.4 色 彩 调 整

2.4.1 色阶

可以使用"色阶"对话框通过调整图像的阴影、中间调和高光的强度级别，从而校正图像的色调范围和颜色平衡。在图像菜单下可以调入色阶面板或按下键盘上的 Ctrl+U 键，如图 2-19 所示。

在色阶面板中调节色阶滑块按钮，可以调节颜色明暗，如图 2-20 所示。

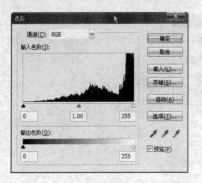

图 2-19

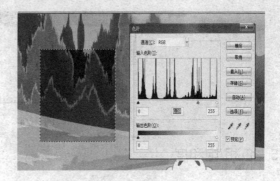

图 2-20

2.4.2　曲线

使用"曲线"可以调整图像的整个色调范围。"曲线"对话框可在图像的色调范围（从阴影到高光）内最多调整 14 个不同的点。也可以使用"曲线"对话框对图像中的个别颜色通道进行精确调整。在"曲线"对话框中，色调范围显示为一条直的对角基线，因为输入色阶（像素的原始强度值）和输出色阶（新颜色值）是完全相同的，图形的水平轴表示输入色阶；垂直轴表示输出色阶，如图 2-21 所示。

在曲线面板中，增加控制点，对图像进行调整，如图 2-22 所示。

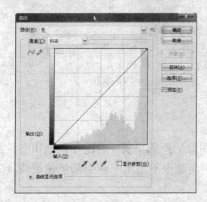

图 2-21

图 2-22

2.4.3　色彩平衡

用于普通的色彩校正，"色彩平衡"命令更改图像的总体颜色混合，在色彩平衡面板上调整滑块，可以调整图像颜色，如图 2-23 所示。

2.4.4　亮度/对比度

使用"亮度/对比度"命令，可以对图像的色调范围进行简单的调整。将亮度滑块向右移动会增

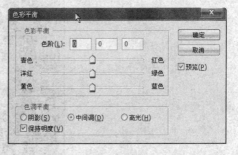

图 2-23

加色调值并扩展图像高光，而将亮度滑块向左移动会减少值并扩展阴影。对比度滑块可扩展或收缩图像中色调值的总体范围，如图 2-24 所示。

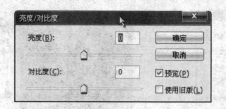

图 2-24

2.4.5 色相/饱和度

使用"色相/饱和度"命令，可以调整图像中特定颜色的色相、饱和度和亮度，或者同时调整图像中的所有颜色。此命令尤其适用于微调 CMYK 图像中的颜色，以便它们处在输出设备的色域内，也可以存储"色相/饱和度"对话框中的设置，并加载它们以供在其他图像中重复使用，如图 2-25 所示。

用色相/饱和度命令，可将对象调整为不同的颜色，如图 2-26 所示。

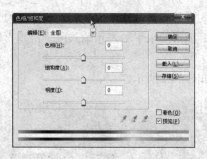

图 2-25

图 2-26

2.4.6 变化

"变化"命令通过显示替代物的缩览图，可以调整图像的色彩平衡、对比度和饱和度。此命令对于不需要精确颜色调整的平均色调图像最为有用。此命令不适用于索引颜色图像或 16 位/通道的图像，如图 2-27 所示。

图 2-27

2.4.7　调整文件

1.修改分辨率和颜色模式

在图像菜单下选择"模式"，会弹出色彩模式子菜单，在这里可以更换图像色彩模式，如图 2-28 所示。

2．改变分辨率

选择图像菜单下的"图像大小"命令，可以调整图像的大小和分辨率。

位图 (B)
灰度 (G)
双色调 (D)
索引颜色 (I)...
✔ RGB 颜色 (R)
CMYK 颜色 (C)
Lab 颜色 (L)
多通道 (M)

✔ 8 位/通道 (A)
16 位/通道 (N)
32 位/通道 (H)

颜色表 (T)...

图 2-28

2.5　滤　镜　的　使　用

通过使用滤镜，您可以对图像应用特殊效果或执行常见的图像编辑任务。Adobe 提供的滤镜显示在"滤镜"菜单中。第三方开发商提供的某些滤镜可以作为增效工具使用。在安装后，这些增效工具滤镜会出现在"滤镜"菜单的底部。

2.5.1　滤镜库

滤镜库可提供许多特殊效果滤镜的预览。可以打开或关闭滤镜的效果，复位滤镜的选项以及更改应用滤镜的顺序。如果对预览效果感到满意，则可以将它应用于图像。"滤镜"菜单下所有的滤镜并非都可在滤镜库中使用，如图 2-29 所示。

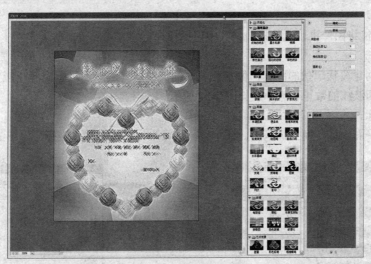

图 2-29

2.5.2　其他常用滤镜

1.模糊滤镜

模糊滤镜能柔化选区或整个图像，通过平衡图像中已定义的线条和遮蔽区域的清晰边缘旁边的像素，使图形变化更加柔和。

（1）高斯模糊。

使用可调整的量可快速模糊选区，产生一种朦胧效果，如图 2-30 所示。

（2）镜头模糊。

向图像中添加模糊以产生更窄的景深效果，以便使图像中的一些对象在焦点内，而使另一些区域变模糊。

（3）动感模糊。

沿指定方向（−360°～+360°）以指定强度（1～999）进行模糊。此滤镜的效果类似于以固定的曝光时间给一个移动的对象拍照。

（4）径向模糊。

模拟缩放或旋转的相机所产生的模糊，产生一种柔化的模糊。选取"旋转"，沿同心圆环线模糊，然后指定旋转的度数。选取"缩放"，沿径向线模糊，好像是在放大或缩小图像，然后指定 1～100 之间的值，如图 2-31 所示。

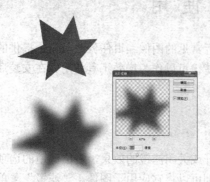
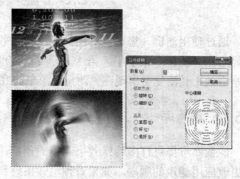

图 2-30 　　　　　　　　　　　　　　　图 2-31

2. 扭曲滤镜

"扭曲"滤镜将图像进行几何扭曲，其中包括各种不同方式的扭曲滤镜。

（1）波纹。

在选区上创建波状起伏的图案，像水池表面的波纹。要进一步进行控制，应使用"波浪"滤镜。选项包括波纹的数量和大小，如图 2-32 所示。

（2）极坐标。

将选区从平面坐标转换到极坐标，或将选区从极坐标转换到平面坐标，如图 2-33 所示。

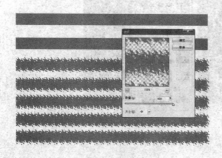
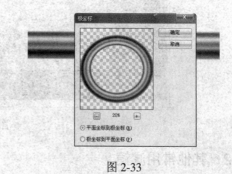

图 2-32 　　　　　　　　　　　　　　　图 2-33

（3）球面化。

通过将选区折成球形、扭曲图像以及伸展图像以适合选中的曲线，使对象具有 3D 效果，如图 2-34 所示。

（4）旋转扭曲。

旋转选区，中心的旋转程度比边缘的旋转程度大，指定角度时可生成旋转扭曲图案，如图

2-35 所示。

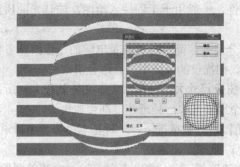
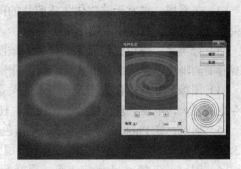

图 2-34　　　　　　　　　　　　　　图 2-35

3.渲染滤镜

"渲染"滤镜在图像中创建云彩图案、折射图案和模拟的光反射。

（1）云彩。

使用介于前景色与背景色之间的随机值，生成柔和的云彩图案。

（2）分层云彩。

分层云彩滤镜将云彩数据和现有的像素混合，其方式与"差值"模式混合颜色的方式相同。第一次选取此滤镜时，图像的某些部分被反相为云彩图案。应用此滤镜几次之后，会创建出与大理石的纹理相似的凸缘与叶脉图案。

（3）镜头光晕。

模拟亮光照射到相机镜头所产生的折射。通过单击图像缩览图的任一位置或拖动其十字线，指定光晕中心的位置，如图 2-36 所示。

（4）光照效果。

可以通过改变 17 种光照样式、3 种光照类型和 4 套光照属性，在 RGB 图像上产生无数种光照效果。还可以使用灰度文件的纹理（称为凹凸图）产生类似 3D 的效果，并存储自己的样式，可以在其他图像中使用，如图 2-37 所示。

图 2-36　　　　　　　　　　　　　　图 2-37

2.6　基　础　知　识

2.6.1　基本知识

（1）位图：又称光栅图，一般用于照片品质的图像处理，是由许多像小方块一样的"像素"

组成的图形。由其位置与颜色值表示，能表现出颜色阴影的变化。

（2）矢量图：通常无法提供生成照片的图像物性，一般用于工程持术绘图。如灯光的质量效果很难在一幅矢量图中表现出来。

（3）分辨率：每单位长度上的像素叫做图像的分辨率，简单地讲既是电脑的图像给读者自己观看的清晰度。分辨率有很多种，如屏幕分辨率、扫描仪的分辨率、打印分辨率等。

（4）图像尺寸与图像大小及分辨率的关系：如图像尺寸大，分辨率大，文件就较大，所占内存也就较大，电脑处理速度较慢，相反，任意一个因素减少，处理速度都会加快。

（5）通道：在 Photoshop 中，通道是指色彩的范围，一般情况下，一种基本色为一个通道。如 RGB 颜色，R 为红色，所以 R 通道的范围为红色。

（6）图层：在 Photoshop 中，每一层好像是一张透明纸，叠放在一起就是一个完整的图像。对每一图层进行修改处理，对其他的图层不会造成任何的影响。

2.6.2　图像的色彩模式

（1）RGB 彩色模式：又叫加色模式，是屏幕显示的最佳颜色，由红、绿、蓝三种颜色组成，每一种颜色可以有 0～255 的亮度变化。

（2）CMYK 彩色模式：由青、品红、黄、黑组成，又叫减色模式，一般印刷文件都是这种模式。

（3）HSB 彩色模式：是将色彩分解为色调、饱和度及亮度，通过调整色调、饱和度及亮度得到颜色和变化。

（4）Lab 彩色模式：这种模式通过一个光强和两个色调来描述一个色调叫 a，另一个色调叫 b，它主要影响着色调的明暗。一般 RGB 转换成 CMYK 都先经 Lab 的转换。

（5）索引颜色：这种颜色下图像像素用一个字节表示它最多包含有 256 色的色表储存并索引其所用的颜色，它图像质量不高，占空间较少。

（6）灰度模式：即只用黑色和白色显示图像，像素值为 0 时为黑色，像素值为 255 时为白色。

（7）位图模式：像素不是由字节表示，而是由二进制表示，即黑色和白色由二进制表示，从而占磁盘空间最小。

2.6.3　常用文件格式

1.主流文件格式

（1）BMP 格式。

BMP 是英文 Bitmap（位图）的简写，它是 Windows 操作系统中的标准图像文件格式，能够被多种 Windows 应用程序所支持。随着 Windows 操作系统的流行与丰富的 Windows 应用程序的开发，BMP 位图格式理所当然地被广泛应用。这种格式的特点是包含的图像信息较丰富，几乎不进行压缩，但由此导致了它与生俱来的缺点——占用磁盘空间过大。所以，目前 BMP 在单机上比较流行。

（2）GIF 格式。

GIF 是英文 Graphics Interchange Format（图形交换格式）的缩写。顾名思义，这种格式是用来交换图片的。GIF 格式的特点是压缩比高，磁盘空间占用较少，所以这种图像格式迅速得到了广泛的应用。最初的 GIF 只是简单地用来存储单幅静止图像（称为 GIF87a），后来随着技术发展，可以同时存储若干幅静止图像进而形成连续的动画，使之成为当时支持 2D 动画为数不多的格式之一（称为 GIF89a），而在 GIF89a 图像中可指定透明区域，使图像具有非同一般的显示效果，这更使 GIF 风光十足。目前 Internet 上大量采用的彩色动画文件多为这种格式的文件。

但 GIF 不能存储超过 256 色的图像，尽管如此，这种格式仍在网络上大行其道地应用，这和 GIF 图像文件短小、下载速度快、可用许多具有同样大小的图像文件组成动画等优势是分不开的。

（3）JPEG 格式。

JPEG 也是常见的一种图像格式，它由联合照片专家组（Joint Photographic Experts Group）开发并以命名为 "ISO 10918-1"，JPEG 仅仅是一种俗称而已。JPEG 文件的扩展名为.jpg 或.jpeg，其压缩技术十分先进，它用有损压缩方式去除冗余的图像和彩色数据，获取到极高的压缩率的同时能展现十分丰富生动的图像，换句话说，就是可以用最少的磁盘空间得到较好的图像质量。

同时 JPEG 还是一种很灵活的格式，具有调节图像质量的功能，允许你用不同的压缩比例对这种文件压缩，比如我们最高可以把 1.37MB 的 BMP 位图文件压缩至 20.3KB。当然，我们也完全可以在图像质量和文件尺寸之间找到平衡点。

由于 JPEG 优异的品质和杰出的表现，它的应用也非常广泛，特别是在网络和光盘读物上，肯定都能找到它的影子。目前各类浏览器均支持 JPEG 这种图像格式，因为 JPEG 格式的文件尺寸较小，下载速度快，使得 Web 页有可能以较短的下载时间提供大量美观的图像，JPEG 同时也就顺理成章地成为网络上最受欢迎的图像格式。

（4）TIFF 格式。

TIFF（Tag Image File Format）是 Mac 中广泛使用的图像格式，它由 Aldus 和微软联合开发，最初是出于跨平台存储扫描图像的需要而设计的。它的特点是图像格式复杂、存储信息多。正因为它存储的图像细微层次的信息非常多，图像的质量也得以提高，故而非常有利于原稿的复制。

该格式有压缩和非压缩两种形式，其中压缩可采用 LZW 无损压缩方案存储。目前在 Mac 和 PC 机上移植 TIFF 文件也十分便捷，因而 TIFF 现在也是普通计算机上使用最广泛的图像文件格式之一。

（5）PSD 格式。

这是著名的 Adobe 公司的图像处理软件 Photoshop 的专用格式 Photoshop Document（PSD）。PSD 其实是 Photoshop 进行平面设计的一张 "草稿图"，它里面包含有各种图层、通道、遮罩等多种设计的样稿，以便于下次打开文件时可以修改上一次的设计。在 Photoshop 所支持的各种图像格式中，PSD 的存取速度比其他格式快很多，功能也很强大。

（6）PNG 格式。

PNG（Portable Network Graphics）是一种新兴的网络图像格式。PNG 是目前保证最不失真的格式，它汲取了 GIF 和 JPG 二者的优点，存储形式丰富，兼有 GIF 和 JPG 的色彩模式；它的另一个特点能把图像文件压缩到极限以利于网络传输，但又能保留所有与图像品质有关的信息，因为 PNG 是采用无损压缩方式来减少文件的大小，这一点与牺牲图像品质以换取高压缩率的 JPG 有所不同；它的第三个特点是显示速度很快，只需下载 1/64 的图像信息就可以显示出低分辨率的预览图像；第四，PNG 同样支持透明图像的制作，透明图像在制作网页图像的时候很有用，我们可以把图像背景设为透明，用网页本身的颜色信息来代替设为透明的色彩，这样可让图像和网页背景很和谐地融合在一起。

PNG 的缺点是不支持动画应用效果，如果在这方面能有所加强，简直就可以完全替代 GIF 和 JPEG 了。Macromedia 公司的 Fireworks 软件的默认格式就是 PNG。现在，越来越多的软件开始支持这一格式，而且在网络上，也越来越流行。

（7）SWF 格式。

利用 Flash 我们可以制作出一种后缀名为 SWF（Shockwave Format）的动画，这种格式的动画图像能够用比较小的体积来表现丰富的多媒体形式。在图像的传输方面，不必等到文件全部下载才能观看，而是可以边下载边看，因此特别适合网络传输，特别是在传输速率不佳的情况下，也能取得较好的效果。事实也证明了这一点，SWF 如今已被大量应用于 WEB 网页进行多媒体演示与交互性设计。此外，SWF 动画是基于矢量技术制作的，因此不管将画面放大多少倍，画面都不会因此而有任何损害。综上，SWF 格式作品以其高清晰度的画质和小巧的体积，受到了越来越多网页设计者的青睐，也越来越成为网页动画和网页图片设计制作的主流，目前已成为网上动画的事实标准。

（8）SVG 格式。

SVG 可以算是目前最火热的图像文件格式了，它的英文全称为 Scalable Vector Graphics，意思为可缩放的矢量图形。它是基于 XML（Extensible Markup Language），由 World Wide Web Consortium（W3C）联盟进行开发的。严格来说应该是一种开放标准的矢量图形语言，可让你设计激动人心的、高分辨率的 Web 图形页面。用户可以直接用代码来描绘图像，可以用任何文字处理工具打开 SVG 图像，通过改变部分代码来使图像具有互交功能，并可以随时插入到 HTML 中通过浏览器来观看。

它提供了目前网络流行格式 GIF 和 JPEG 无法具备了优势：可以任意放大图形显示，但绝不会以牺牲图像质量为代价；字在 SVG 图像中保留可编辑和可搜寻的状态；平均来讲，SVG 文件比 JPEG 和 GIF 格式的文件要小很多，因而下载也很快。可以相信，SVG 的开发将会为 Web 提供新的图像标准。

2.其他非主流图像格式

（1）PCX 格式。

PCX 格式是 ZSOFT 公司在开发图像处理软件 Paintbrush 时开发的一种格式，这是一种经过压缩的格式，占用磁盘空间较少。由于该格式出现的时间较长，并且具有压缩及全彩色的能力，所以现在仍比较流行。

（2）DXF 格式。

DXF（Autodesk Drawing Exchange Format）是 AutoCAD 中的矢量文件格式，它以 ASCII 码方式存储文件，在表现图形的大小方面十分精确。许多软件都支持 DXF 格式的输入与输出。

（3）WMF 格式。

WMF（Windows Metafile Format）是 Windows 中常见的一种图元文件格式，属于矢量文件格式。它具有文件短小、图案造型化的特点，整个图形常由各个独立的组成部分拼接而成，其图形往往较粗糙。

（4）EMF 格式。

EMF（Enhanced Metafile）是微软公司为了弥补使用 WMF 的不足而开发的一种 Windows 32 位扩展图元文件格式，也属于矢量文件格式，其目的是希望使图元文件更加容易接受。

（5）LIC（FLI/FLC）格式。

FLIC 格式由 Autodesk 公司研制而成，FLIC 是 FLC 和 FLI 的统称：FLI 是最初的基于 320×200 分辨率的动画文件格式，而 FLC 则采用了更高效的数据压缩技术，所以具有比 FLI 更高的压缩比，其分辨率也有了不少提高。

（6）EPS 格式。

EPS（Encapsulated PostScript）是 PC 机用户较少见的一种格式，而苹果 Mac 机的用户则用得较多。它是用 PostScript 语言描述的一种 ASCII 码文件格式，主要用于排版、打印等输出工作。

（7）TGA 格式。

TGA（Tagged Graphics）文件是由美国 Truevision 公司为其显示卡开发的一种图像文件格式，已被国际上的图形、图像工业所接受。TGA 的结构比较简单，属于一种图形、图像数据的通用格式，在多媒体领域有着很大影响，是计算机生成图像向电视转换的一种首选。

2.6.4　常用平面设计软件介绍

现在平面设计软件的种类比较多，每个平面设计软件都有自己的特点和应用领域。其中最为常用的软件是 Photoshop、Illustrator 、CorelDRAW、InDesign 等软件。

1．Photoshop

Photoshop 是点阵设计软件，由像素构成，分辨率越大图像就越大，Photoshop 的优点是丰富的色彩及超强的功能，无人能及；缺点是文件过大，放大后清晰度会降低，文字边缘不清晰。

2．Illustrator

Illustrator 是矢量设计软件，可以随意放大缩小而清晰度不变。Illustrator 最大的优点是放大到任何程度都能保持清晰，特别是标志设计、文字、排版特别出色；MAC 和 PC 均可应用。

3．CorelDRAW

CorelDRAW 也是矢量设计软件，可以随意放大缩小而清晰度不变。CorelDRAW 最大的优点是放大到任何程度都能保持清晰，特别是标志设计、文字、排版特别出色；MAC 应用不多，多见于 PC。

4．InDesign

Adobe 的 InDesign 是一个定位于专业排版领域的全新软件，InDesign 博众家之长，从多种桌面排版技术汲取精华，专业应用于排版印刷领域。

第3章

基础操作入门

本章导读

本章精选一些入门的基础实例，目的在于在了解 Photoshop CS4 基本工具的基础之上，通过一系列有特色的练习，来掌握基本工具的使用方法，这些设计实例步骤详细，操作相对简单，通过对简单图形的绘制，可以进一步掌握 Photoshop CS4 的基础操作及绘图要领，同时也能够熟悉常用的绘图工具，了解基本工具的操作技巧及方法，掌握基本的绘图功能和绘图的流程，同时也为后面内容的学习做好铺垫。

知识要点

本章基础实例的学习，主要是对基本理论和基本工具的应用，其中几个基础练习，使用工具较多，在绘制练习时，要注意基本工具的灵活使用，如选区工具、填色工具、图层样式等，同时也包括辅助绘图工具，文件的新建，标尺辅助线工具的使用，在绘制过程中也要注意图层的运用，在用 Photoshop CS4 绘制图形时，一般是每新编辑一个新的对象，就新建一个图层，将不同的对象分别放置在不同的图层中，遇到复杂一些的对象也可以使用图层组，从而完成整体图形的绘制。

3.1 中国人寿保险公司标志设计

最终效果图如下：

步骤 01 在"文件"菜单中单击"新建"命令，在弹出的"新建"面板中，新建名称为"标志"，宽度 10cm、高度 10cm，分辨率 200 像素/英寸的文件。然后按下键盘的 Ctrl+R 键，显示出标尺栏，然后分别从标尺栏水平和垂直方向拉出辅助线，相交于图形的中间，如图 3-1 所示。

步骤 02 在图层面板中新建图层 1，然后在工具栏中选择"椭圆选区"工具，同时按下 Shift+Alt 键，从辅助线中心绘制出一个正圆，如图 3-2 所示。

图 3-1

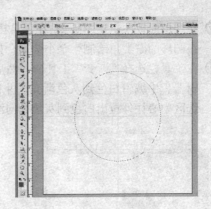

图 3-2

步骤 03　单击"工具栏"中的"前景色"，在弹出的"拾色器"面板中，选择深绿颜色，填充到圆形选区，如图 3-3 所示。

步骤 04　在"选择"菜单栏中选择"变换选区"，按住 Shift+Alt 组合键，将圆形选区向内缩小，绘制出中心的小圆，如图 3-4 所示。

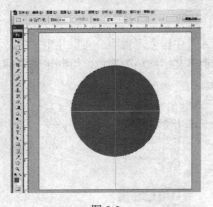

图 3-3

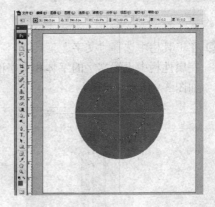

图 3-4

步骤 05　按下 Enter 键确定，提交变换选区命令，然后按下 Delete 键，将小圆内图形删除，形成圆环，如图 3-5 所示。

步骤 06　在工具栏选择"矩形选区"工具，沿着右上方辅助线，绘制一个大矩形，然后按下 Delete 键，将选区内的图形删除，如图 3-6 所示。

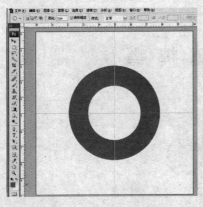

图 3-5

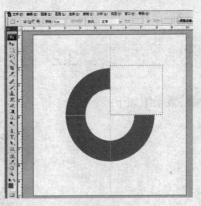

图 3-6

步骤 **07** 在图层面板中新建图层 2，在工具栏中选择"椭圆"工具 ，然后按住 Shift+Alt 组合键，在圆环的右上角绘制一个小圆形，如图 3-7 所示。

步骤 **08** 在工具栏选择"渐变"工具 ，然后在属性栏中选择"可编辑渐变"，在弹出的"渐变编辑器"中编辑白色到灰色渐变，并在属性栏渐变类型中选择"径向"渐变，然后从圆形选区中心往外拉出白色到灰色径向渐变，如图 3-8 所示。

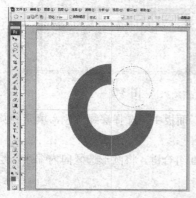

图 3-7   图 3-8

步骤 **09** 在工具栏中选择"文字"工具 T，在圆环下输入"中国人寿保险公司"几个文字，然后在属性栏中设置文字的字体和文字的大小，并调节文字颜色为黑色，绘制出完整标志，如图 3-9 所示。

图 3-9

3.2 五 彩 的 棒 棒 糖

最终效果图如下：

步骤 01 在"文件"菜单中单击"新建"命令，在弹出的"新建"面板中，新建名称为"棒棒糖"，宽度 15cm、高度 10cm，分辨率 200 像素/英寸的文件，在"工具栏"中设前景色为橙色，背景色为黄色，然后再选择"滤镜"菜单栏中的"素描"下的"半调图案"滤镜，在弹出的"半调图案"面板中，设置半调图案的大小为 9，对比度为 10，图案类型为"直线"，为文件增加滤镜效果，如图 3-10 所示。

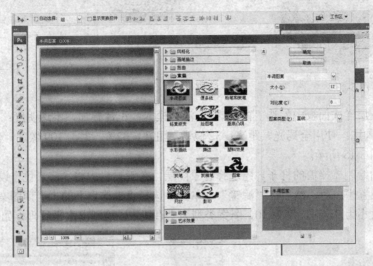

图 3-10

步骤 02 选择"滤镜"菜单栏中"扭曲"下的"旋转扭曲"滤镜，在弹出的"旋转扭曲"面板中，调节角度为 600°，做出漩涡的效果，如图 3-11 所示。

步骤 03 在工具栏中选择"椭圆"工具，按住 Shift 键，绘制一个正圆，并将圆形移动到漩涡的中心，如图 3-12 所示。

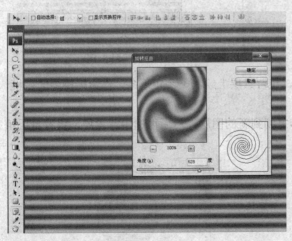

图 3-11

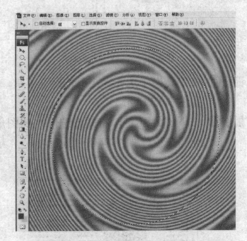

图 3-12

步骤 04 按下 Ctrl+J 键，将选区内的图形复制到新的图层，然后再将背景层填充为白色，如图 3-13 所示。

步骤 05 在图层面板中双击复制出的棒棒糖图层，在弹出的"图层样式"面板中勾选"投影"，在投影面板中调节混合模式：正片叠底，不透明度：75%，角度：-45°，勾选：使用全局光，距离：59 像素，扩展：9%，大小 73 像素，做出投影效果，如图 3-14 所示。

图 3-13   图 3-14

步骤 06 接着在图层样式面板中勾选"内阴影"，混合模式：正片叠加，不透明度：75%，角度：
−45°，勾选：使用全局光，距离：32 像素，阻塞：32%，大小 109 像素，做出内阴影效
果，如图 3-15 所示。

步骤 07 现在开始绘制棒棒糖的杆子。先选择背景图层，在工具栏中将"前景色"设为紫色，"背
景色"设置为白色，然后在"滤镜"菜单栏中选择"素描"下的"半调图案"，设置半调
图案的大小为 9，对比度为 10，图案类型为"直线"，绘制出水平纹理，如图 3-16 所示。

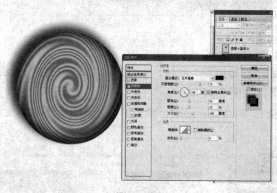

图 3-15   图 3-16

步骤 08 在工具栏中选择"矩形选区"工具 ⬚，在背景层上绘制一个矩形条，作为棒棒糖的手柄，
如图 3-17 所示。

步骤 09 按下 Ctrl+J 键，将矩形选区内的图形复制到新的图层，然后再选中背景层，将背景层填
充为白色，如图 3-18 所示。

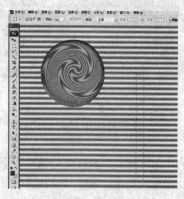

图 3-17   图 3-18

步骤⑩ 选择棒棒糖手柄图层，然后在图层上双击，在弹出的"图层样式"面板中勾选"投影"和"内阴影"，并分别调节参数，然后再按下 Ctrl+T 键，将棒棒糖手柄旋转个角度，如图 3-19 所示。

步骤⑪ 在图层面板中合并棒棒糖和手柄两个图层，然后按下 Ctrl+J 键，将绘制完成的棒棒糖进行连续复制，并移动位置，然后在"图像"菜单栏中选择"调整"下的"色相/饱和度"命令，分别对复制的棒棒糖进行色彩的调整，如图 3-20 所示。

图 3-19

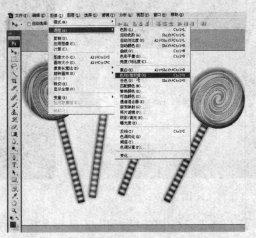

图 3-20

步骤⑫ 调整完成后，并按 Ctrl+T 键，将复制的棒棒糖角度和位置再做调整，绘制出最终效果，如图 3-21 所示。

图 3-21

3.3 足 球 的 制 作

最终效果图如下：

步骤 **01** 新建名称为"足球"的文件，宽度为 200mm，高度 200mm，分辨率 300 像素/英寸，颜色模式为 CMYK 模式的新文件，如图 3-22 所示。

步骤 **02** 在图层面板中新建图层，选择工具栏中的"多边形"工具 ◎，在属性栏中将边数设置为 6，选择类型为"填充像素"，前景色设为黑色，绘制一个正六边形，然后再双击六边形图层，在弹出的"图层样式"面板中勾选"斜面和浮雕"并调整参数，如图 3-23 所示。

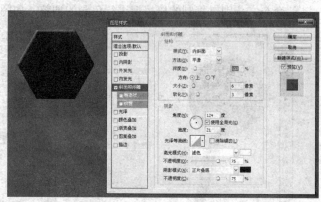

图 3-22   图 3-23

步骤 **03** 选择工具栏中的"移动"工具 ▸◂，按下 Alt 键，然后拖动鼠标，复制黑色的六边形，选中复制出的六边形，在"前景色"中填充为白色，如图 3-24 所示。

步骤 **04** 选择工具栏中的"移动"工具 ▸◂，按下 Alt 键，然后拖动鼠标，连续复制六边形，使其黑白相间，形成足球皮的效果，在图层中选中所有六边形，并合并图层，如图 3-25 所示。

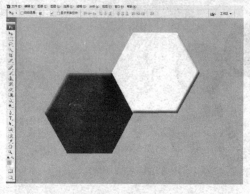

图 3-24   图 3-25

步骤 **05** 将足球皮图层关闭，然后新建图层，选择工具栏的"椭圆选区"工具 ◯，按下 Shift 键，绘制正圆形，然后再用"渐变填充"工具 ■，在"渐变编辑器"面板中设置白色到灰色渐变，并选择渐变方式为"径向渐变"，然后在圆形选区中拉出球体渐变图形，如图 3-26 所示。

步骤 **06** 打开刚才关闭的篮球皮层，并选中该图层，按下 Ctrl +Shift+I 键，执行反选，并按下 Delete 键，删除圆形以外的多边形图形，如图 3-27 所示。

步骤 **07** 再次按下 Ctrl +Shift+ I 键，将选区转换为圆形，然后选择"滤镜"菜单中的"扭曲"命令下的"球面化"命令，将足球皮球面化，并将数量值调节到 100，如图 3-28 所示。

步骤 **08** 选择编辑好的足球皮层，然后在图层面板中选择"正片叠底"效果，使足球皮和球体层融合在一起，如图 3-29 所示。

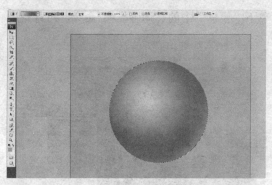

图 3-26

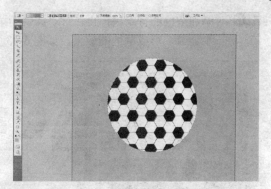

图 3-27

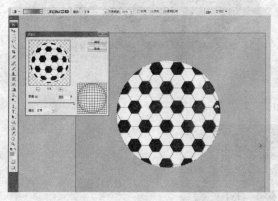

图 3-28

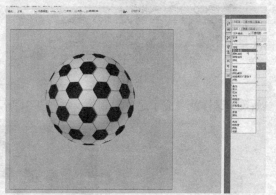

图 3-29

步骤 09 选择球体层，并在图层上双击，在弹出的"图层样式"面板中勾选"阴影"，并调节透明度为 70%、角度为 135°、距离 150、扩展 15、大小 145，给球体层增加阴影效果，如图 3-30 所示。

步骤 10 选择球体渐变层，选择"图像"菜单下"调整"中的"亮度/对比度"，调整球体亮度，使足球效果更好一些，如图 3-31 所示。

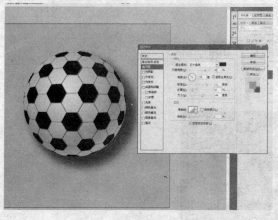

图 3-30

图 3-31

步骤 11 选择背景层，在工具栏中的"前景色"面板中选择深绿色，填充到背景层，然后再选择"滤镜"菜单下"杂色"中的"添加杂色"命令，为绿色背景添加杂色效果，如图 3-32 所示。

步骤⑫ 对添加杂色的背景层，再执行"滤镜"菜单下"模糊"中的"动感模糊"命令，对背景进一步调节，形成草地的效果，如图3-33所示。

图 3-32　　　　　　　　　　　　　　　　图 3-33

步骤⑬ 这样就完成了足球的制作，如图3-34所示。

图 3-34

3.4　铜　钱　的　制　作

最终效果图如下：

步骤 01　新建名称为"铜钱"，宽度为 18cm，高度 18cm，分辨率 300 像素/英寸，颜色模式为 RGB
　　　　模式的文件。在图层面板中新建图层，然后在工具栏中选择"椭圆选区"工具，按住
　　　　Shift+Alt 键，从中心拖出一个正圆，在前景色中填充颜色为黑色，如图 3-35 所示。

步骤 02　在"选择"菜单栏中选择"变换选区"，然后按住 Shift+Alt 键，向内拖动，缩小选区，将
　　　　拖动出来的椭圆按下 Delete 键，将圆形选区内的图形删除，形成圆环，如图 3-36 所示。

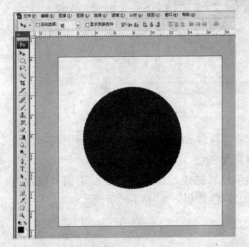

图 3-35

图 3-36

步骤 03　在工具栏中选择"圆角矩形"工具，在属性栏中选择"路径"，绘制一个半径为 10px
　　　　的圆角矩形，然后按 Ctrl+Enter 键，将路径转换为选区，并在前景色中填充颜色为黑色，
　　　　如图 3-37 所示。

步骤 04　在"选择"菜单栏中选择"变换选区"，然后按住 Shift+Alt 键，向内拖动，缩小选区，然
　　　　后按下 Delete 键，将选区内图形删除，如图 3-38 所示。

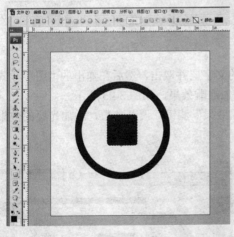

图 3-37

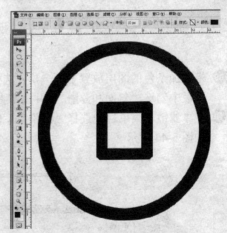

图 3-38

步骤 05　在工具栏中选择"文字"工具，绘制出铜钱上"乾隆通宝"文字，并在属性栏中选择
　　　　合适的字体和大小，将颜色设为黑色，并将文字摆放在图形的内部，如图 3-39 所示。

步骤 06　将上面绘制的图层合并，并按下 Ctrl 键，单击图层，将合并的图层转换为选区，然后在
　　　　工具栏中选择"渐变"工具，在"渐变编辑器"中编辑黄色渐变，渐变方式为线性，
　　　　给铜钱填充渐变色，如图 3-40 所示。

图 3-39   图 3-40

步骤 07 新建图层，在工具栏中选择"椭圆选区"工具 ⬭ ，按住 Shift+Alt 键，从图形中间向外绘制一个正圆，然后再选择"渐变"工具 ▬ ，填充渐变色，如图 3-41 所示。

步骤 08 在"滤镜"菜单栏中选择"杂色"中的"添加杂色"滤镜，在弹出的面板中调节数量为15、分布为平均分布，勾选单色单击确定，做出杂色效果，如图 3-42 所示。

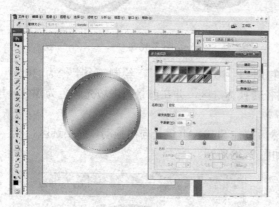

图 3-41   图 3-42

步骤 09 将添加杂色的图层放置下面一层，选中合并的文字层并双击，然后在弹出的"图层样式"面板中勾选"斜面和浮雕"，并调节参数，添加浮雕效果，如图 3-43 所示。

步骤 10 在"滤镜"菜单栏中选择"渲染"下的"光照效果"滤镜，调节参数，添加光照的效果，如图 3-44 所示。

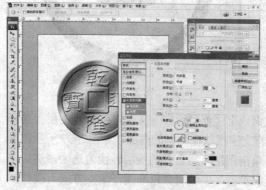

图 3-43   图 3-44

步骤⑪ 选中杂色层，在工具栏中选择"矩形选区"工具 ，并按住 Shift+Alt 键，从铜钱中心往外绘制矩形选区，然后按下 Delete 键，将矩形选区内图形删除，形成方孔，然后将所有图层合并，铜钱效果就完成了，如图 3-45 所示。

步骤⑫ 将合并的铜钱层复制，然后按下 Ctrl+T 键，在弹出的自由变换选框上单击鼠标右键，在快捷菜单中选择"透视"，并调节透视效果，如图 3-46 所示。

步骤⑬ 选中制作透视的铜钱，在工具栏中选择"移动工具"工具 ，并按住 Alt 键，然后连续按下键盘向上向左方向键，连续复制铜钱，选中所有复制的图层并合并，制作出铜钱的厚度，如图 3-47 所示。

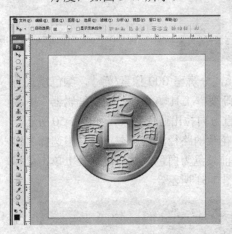

图 3-45　　　　　　　　　图 3-46　　　　　　　　　图 3-47

步骤⑭ 选中增加厚度的铜钱，并复制三个，选择工具栏中"画笔"工具 ，在属性栏中调节笔头大小，绘制出丝带轮廓，如图 3-48 所示。

步骤⑮ 在工具栏目选择"多边形套索"工具，选中丝带多余的面并删除，然后用"减淡"工具 和"加深"工具 ，对丝带进行调节。在图层面板中选中背景层，然后在"前景色"中选中咖啡色，填充到背景层。然后选中铜钱图层并双击，在弹出的"图层样式"面板中勾选"外发光"，并在外发光面板中调节大小为 200。分别选中透视的铜钱并增加阴影，绘制出最终效果，如图 3-49 所示。

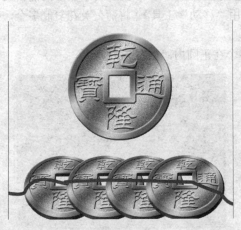

图 3-48　　　　　　　　　　　　　　图 3-49

3.5　蒲　公　英

最终效果图如下：

步骤 **01** 新建名称为"蒲公英"，宽度为 18cm，高度 12cm，分辨率 300 像素/英寸，颜色模式为
RGB 模式的文件。新建图层，在工具栏中选择"渐变"工具 ■，在"渐变编辑器"中编
辑蓝色到浅蓝色渐变，渐变方式为线性渐变，垂直方向拉出蓝色背景，如图 3-50 所示。

步骤 **02** 在工具栏中选择"钢笔"工具 ，绘制出蒲公英花朵的路径，然后在工具栏中选择"铅
笔"工具 ，在属性栏中设笔触大小为 7 像素，前景色为白色，然后在路径上单击鼠标
右键，用铅笔进行描边路径，再将路径删除，如图 3-51 所示。

图 3-50

图 3-51

步骤 **03** 在工具栏中选择"椭圆形选区"工具 ，按 Shift 键绘制一个正圆选区，单击右键在弹出
的快捷菜单中选择"描边"，描边颜色为黑色，然后按下 Ctrl+T 键，将绘制好的蒲公英花
缩小放在绘制的正圆上，然后按下 Alt 键，用"移动"工具 将蒲公英花复制多个，并
围绕正圆摆放，如图 3-52 所示。

步骤 **04** 将正圆图层隐藏，然后再将蒲公英花复制多个在正圆内，如图 3-53 所示。

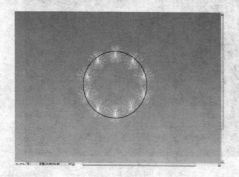

图 3-52

图 3-53

步骤 **05** 新建一个图层，在工具栏中选择"椭圆选区"工具，在蒲公英花的中间绘制一个椭圆选区，然后按下 Ctrl+Alt+D 键，在弹出的羽化面板中调节羽化大小为 12 像素，在前景色中填充褐色，作为蒲公英的花心，如图 3-54 所示。

步骤 **06** 将绘制好的花心复制，并按 Ctrl+T 键自由变换将花心缩小，然后连续复制，摆放在蒲公英花范围内，如图 3-55 所示。

图 3-54

图 3-55

步骤 **07** 新建图层，在工具栏中选择"钢笔"工具，绘制蒲公英枝干的路径，然后转换为选区并填充绿色，如图 3-56 所示。

步骤 **08** 新建图层，在工具栏中选择"矩形选区"工具，在底部绘制选区，并将前景色调节为绿色，然后用"渐变"工具，在渐变编辑器里选择第二种前景色到透明色渐变，在选区内填充绿色到透明的渐变，如图 3-57 所示。

图 3-56

图 3-57

步骤 **09** 在工具栏中选择"画笔"工具，在属性栏中调出画笔调板，选择一种草效果的笔触，并调节画笔大小，将前景色设为深绿色，绘制出草地效果，如图 3-58 所示。

步骤 **10** 在图层面板中将蒲公英花和枝干合并为一个图层，然后复制几个，并用 Ctrl+T 键自由变换缩小并旋转，摆放在草地里，如图 3-59 所示。

步骤 **11** 复制一个蒲公英的花，连续复制多个并任意摆放，绘制出飞舞的蒲公英花的效果，这样就完成了最终效果，如图 3-60 所示。

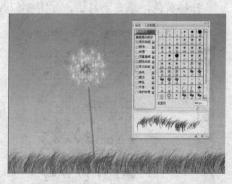

图 3-58

图 3-59   图 3-60

3.6 中 秋 月 饼

最终效果图如下：

步骤 01 新建名称为"月饼"，宽度为 21cm，高度 29.7cm，分辨率 200 像素/英寸，颜色模式为 RGB 模式的文件。新建图层，然后在工具栏中选择"自定义形状"工具，在属性栏中选择"路径"，并调出所有形状，然后选择花瓣形，作为月饼的形状，如图 3-61 所示。

步骤 02 将选中的花瓣图形拉入页面，并按 Ctrl+Enter 键，将路径转换为选区，然后在前景色中选择橘黄色，填充到月饼，如图 3-62 所示。

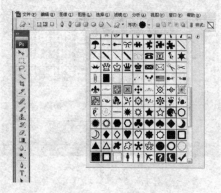

图 3-61   图 3-62

步骤 03 在工具栏中选择"钢笔"工具 ✿，绘制月饼上的花纹轮廓，然后将路径转换为选区并在前景色填充淡黄色，如图 3-63 所示。

步骤 04 将绘制完成的花纹进行复制，并对角度进行调节，环形摆放在月饼内，如图 3-64 所示。

图 3-63

图 3-64

步骤 05 在工具栏中选择"椭圆选区"工具 ◯，绘制椭圆选区，在前景色填充淡黄色，如图 3-65 所示。

步骤 06 在"选择"菜单栏中选择"变换选区"命令，将选区向内收缩，然后将圆形选区内部删除，并将选区取消，如图 3-66 所示。

图 3-65

图 3-66

步骤 07 在工具栏中选择"文字"工具 T，输入"思乡月饼"文字，并在属性栏中调节字体和大小，绘制出月饼上的文字，如图 3-67 所示。

步骤 08 在图层面板中将花纹，圆环和文字图层合并图层，然后按下 Ctrl 键，在合并的图层上单击选中图形，在工具栏中选择"渐变"工具 ▭，在"渐变编辑器"中编辑橘黄色到浅黄色渐变，填充到选区，如图 3-68 所示。

步骤 09 在花纹图层上双击，在弹出的"图层样式"面板中选择"斜面和浮雕"，并调节参数。选择月饼图层，在"滤镜"菜单栏中选择"杂色"下的"添加杂色"滤镜，将月饼添加杂色，然后再用"滤镜"菜单栏中选择"模糊"下的"动感模糊"滤镜，做出模糊效果，如图 3-69 所示。

步骤 ⑩ 将月饼上面的花纹图层隐藏，在工具栏中选择"移动工具"工具 ⍚，并按住 Alt 键，然后连续按下键盘上的向下向右方向键，连续复制月饼图层，绘制出月饼的厚度，选中所有复制出的图层并合并，如图 3-70 所示。

图 3-67

图 3-68

图 3-69

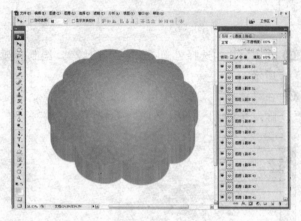

图 3-70

步骤 ⑪ 将隐藏的图层打开，按下 Ctrl+T 键进行透视调节，然后再双击图层，在弹出的"图层样式"面板中勾选"斜面和浮雕"，并调节参数做出斜面浮雕效果，如图 3-71 所示。

步骤 ⑫ 将绘制好的月饼合并图层，然后再双击图层，在弹出的"图层样式"面板中勾选"投影"，并调节投影参数，给月饼添加阴影效果，如图 3-72 所示。

图 3-71

图 3-72

步骤⑬ 将添加效果完成后的圆饼进行复制，然后给绘制完成的月饼添加一个背景图，找一张素
材图片，在"文件"菜单栏选择"置入"，添加到文件背景，这样就完成了月饼的绘制，
如图 3-73 所示。

图 3-73

第4章

特效字制作

本章导读

利用 Photoshop 强大的图像编辑处理功能，可以设计出各种不同效果的艺术字，本章节精选不同特点的艺术字作为案例，学习设计制作艺术字，不但可以进一步应用 Photoshop 的图层、路径、填色、滤镜等相关命令，还可以设计出新颖别致的艺术字，而且还可以把效果字应用到平面设计中，为平面设计增添色彩。在制作不同的特效字时，注意每种字体的特点、制作方法以及最终效果的把握，在学习完这些艺术字后，争取能做到举一反三，自己也能设计制作其他艺术字。

知识要点

在学习制作特效字过程中，选择不同的字体，把握字体不同的特点，在制作时注意突出其特点。在制作艺术字时，图层样式应用比较多，熟练掌握和应用图层样式工具是十分有用的，在制作特效字过程中，要注意学习每种不同特效字的制作方法以及最终效果的把握，并在制作过程中注意图层的应用。

4.1 牛 奶 字

最终效果图如下：

步骤 **01** 选择"文件"菜单栏中的"新建"，在弹出的新建面板中，新建一个名称为"牛奶字"，宽度 18cm、高度 10cm、分辨率为 300 像素/英寸、颜色模式为 RGB 颜色的文件，如图 4-1 所示。

步骤 **02** 在工具栏中单击"前景色"，在弹出的"拾色器"面板中，选择草绿色并确定，然后按下 Alt+Delete 键，将选择的绿颜色填充到背景，如图 4-2 所示。

图 4-1　　　　　　　　　　　　　　　　图 4-2

步骤 03 在工具栏中选择"横排文字"工具 T.，输入字母"Milk"，并在属性栏中选择字体为方正粗圆简体，大小为 200 点，颜色为白色，如图 4-3 所示。

步骤 04 在图层面板中双击文字图层，在弹出的"图层样式"面板中勾选"投影"，在投影面板中调节距离为 5，扩展为 5，大小为 85，增加投影效果，如图 4-4 所示。

图 4-3　　　　　　　　　　　　　　　图 4-4

步骤 05 接着在"斜面和浮雕"面板中调节样式为内斜面，深度为 155，大小为 32，软化为 15。在描边面板中设描边大小为 3 像素，颜色为黑色，如图 4-5 所示。

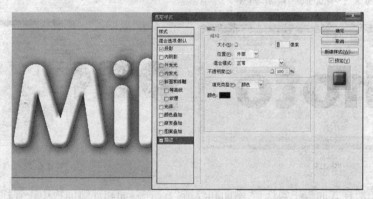

图 4-5

步骤 06 在图层面板中新建图层。在工具栏中选择"钢笔工具"工具 ♦.，在字母上绘制闭合的路径，然后按下键盘上的 Ctrl+Enter 键，将路径转换为选区，在前景色中选择黑色，填充到选区，并按下 Ctrl+D 键，取消选区，如图 4-6 所示。

步骤 07 重复**步骤 06**，依次在字母上绘制不规则图形，并填充黑色，最终完成牛奶字的绘制，如图 4-7 所示。

图 4-6   图 4-7

4.2 金 属 字

最终效果图如下：

步骤 01 选择"文件"菜单栏中的"新建"，在弹出的新建面板中，新建一个名称为"金属字"，宽度 28cm、高度 8cm、分辨率为 300 像素/英寸、颜色模式为 RGB 颜色的文件。在工具栏中选择"文字"工具 T，在页面中输入"photo"文字，然后在属性栏中设字体为粗黑体，大小为 150 点，颜色为黑色，如图 4-8 所示。

步骤 02 在图层面板中选中文字图层，并双击，在弹出的"图层样式"面板中勾选"投影"，并在投影面板中设置混合模式为正片叠底、不透明度为 75、角度为 90、距离 40、扩展 0、大小 70、为文字增加投影，如图 4-9 所示。

图 4-8   图 4-9

步骤 03 接着在图层样式面板中勾选 "斜面和浮雕"，在斜面和浮雕面板中设置样式为内斜面、方法为平滑、深度为 101、方向为上、大小 65、软化为 1、角度为 90、高度为 70、光泽等高线为 cone-inverted，高光模式为明度、不透明度为 100、阴影模式为正常、不透明度为 70。在斜面和浮雕下在勾选等高线，然后在等高线面板中设置等高线为 half-Round，范围为 50，如图 4-10 所示。

步骤 04 接着在图层样式面板中勾选"光泽"，在光泽面板中设置混合模式为明度、不透明度为 100、角度为 135、距离 7、大小 7，如图 4-11 所示。

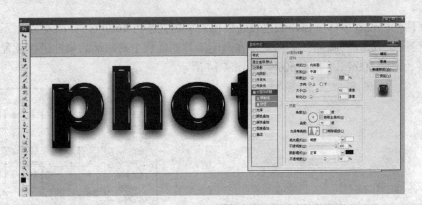

图 4-10

图 4-11

步骤 05 在图层样式面板中设定好后，单击确定按钮，这样就完成了金属字的制作，如图 4-12 所示。

图 4-12

4.3 珍 珠 字

最终效果图如下：

步骤 01 新建一个名称为"珍珠字"，宽度 18cm、高度 12cm、分辨率为 300 像素/英寸、颜色模式为 RGB 颜色的文件。在工具栏中按下"默认前景色和背景色"按钮，并按下 Alt+Delete 键，将背景填充为黑色。在工具栏中选择"文字"工具 T，输入"LOVE"英文文字，并

在属性栏中设置黑体字体，颜色设为白色，字体大小为 160 点，如图 4-13 所示。

步骤 02 在工具栏中选择"画笔"工具 ，在画笔工具的面板中对画笔的属性进行设置，直径 90 像素、硬度 100%、间距 160%，如图 4-14 所示。

图 4-13

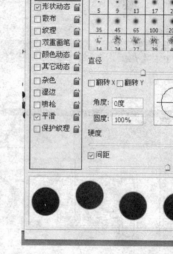

图 4-14

步骤 03 工具栏中选择"魔术棒"工具 ，单击文字会出现的文字选区，再新建一个图层，并将原来的文字图层隐藏，然后在菜单栏的"选择"里选择"修改"下的"收缩"，在弹出的收缩选区面板中将收缩量设为 30 像素，在路径面板中将选区转换为路径，并选择"画笔"进行"描边路径"，如图 4-15 所示。

步骤 04 用"路径选择"工具 选中路径，并按 Delete 键删除。将文字图层显示，按下 Ctrl 键，并单击文字图层，建立文字选区，在工具栏中选择"渐变"工具 ，并在渐变编辑器中编辑红色到黄色渐变，渐变方式为线性，将文字垂直拉出渐变，如图 4-16 所示。

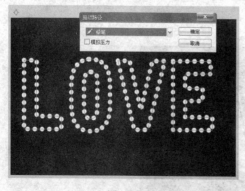

图 4-15

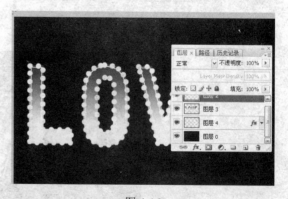

图 4-16

步骤 05 新建图层，在菜单栏中的"选择"里选择"修改"下的"扩展"，并在弹出的扩展选区面板中将扩展量设置为 20 像素，将文字选区扩大，如图 4-17 所示。

步骤 06 在"编辑"菜单中选择"描边"，在弹出的描边面板中设宽度为 10px，颜色为黄色，如图 4-18 所示。

图 4-17　　　　　　　　　　　　　　　　图 4-18

步骤 07 将背景图层以外的图层合并图层，然后在图层面板中选择"图层样式"里的"斜面和浮雕"，设大小为 100，软化为 0 像素，角度为 113°，如图 4-19 所示。

步骤 08 添加图层样式完成后，将绘制完成的文字按住 Alt 键进行复制，然后按 Ctrl+T 键进行垂直翻转，移到文字的下面作为倒影，如图 4-20 所示。

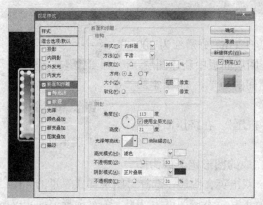

图 4-19　　　　　　　　　　　　　　　　图 4-20

步骤 09 在图层中新建图层，然后在工具栏中选择"渐变"工具，在弹出的"渐变编辑器"里选择黑色到透明色渐变，并在属性栏中选择线性渐变，对复制出的文字做渐变处理，如图 4-21 所示。

步骤 10 在文字下面新建图层，在工具栏中选择"画笔"工具，调节画笔笔头大小和硬度，给绘制的文字填加背景效果，绘制出完整效果字，如图 4-22 所示。

图 4-21　　　　　　　　　　　　　　　　图 4-22

4.4　波　纹　字

最终效果图如下：

步骤 **01** 新建一个名称为"波纹字"，宽度 18cm、高度 12cm、分辨率为 300
像素/英寸、颜色模式为 RGB 颜色的文件。在图层面板中新建图层，
设置"前景色"为红色，绘制出一个红白相间的矩形，如图 4-23
所示。

步骤 **02** 在菜单栏选择"滤镜"里的"扭曲"下的"挤压"，在挤压面板中
将数量设置为 74%，如图 4-24 所示。

图 4-23

步骤 **03** 在编辑菜单栏里选择"定义图案"，将绘制完成的图形定义成为图
案，然后再新建图层并输入文字"English"，双击英文图层，选择"图层样式"里的"图
案叠加"，在图案叠加面板中设置混合模式为正常、不透明度为 100、图案选择前面定义
的图案、缩放为 60，并选择与图层链接，如图 4-25 所示。

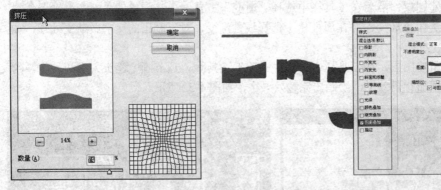

图 4-24　　　　　　　　　　　　　　　　　　　　　　　图 4-25

步骤 **04** 继续在"图层"里选择"图层样式"里的"投影"，在投影面板中设置混合模式为正片叠
底、不透明度为 75、角度为 120，并使用全局光、距离 40、扩展 20、大小 5、杂色为 0，
并选择图层挖空投影，如图 4-26 所示。

步骤 **05** 继续在"图层"里选择"图层样式"里的"斜面和浮雕"，在斜面和浮雕面板中设置样式
为内斜面、方法为平滑、深度为 200、方向为上、大小 5、软化为 0、角度为 120，并使
用全局光、高度为 70、高光模式为滤色、不透明度为 75、阴影模式为正片叠加、不透明

度为 50，如图 4-27 所示。

图 4-26   图 4-27

步骤 07 在图层面板中选择背景层，在"前景色"中选择深蓝色填充到背景，如图 4-28 所示。

步骤 08 最后在工具栏中选择"画笔"工具 ✍，再选择一种枫叶的画笔，在背景层上添加一些效果，最终效果就完成了，如图 4-29 所示。

图 4-28   图 4-29

4.5 水 晶 字

最终效果图如下：

步骤 01 新建一个名称为"水晶字"，宽度为 18cm、高度为 12cm、分辨率为 300 像素/英寸、颜色模式为 RGB 颜色的文件。工具栏中选择"渐变"工具 ▬，在属性栏中的渐变编辑器中编

辑蓝色到黑色渐变，渐变方式为径向渐变，从中心拉出渐变，如图 4-30 所示。

步骤 02 在工具栏中选择"文字"工具 T.，在页面输入文字"love"英文文字，并在属性栏中设置文字的字体和大小，在图层面板中选中文字并单击右键，将文字"栅格化"，然后按 Ctrl 键，单击文字层，将文字转换为选区，在"通道"面板单击下面的"将选区存储为通道"，将文字选区保存到通道内，然后按 Ctrl+Alt+D 键进行羽化，在羽化面板中将半径设置为 30 个像素，然后再按 Delete 键删除中间像素，如图 4-31 所示。

图 4-30   图 4-31

步骤 03 接下来在文字图层里选择"图层样式"，在弹出的图层样式面板中选择"外发光"，并设混合模式为滤色，不透明度为 75%，扩展为 0%，大小为 32 像素，范围为 22%，设置文字的外发光效果，如图 4-32 所示。

步骤 04 接着选择图层样式里的"斜面和浮雕"，并设样式为浮雕效果，方法为平滑，深度为 880%，大小为 57 像素，软化为 2 像素，给文字增加斜面和浮雕的效果，如图 4-33 所示。

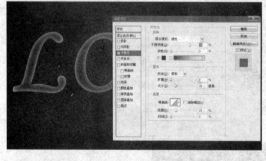
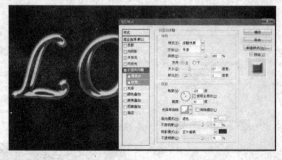

图 4-32   图 4-33

步骤 05 转到"通道"面板，按住 Ctrl 键同时单击前面保存的选区，将文字的选区调出来，然后在"路径"面板单击面板下面的"从选区生成工作路径"按钮 ，将文字的选区转换成路径。在选择"画笔"工具 ，在画笔的属性面板中对画笔的属性进行设置，如图 4-34 所示。

步骤 06 画笔设置完成后新建图层，在工具栏中选择"钢笔"工具 ，在文字上绘制一条路径，在画布上单击右键，选择"描边路径"里的"画笔"，并将下面的"模拟压力"选中，对路径描边，描边完成后的效果，如图 4-35 所示。

步骤 07 在描边图层里选择"图层样式"，选择图层样式里的"外发光"，并设混合模式为滤色，不透明度为 74%，杂色为 0，颜色为紫色，扩展为 12%，大小为 4 像素，范围为 50%，对描边路径添加效果，如图 4-36 所示。

步骤 **08** 重复前面步骤，绘制出心型图案并复制，然后再用"画笔"工具 ✎，绘制出自己喜欢的背景，然后给文字做出个阴影，绘制出最终效果字，如图 4-37 所示。

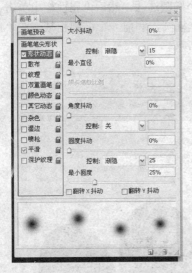

图 4-34

图 4-35

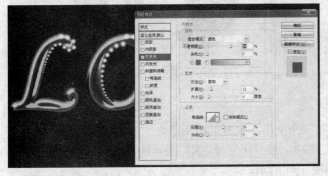

图 4-36

图 4-37

4.6 毛 边 字

最终效果图如下：

步骤 **01** 新建一个名称为"毛边字"，宽度 20cm、高度 14cm、分辨率为 300 像素/英寸、颜色模式为 RGB 颜色的文件。在图层面板中新建一个图层，在工具栏中选择"椭圆选区"工具 ⭕，

先绘制一个椭圆选区，然后在属性栏中单击"从选区减去"工具，再在绘制一个椭圆和前一个椭圆相减，并在"前景色"中填充黑色，绘制出第一个字母，如图 4-38 所示。

步骤 **02** 在工具栏中选择"椭圆选区"工具 ○，先绘制一个椭圆选区，然后再属性栏中单击"从选区减去"工具，然后在绘制的椭圆内绘制一个小椭圆，和前一个椭圆相减，在"前景色"中填充黑色，绘制出第二个字母，如图 4-39 所示。

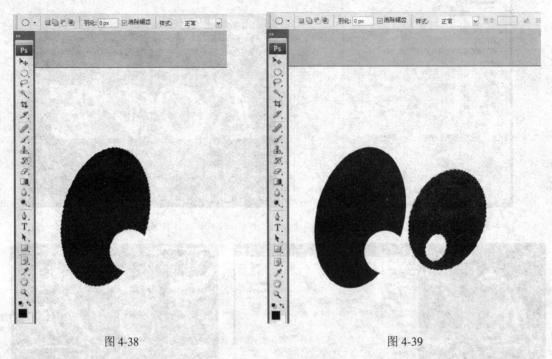

图 4-38   图 4-39

步骤 **03** 重复步骤 **02**，用同样的方法绘制第三个字母，如图 4-40 所示。

步骤 **04** 在工具栏中选择"椭圆选区"工具 ○，绘制出字母"K"的选区，然后在"前景色"中填充黑色，绘制出完整文字，如图 4-41 所示。

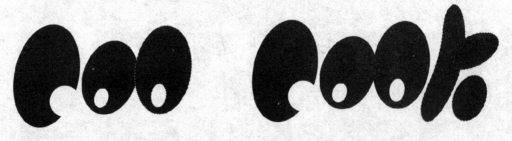

图 4-40   图 4-41

步骤 **05** 将绘制好的文字合并图层，并双击图层，在弹出的"图层样式"里勾选"投影"，在投影面板中设置混合模式为正片叠底、不透明度为 75、角度为 80，并使用全局光、距离 60、扩展 15、大小 45、杂色为 0，并选择图层挖空投影，为文字添加投影效果，如图 4-42 所示。

步骤 **06** 接着在"图层样式"中勾选"内阴影"，在内阴影面板中设置混合模式为正片叠底、不透明度为 100、角度为 80，并使用全局光、距离 80、阻塞 0、大小 65、杂色为 0，如图 4-43 所示。

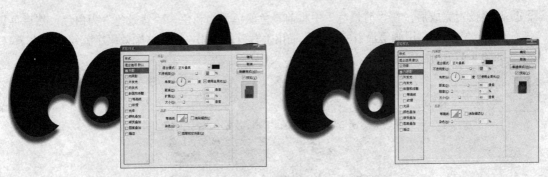

图 4-42   图 4-43

步骤 07 接着在"图层样式"里勾选"斜面和浮雕",在斜面和浮雕面板中设置样式为内斜面、方法为平滑,深度为 100、方向为上、大小 5、软化为 0、角度为 80、使用全局光、高度为 30、高光模式为滤色、不透明度为 75、阴影模式为正片叠加、不透明度为 75,如图 4-44 所示。

步骤 08 接着在"图层样式"里勾选"颜色叠加",在颜色叠加面板中设置混合模式为正常、不透明度为 100%,并设颜色为紫红色,如图 4-45 所示。

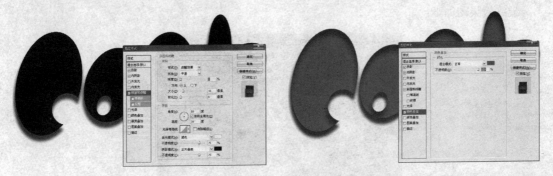

图 4-44   图 4-45

步骤 09 在工具栏中选择"画笔"工具 ,在画笔属性面板中选择 112 画笔,设置间距为 25%,在形状动态里设置大小抖动 100%、最小值 1%、角度抖动 22%、圆度抖动 19%、最小抖动 5%,如图 4-46 所示。

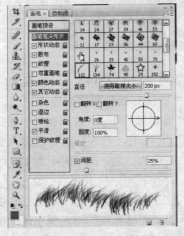 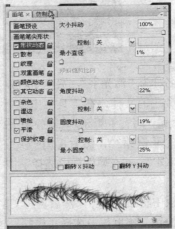

图 4-46

步骤⑩ 画笔设置完成后，在"前景色"中将前景色颜色设为粉色，"背景色"为白色，然后再新建一个图层，用画笔沿着字体走势描出毛茸茸的效果，这样这幅效果字就绘制完成了，如图4-47所示。

图 4-47

4.7 激 光 字

最终效果图如下：

步骤⑪ 新建一个名称为"激光字"，宽度20cm、高度22cm、分辨率为230像素/英寸、颜色模式为 RGB 颜色的文件。在工具栏中按下"默认前景色和背景色"按钮，并按下键盘上 Alt+Delete 键，将背景填充为黑色。在用"椭圆"工具 ○.，在属性栏中选择路径，按 Shift 键绘制一个正圆路径，然后再用"文字"工具 T.，沿着圆形路径输入文字 "ADOBE PHOTOSHOP"，并在属性栏中选择字体、颜色为白色，文字大小为 120 点，如图 4-48 所示。

步骤⑫ 在路径面板中将路径删除，然后再将文字图层的文字栅格化，并按 Ctrl+J 键复制图层，然后在"滤镜"菜单栏中选择"模糊"下的"动感模糊"，在弹出的动感模糊面板中设置角度为 90°，距离为 999，并连续按 Ctrl+F 键三次，如图 4-49 所示。

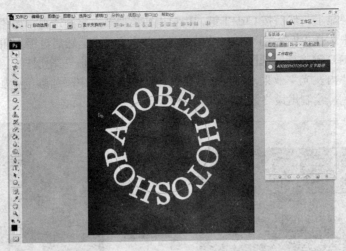

图 4-48

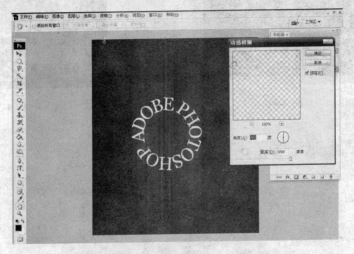

图 4-49

步骤 03 将文字图层隐藏，然后按 Ctrl+T 键，在自由变换选框上按右键选择"透视"进行调节形状，然后再单击回车确定，如图 4-50 所示。

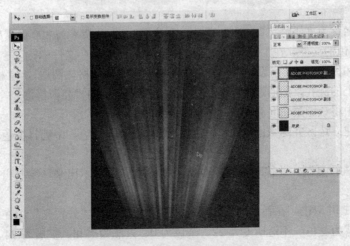

图 4-50

步骤 **04** 将文字图层显示，然后按 Ctrl+T 键，用自由变换调节文字的透视，如图 4-51 所示。

步骤 **05** 在工具栏中选择"渐变"工具 ■，将背景填充深蓝色渐变，然后再用"椭圆选区"工具 ○，按 Ctrl+Alt+D 键将椭圆选区进行羽化，绘制多个白色椭圆。在图层样式中将文字添加"外发光"和"内发光"效果，将发光效果在图层样式面板中添加颜色叠加效果，并设叠加颜色为蓝色，绘制出最终效果，如图 4-52 所示。

图 4-51　　　　　　　　　　　　　　　　　　图 4-52

4.8　奶　酪　字

最终效果图如下：

步骤 **01** 新建一个名称为"奶酪字"，宽度 15cm、高度 12cm、分辨率为 300 像素/英寸、颜色模式为 RGB 颜色的文件。在工具箱中选择"文字"工具 T，在文件中输入"CHE"文字，并调节字体和大小，将文字设为黄色，并在图层单击右键栅格化图层，用"橡皮擦"工具 ◢，擦出文字上的圆孔，然后选择"滤镜"里的"模糊"下的"高斯模糊"，设半径为 5，在图层面板中将该图层命名为图层 1，如图 4-53 所示。

步骤 **02** 选择文字建立选区并隐藏图层 1，新建图层 2，在"前景色"中选择橙色填充选区，如图 4-54 所示。

步骤 **03** 将图层 2 进行复制，并移动复制的对象，并将图层 1 显示出来，绘制出立体效果，如图 4-55 所示。

步骤 **04** 选择图层 1 并双击，在弹出的"图层样式"面板中选择"外发光"，在外发光面板中设置混合模式为滤色、不透明度为 22、杂色为 0、方法为柔和、扩展为 24、大小 70、范围为 97、抖动为 0，如图 4-56 所示。

图 4-53

图 4-54

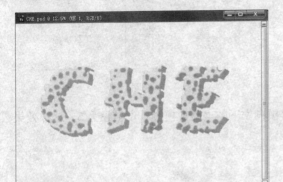

图 4-55

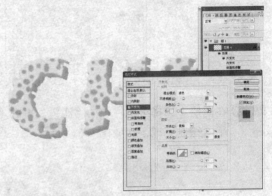

图 4-56

步骤 **05** 接着选择"图层样式"里的"内发光",在内发光面板中设置混合模式为滤色不透明度为 75、杂色为 0、方法为柔和、源为边缘、阻塞为 0、大小 46、范围为 50、抖动为 0,如图 4-57 所示。

步骤 **06** 接着选择"图层样式"的"斜面和浮雕",在斜面和浮雕面板中设置样式为内斜面、方法 为平滑、深度为 83、方向为上、大小 10、软化为 0、角度为 120、使用全局光、高度为 30、高光模式为滤色、不透明度为 75%、阴影模式为正片叠底、不透明度为 72%,如图 4-58 所示。

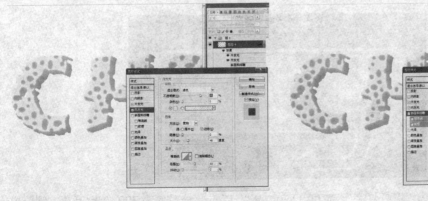

图 4-57

图 4-58

步骤 **07** 接着选择"图层样式"里的"颜色叠加"在颜色叠加面板中设置混合模式为正常、不透 明度为 50,如图 4-59 所示。

步骤 **08** 选择图层 2 为当前图层,在图层面板里选择"图层样式"里的"投影",在投影面板中 设置混合模式为正片叠底、不透明度为 51、角度为 120,并使用全局光、距离 31、扩展

0、大小 70、杂色为 0，并选择图层挖空投影，如图 4-60 所示。

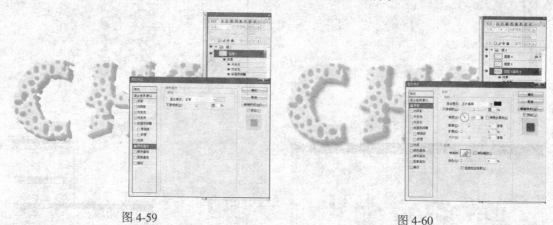

图 4-59　　　　　　　　　　　　　　　图 4-60

步骤 **09** 在图层 1 选择菜单栏中的"滤镜"里的"模糊"下的"高斯模糊"设半径为 5、这样效果字就绘制完成了，如图 4-61 所示。

图 4-61

4.9　霓　虹　灯　字

最终效果图如下：

步骤 **01** 新建一个名称为"霓虹灯字"，宽度 22cm、高度 15cm、分辨率为 300 像素/英寸、颜色模式为 RGB 颜色的文件。在素材库中找一张砖墙图片，导入页面，用来做图像的背景，如图 4-62 所示。

步骤 **02** 将"前景色"设置为白色，在工具栏中选择"横排文字蒙版"工具 ，并设置字体和文字的大小，在画面中输入 CITY 文字，并提交当前编辑，然后将文字描 10px 白边，如图 4-63 所示。

图 4-62　　　　　　　　　　　　　　　　图 4-63

步骤 03 在"图层"面板单击右键将文字的栅格化，然后在菜单栏中选择"滤镜"里的"模糊"下的"高斯模糊"，在弹出的高斯模糊面板中设模糊半径设置为 2 个像素，如图 4-64 所示。

步骤 04 用鼠标双击此图层，在弹出的图层样式面板中勾选"外发光"和"内发光"效果，将外发光的不透明度设置为 60%，将发光颜色设置为 R：25、G：215、B：250，再将发光的"大小"设为 10 像素，并将等高线样式更改为 cone，范围为 37，其他不变。将内发光的混合模式更设为正常，不透明度为 100%，并将发光的颜色设置为 R：0、G：255、B：250，其他不变，如图 4-65 所示。

图 4-64　　　　　　　　　　　　　　　　图 4-65

步骤 05 按住 Ctrl 键单击文字图层，建立文字选区，然后在"选择"菜单中选择"修改"下的"扩展"，将选区扩展 25 个像素，再按住 Ctrl+Alt+D 键进行羽化，将选区羽化 20 个像素，然后回到背景图层，选择"图像"菜单栏中的里"修改"下的"曲线"，将选区中的背景图像的颜色调亮一点，如图 4-66 所示。

步骤 06 选择"滤镜"菜单栏中里"模糊"下的"高斯模糊"，将模糊半径设置为 0.5 个像素，这样做是为了加强灯光的漫射效果，完成后再选择"图像"菜单中"调整"下的"色相/饱和度"，将选区中图像的色相调节至与霓虹灯文字发光颜色相同色系的颜色，并取消选区，如图 4-67 所示。

图 4-66　　　　　　　　　　　　　　　　图 4-67

步骤 07 在图层面板中新建一个图层，在工具栏中选择"钢笔"工具 ，绘制出指示框的形状，然后在编辑菜单栏中选择"描边"，设描边宽度为 15 像素，如图 4-68 所示。

步骤 08 用鼠标双击霓虹灯框的图层，在"图层"里选择"图层样式"面板中的"内发光"，在内发光中设置混合模式为正常，发光色设置为 R：255、G：185、B：5，并将发光的大小更改为 5 个像素，其他不变，再将外发光的发光色更改为红色，其他不变，如图 4-69 所示。

图 4-68

图 4-69

步骤 09 按住 Ctrl 键单击霓虹灯框的图层，建立选区，然后在选择菜单栏中选择"修改"下的"扩展"，将选区扩展 30 个像素，完成后按住 Ctrl+Alt+D 键进行羽化，将选区羽化 20 个像素，然后到背景图层在菜单栏中选择"图像"里的"调整"下的"曲线"，将选区范围中图像的颜色稍微调亮一点，如图 4-70 所示。

步骤 10 要取消选区，在菜单栏中"图像"里的"调整"下的"色彩平衡"在色阶参数框中依次输入 100、0、−100，完成后可再重复执行一次，如图 4-71 所示。

图 4-70

图 4-71

步骤 11 最后将选区内背景部分的亮度调低一点，再将对比度调高一点，投影的光就完成了，然后在文字及霓虹灯框的"图层样式"里添加"投影"效果，那样能使霓虹灯跟背景墙壁看起来更好地结合，或者可在背景图层上面建一个新图层，在上面输入一些文字，文字颜色设置为白色，图层混合模式为叠加，并可在图层样式面板中选上"阴影和斜面浮雕"效果，这样变能充斥一下画面，使画面看起来更丰富，这样霓虹灯的效果就绘制完成了，如图 4-72 所示。

图 4-72

4.10 黄 金 字

最终效果图如下：

步骤 **01** 新建一个名称为"黄金字"、宽度 18cm、高度 12cm、分辨率为 300 像素/英寸、颜色模式为 RGB 颜色的文件。在工具箱中选择"文字"工具 T，在页面上绘制 Coca 文字，并在属性栏中设置字体和调节文字的大小，并将颜色设为黑色，如图 4-73 所示。

步骤 **02** 在工具栏中"渐变"工具 ，将背景填充灰色渐变，选中文字层并双击，在弹出的"图层样式"面板中选择"投影"，在投影的面板中将混合模式设为正片叠底、不透明度为100%、间距为 23、扩展为 0、大小为 23、杂色为 0，如图 4-74 所示。

图 4-73

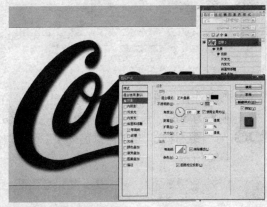

图 4-74

步骤 **03** 接着选择"图层样式"里的"外发光"，在外发光的面板中将混合模式设为滤色、不透明度为 75%、间距为 23、杂色为 0、法为柔和、扩展为 0、大小为 50、范围为 50、抖动为 0，如图 4-75 所示。

步骤 **04** 接着选择"图层样式"里的"内发光"，内发光的面板中将混合模式设为叠加、不透明度为 100%、杂色为 0、方法为柔和、塞为 0、小为 70、范围为 50、抖动为 0，如图 4-76所示。

步骤 **05** 接着选择"图层样式"里的"斜面和浮雕"和"等高线"，在斜面和浮雕的面板中将混合模式设为内斜面、深度为 100%、方向为下、大小为 40、软化为 3、角度为 120 和 30、同时也对风高先进行设置，如图 4-77 所示。

步骤**06** 接着选择"图层样式"里的"等高线"，在等高线的面板中设置范围为 28%，选择清除锯齿，如图 4-78 所示。

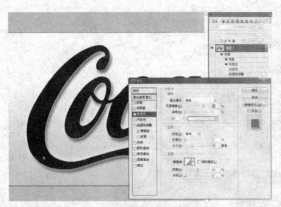

图 4-75　　　　　　　　　　　　　　　　　图 4-76

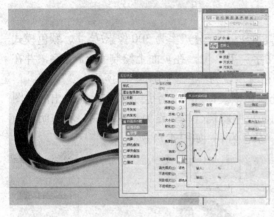

图 4-77　　　　　　　　　　　　　　　　　图 4-78

步骤**07** 接着选择"图层样式"里的"光泽"，在光泽的面板中设置混合模式为正片叠加、不透明度为 50%、角度 19、间距 100、大小 62、等高线选择清除锯齿，如图 4-79 所示。

步骤**08** 在"图层样式"里的"颜色叠加"设置颜色下的混合模式为正常、不透明度为 100，如图 4-80 所示。

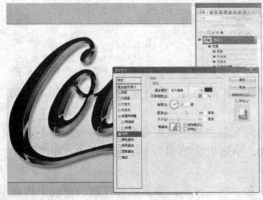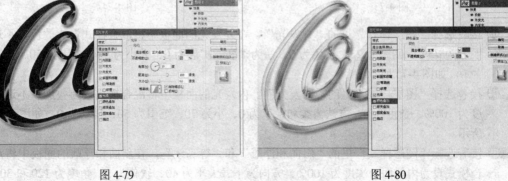

图 4-79　　　　　　　　　　　　　　　　　图 4-80

步骤 09 在 "图层样式" 里的 "渐变叠加" 设置渐变下的混合模式为正常、不透明度为 100、样式为线性、角度为 90、缩放 100，绘制出最终效果，如图 4-81 所示。

图 4-81

第**5**章

基础实例应用

📖 **本章导读**

　　本章通过几个由浅入深的典型案例的学习，进一步对基本工具做应用，这些基础的图形，步骤详细、简单易懂，综合使用选区类工具、渐变类工具、色调调整类工具以及部分常用滤镜，这类练习对理解并熟练掌握基本工具的使用方法是十分有帮助的，在绘制过程中注意基本工具相互结合使用绘制图形的方法、绘图的流程以及效果的把握。

📖 **知识要点**

　　本章练习生动有趣，对练习基本操作十分有帮助。在话筒实例中注意话筒质感的表现；在紫砂茶具实例中，先绘制出基本图形，然后用减淡加深工具绘制对象的亮面和暗面；石膏几何体练习也不复杂，主要是对渐变工具的应用，在绘制过程中注意对象立体感的表现；果盘练习在绘制过程中注意每一个对象的绘制方法，从而完成整体图形的效果。

5.1 话　　筒

最终效果图如下：

5.1.1 话筒的绘制

步骤 01 新建一个名称为"话筒"，宽度25cm、高度20cm、分辨率为300像素/英寸的文件。在图层面板中新建图层，并隐藏背景层，在工具栏中选择"矩形选区"工具🔲，在属性栏中将样式设为"固定大小"，设宽度为10px，高度为10px，并在图形中绘制矩形选区，然后在选区上单击鼠标右键，在快捷菜单中选择"描边"，在弹出的"描边"面板中设宽度为2px，颜色为黑色，位置为居中，如图5-1所示。

步骤 02 接着选择"编辑"菜单中的"定义图案"，将矩形选区定义为图案。在图层面板中显示背景层，并新建图层。然后在工具栏中选择"圆形选区"工具 ，按下键盘上 Shift 键，绘制一个正圆形，然后在圆形选区上单击鼠标右键，在弹出的快捷菜单中选择"填充"，在填充面板中选择刚才定义的矩形，将矩形填充到圆形内部，如图 5-2 所示。

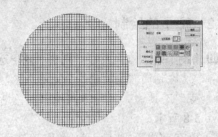

图 5-1　　　　　　　　　　　　　　　　图 5-2

步骤 03 选择"滤镜"菜单中"扭曲"下的"球面化"，调节数量使用 100%，将填充的网格球面化处理（注意，不要取消选区），如图 5-3 所示。

步骤 04 在网格图层下新建图层，然后在工具栏中选择"渐变"工具 ，在属性栏的"渐变编辑器"中编辑灰色到深灰色的渐变，渐变方式设为径向渐变，在圆形选区内拉出灰色渐变，如图 5-4 所示。

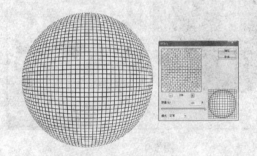
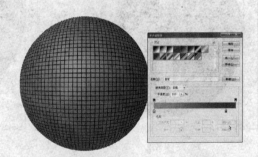

图 5-3　　　　　　　　　　　　　　　　图 5-4

步骤 05 选中网格图层并双击，在弹出的"图层样式"面板中选择"阴影"和"斜面和浮雕"绘制出话筒网孔效果，如图 5-5 所示。

步骤 06 新建图层，在工具栏中选择"矩形选区"工具 ，在球体中间绘制矩形选区，然后在工具栏中选择"渐变"工具 ，在属性栏的"渐变编辑器"中编辑灰色到深灰色的渐变，填充到矩形，如图 5-6 所示。

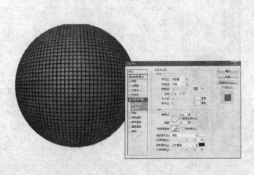
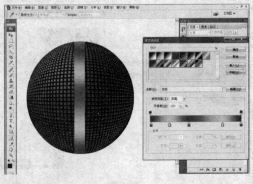

图 5-5　　　　　　　　　　　　　　　　图 5-6

步骤07 在图层面板中选中填充的矩形图层并双击，在弹出的"图层样式"面板中选择"斜面和浮雕"，并调节参数，然后将矩形复制一个并缩小，层叠在一起，如图5-7所示。

5.1.2 把子的绘制

步骤01 新建图层，在工具栏中选择"矩形选区"工具 ，在话筒右侧绘制一个矩形选区，然后用"渐变"工具 ，垂直方向拉出灰色渐变，如图5-8所示。

步骤02 填充完成后按 Ctrl+D 键取消选区，然后按 Ctrl+T 键自由变换，单击右键选择"透视"，将矩形的右端缩小，如图5-9所示。

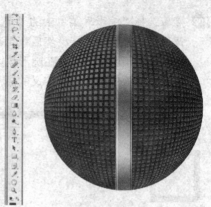

图 5-7

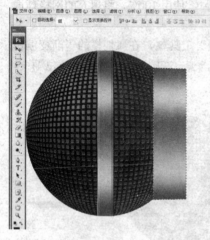

图 5-8

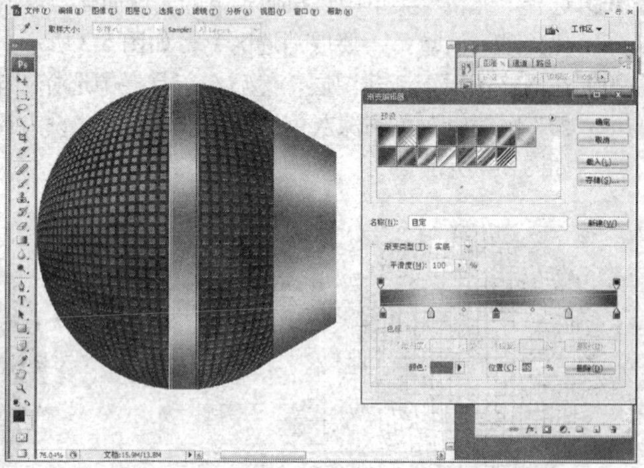

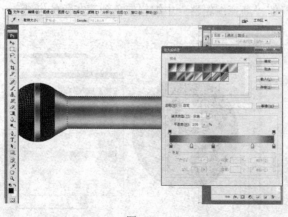

图 5-9

步骤03 在工具栏选择"矩形选区"工具 ，绘制话筒的手柄，然后再选择"渐变"工具 垂直方向拉出灰色渐变，如图5-10所示。

步骤04 填充完成后按 Ctrl+D 键取消选区，然后按 Ctrl+T 键自由变换，单击右键选择"透视"将右侧边框缩小，如图5-11所示。

图 5-10

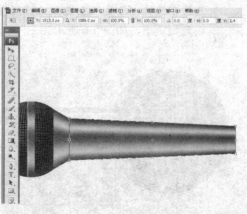

图 5-11

步骤 05　手柄绘制完成后，给手柄进行颜色加深，按 Ctrl+L 键进行 "色阶" 的调整，如图 5-12 所示。

步骤 06　将手柄前面的矩形选中，并按住键盘的 Alt 键，复制一个到底部，然后按 Ctrl+T 键进行缩小，如图 5-13 所示。

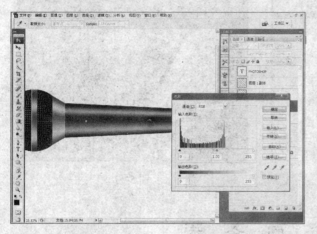

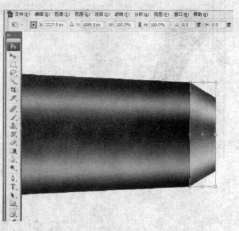

图 5-12　　　　　　　　　　　　　　　　　　　图 5-13

5.1.3　后期效果的调整

步骤 01　在工具栏中选择 "文字" 工具 T，在话筒手柄顶部绘制出文字，在属性栏中调节文字的颜色和字体，如图 5-14 所示。

步骤 02　在工具栏中选择 "钢笔" 工具 ，绘制出一条曲线，然后选择 "文字" 工具 T，沿着曲线输入 "卡拉 OK" 文字，如图 5-15 所示。

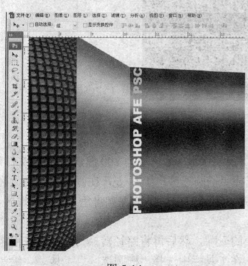

图 5-14　　　　　　　　　　　　　　　　　　　图 5-15

步骤 03　在文字属性栏中选择文字的字体，然后再双击文字图层，在弹出的图层样式面板中勾选 "阴影"、"斜面和浮雕" 和 "描边"，并分别调节参数，制作出效果字，如图 5-16 所示。

步骤 04　在工具栏中选择 "钢笔" 工具 ，绘制曲线，作为话筒的线，然后调节画笔的大小，将路径描边，并给线增加 "斜面和浮雕" 效果。在图层面板中选择背景层，然后在工具栏中选择"渐变"工具 ，并在"渐变编辑器"中的预设中选择彩色色带，在背景层上水平拉出渐变，这样就绘制完成了整个话筒的效果，如图 5-17 所示。

图 5-16

图 5-17

5.2 紫砂茶壶

最终效果图如下：

5.2.1 茶壶的绘制

步骤01 新建一个名称为"紫砂茶壶"，宽度 30cm、高度 20cm、分辨率为 200 像素/英寸的文件，然后在图层面板中新建图层，在工具栏中选择"椭圆选区"工具 ，在画面上绘制大椭圆作为茶壶壶体，然后在前景色中选择 R：75、G：55、B：45 的深咖啡色，填充到选区，如图 5-18 所示。

步骤02 在工具栏中选择"钢笔"工具 ，绘制茶壶的壶嘴，然后再将路径转换为选区并在前景色填充 R：75、G：55、B：45 的深咖啡色。在工具栏中选择"椭圆选区"工具 ，绘制壶盖，然后在前景色中填充 R：75、G：55、B：45 的深咖啡色，如图 5-19 所示。

步骤03 在工具栏中选择"椭圆选区"工具 ，在茶壶右侧绘制一个椭圆并在前景色中填充 R：75、G：55、B：45 的深咖啡色，作为茶壶的壶把，如图 5-20 所示。

步骤04 在"选择"菜单栏中选择"变换选区"命令，然后再按住 Shift+Alt 键，向内收缩选区，然后按 Delete 键，将变换的选区内的图形删除，如图 5-21 所示。

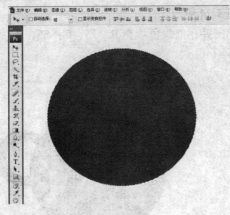

图 5-18

图 5-19

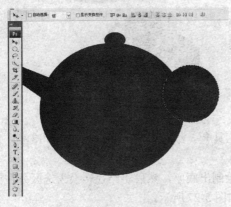

图 5-20

图 5-21

5.2.2　杯子的绘制

步骤 01 新建图层，在工具栏中选择"椭圆选区"工具 ，在茶壶前面绘制椭圆并在前景色中填充 R：75、G：55、B：45 的深咖啡色，作为茶杯底盘，如图 5-22 所示。

步骤 02 新建图层，在工具栏中选择"矩形选区"工具 ，绘制矩形作为茶杯杯体，然后在前景色填充 R：75、G：55、B：45 的深咖啡色，如图 5-23 所示。

图 5-22

图 5-23

步骤 **03** 选中茶壶的壶把，复制到茶杯，并缩小，如图5-24所示。

步骤 **04** 在工具栏中选择"椭圆选区"工具，绘制椭圆并在前景色填充R：75、G：55、B：45的深咖啡色，作为茶杯口，如图5-25所示。

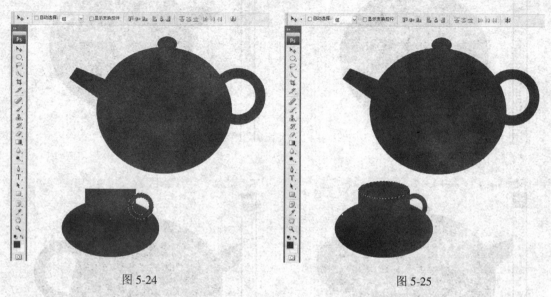

图 5-24   图 5-25

步骤 **05** 在工具栏中选择"加深"工具和"减淡"工具，给茶壶和茶杯进行加深和减淡，使它们看起来具有立体感，如图5-26所示。

步骤 **06** 在工具栏中选择"钢笔"工具，在给茶杯绘制出底座，然后将路径转换为选区并在前景色填充颜色，让茶杯看起来具有层次感，如图5-27所示。

图 5-26   图 5-27

5.2.3 后期效果的绘制

步骤 **01** 在工具栏中选择"加深"工具和"减淡"工具，对茶壶和茶杯进一步加深和减淡处理。新建图层，然后在工具栏中选择"自定义形状"工具，在属性栏的形状中选择花的图形，并将方式选为路径，绘制出茶壶上的花纹，然后将路径转换为选区并在前景色填充 R：75、G：55、B：45 的深咖啡色，如图 5-28 所示。

步骤 02 选中花纹图层并双击，在弹出的图层样式面板中勾选"斜面和浮雕"，并在斜面和浮雕面板中调节样式为枕状浮雕，方法为雕刻清晰，大小为 6，给花纹添加效果，如图 5-29 所示。

图 5-28

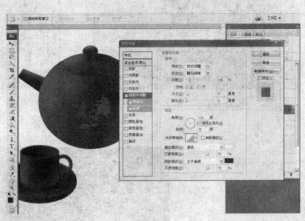

图 5-29

步骤 03 重复**步骤 01**和**步骤 02**，给茶杯也添加花纹效果，如图 5-30 所示。

步骤 04 在图层面板中选择背景层，然后在"前景色"中选择 R：130、G：115、B：100 的浅咖啡色，填充到背景层。将背景层关闭，在工具栏中选择"文字"工具 T，绘制出"茶"字，然后用"矩形选区"工具，选中文字，并定义成图案，然后再显示背景图层，如图 5-31 所示。

图 5-30

图 5-31

步骤 05 在图层面板上新建图层，将定义的茶字填充到图层，作为背景，如图 5-32 所示。

步骤 06 将绘制好的茶具分别"合并图层"，然后再双击茶具图层，在弹出的图层样式界面中勾选"投影"，并调节参数，给茶具添加投影效果，如图 5-33 所示。

步骤 07 在工具栏中选择"加深"工具和"减淡"工具，对茶壶和茶杯进一步加深和减淡处理，这样这幅茶具就绘制完成了，如图 5-34 所示。

图 5-32

图 5-33

图 5-34

5.3 石膏几何体

最终效果图如下：

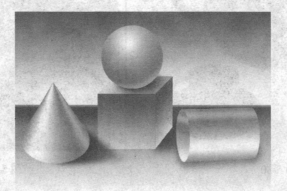

5.3.1 立方体的绘制

步骤 **01** 新建一个名称为 "石膏几何体"，宽度 29.7cm、高度 21cm、分辨率为 200 像素/英寸的 A4 页面文件。在工具栏中选择 "渐变" 工具 ，在 "渐变编辑器" 中的预设中选择蓝色到黄色的渐变，渐变方式为线性，在文件中从上向下，垂直方向拉出渐变，作为背景，如图 5-35 所示。

步骤 02 新建图层，在工具栏中选择"矩形选区"工具 ▢，绘制出一个矩形，然后选择"渐变"工具 ▣，在"渐变编辑器"中编辑灰色渐变，给绘制的矩形填充灰色渐变，如图 5-36 所示。

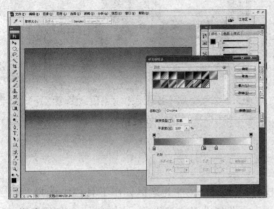
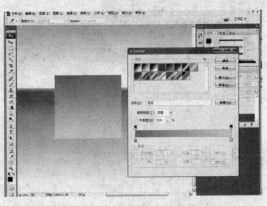

图 5-35   图 5-36

步骤 03 按 Alt 键将绘制完成的矩形向右复制一个，然后按 Ctrl+T 键自由变形工具将复制的矩形变形，作为立方体的侧面，用同样的方法绘制出顶面，一个立方体就完成了，如图 5-37 所示。

步骤 04 在工具栏中选择"钢笔"工具 ✎，绘制出立方体的阴影，按 Ctrl+Enter 键，将路径转换为选区，然后在按 Ctrl+Alt+D 键，将选区羽化，设羽化值为 30，然后在"前景色"中选择深灰色进行填充，如图 5-38 所示。

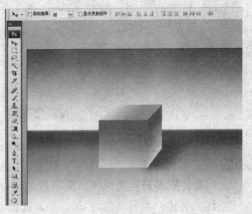

图 5-37   图 5-38

5.3.2 球体的绘制

步骤 01 新建图层，在工具栏中选择"椭圆选区"工具 ◯，按 Shift 键绘制一个正圆，然后选择"渐变"工具 ▣，在属性栏中选择"径向渐变"给椭圆拉出渐变，绘制出球体，如图 5-39 所示。

步骤 02 在工具栏中选择"钢笔"工具 ✎，绘制球体阴影轮廓，然后按 Ctrl+Alt+D 键给选区羽化，设羽化值为 30，然后在"前景色"中选择深灰色进行填充，如图 5-40 所示。

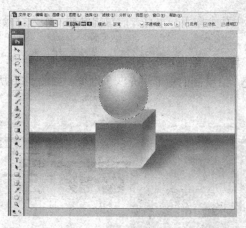
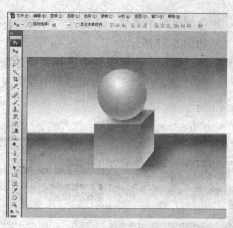

图 5-39   图 5-40

5.3.3 圆柱体的绘制

步骤01 在工具栏中选择"钢笔"工具，绘制圆柱体轮廓，并转换为选区，在工具栏中选择"渐变"工具，在"渐变编辑器"中编辑渐变，并选择"对称渐变"，给柱体填充灰色渐变，如图 5-41 所示。

步骤02 在工具栏中选择"椭圆形选区"工具，在柱体左边绘制椭圆形选区，在工具栏中选择"渐变"工具，在属性栏中选择"线性渐变"，给椭圆填充灰色渐变，如图 5-42 所示。

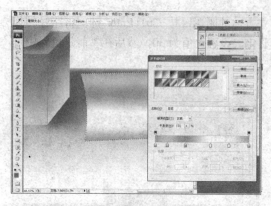
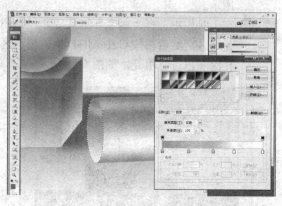

图 5-41   图 5-42

步骤03 在工具栏中选择"钢笔"工具，绘制出柱体的阴影轮廓并转换为选区，然后按 Ctrl+Alt+D 键给选区羽化，设羽化值为 30，然后在前景色中填充灰颜色，如图 5-43 所示。

5.3.4 圆锥体的绘制

步骤01 在工具栏中选择"钢笔"工具，勾勒出圆锥的形状，如图 5-44 所示。

步骤02 将圆锥路径转换为选区，在工具栏中选择"渐变"工具，在属性栏中选择"对称渐变"，给选区填

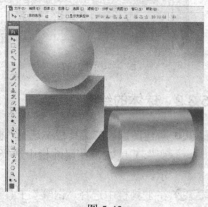

图 5-43

充渐变，如图 5-45 所示。

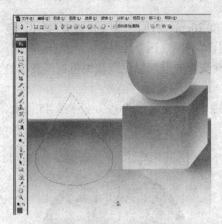

图 5-44   图 5-45

步骤 03 在工具栏中选择"钢笔"工具 ，绘制出圆锥阴影轮廓并转换为选区，然后按 Ctrl+Alt+D 键，给选区羽化，设羽化值为 30，然后在前景色中填充灰颜色，这样就完成了整个图形的绘制，如图 5-46 所示。

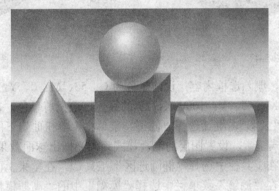

图 5-46

5.4 果 盘

最终效果图如下：

5.4.1 苹果的绘制

步骤 01 新建一个名称为"果盘"的文件，宽度 30cm、高度 20cm、分辨率为 200 像素/英寸、色彩模式 RGB 的文件，新建图层 1，在工具栏中选择"椭圆选区"工具◯，绘制出椭圆，然后再用"渐变"工具▣，在属性栏中选择径向渐变，并设深绿色到浅绿色的渐变，给圆形填充渐变，如图 5-47 所示。

步骤 02 双击图层 1，在弹出的图层样式界面中勾选"内阴影"，设角度：-90°、距离：45 像素、大小：80 像素做出内阴影效果，如图 5-48 所示。

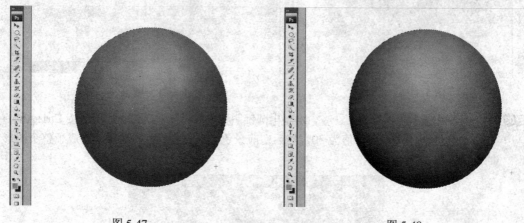

图 5-47   图 5-48

步骤 03 将图层 1 复制，删除选框内容，设前景色为 C：53、M：0、Y：92、K：0 的绿色，背景色为 C：99、M：55、Y：100、K：27 的绿色，填充前景色，在"滤镜"菜单栏中选择"渲染"下的"云彩"，继续选择"滤镜"菜单栏中"扭曲"下的"球面化"路径，设数量：10%，模式正常，设置图层的混合模式为柔光做出球面效果，如图 5-49 所示。

步骤 04 新建图层 2，在工具栏中选择"椭圆选区"工具◯，在苹果上面绘制出椭圆选区，并填充黑色，然后在"滤镜"菜单栏中选择"模糊"中的"高斯模糊"滤镜，将椭圆模糊，然后再用"钢笔"工具♦，选择下半部分，将路径转换为选区并将下面图形删除，如图 5-50 所示。

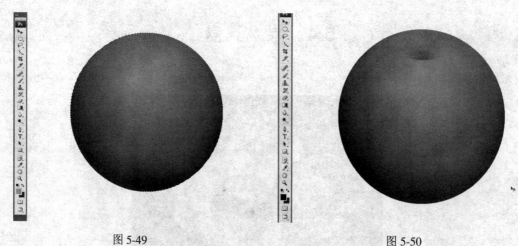

图 5-49   图 5-50

步骤 05 在工具栏中选择"钢笔"工具♦，绘制出高光路径，按下键盘上 Ctrl+Enter 键，将路径转换为选区，在"前景色"中填充白色，然后在"滤镜"菜单栏中选择"模糊"下的"高斯模糊"滤镜，设半径为 10 像素，如图 5-51 所示。

步骤06 在工具栏中选择"椭圆选区"工具，绘制出椭圆选区，在"前景色"中填充橘黄色，然后在"滤镜"菜单栏中的"模糊"下的"高斯模糊"滤镜，做出模糊效果，设置半径为 50 像素，在弹出面板中设置混合模式为色相，如图 5-52 所示。

图 5-51

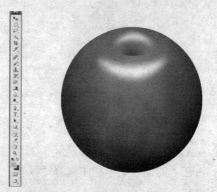

图 5-52

步骤07 在工具栏中选择"椭圆选区"工具，绘制出椭圆选区，在"前景色"中填充黄色，然后在"滤镜"菜单栏中选择"模糊"下的"高斯模糊"进行模糊，设置半径为 50 像素效果，在图层面板中设置混合模式为强光，如图 5-53 所示。

步骤08 在工具栏中选择"钢笔"工具，绘制出苹果把子的路径，将路径转换为选区，然后在"前景色"中填充褐色，如图 5-54 所示。

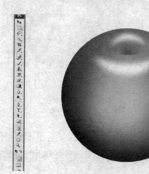

图 5-53

图 5-54

步骤09 在工具栏中选择"钢笔"工具，绘制苹果把子的高光，将路径转换为选区，然后在"前景色"中填充白色，增加模糊效果，并降低不透明度，如图 5-55 所示。

5.4.2 梨子的绘制

步骤01 在工具栏中选择"钢笔"工具，绘制出梨子的路径，将路径转换为选区，然后在"前景色"中填充深黄色，如图 5-56 所示。

图 5-55

步骤 **02** 在工具栏中选择"画笔"工具 ✐，并调整画笔大小，在属性栏中降低不透明度，设置混合模式为叠加，然后在图形内绘制，绘制梨子的亮面，如图 5-57 所示。

图 5-56

图 5-57

步骤 **03** 在工具栏中选择"椭圆选区"工具 ◯，绘制出高光选区，在"前景色"中填充白色，然后在"滤镜"菜单栏中选择"模糊"下的"高斯模糊"滤镜，绘制出高光点，如图 5-58 所示。

步骤 **04** 在工具栏中选择"加深"工具 ◉ 和"减淡"工具 ◖，将梨子的边缘进行加深和减淡处理，在属性栏中调节笔触的大小、并设曝光度为 12，如图 5-59 所示。

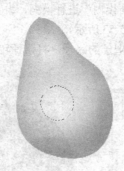

图 5-58

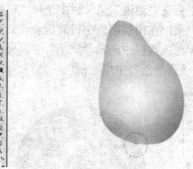

图 5-59

步骤 **05** 按 Ctrl 键，然后在梨子图层上单击，将图形转换为选区，然后新建图层，在工具栏中选择"渐变"工具 ▣，填充褐色到透明的渐变，接着在图层面板中设图层混合模式为溶解，如图 5-60 所示。

步骤 **06** 在工具栏中选择"橡皮擦"工具 ✐，擦去下面多余的部分，如图 5-61 所示。

图 5-60

图 5-61

步骤 **07** 在工具栏中选择"钢笔"工具 ◊，绘制出梨子把子的路径，将路径转换为选区，在"前景色"中填充深褐色，如图 5-62 所示。

步骤 08 在工具栏中选择"矩形选区"工具 ▣，绘制出矩形选区，设"前景色"为墨绿色、背景色为白色，然后在"滤镜"菜单栏中选择"渲染"下的"纤维"滤镜，调节参数做出效果，如图 5-63 所示。

图 5-62

图 5-63

步骤 09 使用变形工具调节矩形轮廓为梨把子的样子，然后在图层面板中设图层混合模式为叠加，绘制出梨子的效果，如图 5-64 所示。

5.4.3　橙子的绘制

步骤 01 在工具栏中选择"钢笔"工具 ♦，绘制出橙子的路径，将路径转换为选区，然后再用"渐变"工具 ▬，在属性栏中选择径向渐变，填充橘红色渐变，如图 5-65 所示。

步骤 02 在工具栏中选择"钢笔"工具 ♦，绘制出高光路径，按 Ctrl+Alt+D 键，使路径成为选区，并设羽化值为 10 像素，然后在"前景色"中填充淡黄色，如图 5-66 所示。

图 5-64

图 5-65

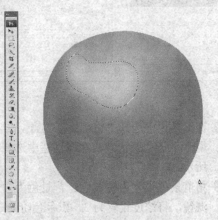

图 5-66

步骤 **03** 在工具栏中用"加深"工具 ◎ 和"减淡"工具 ◣，涂抹出橙子暗面和亮面效果，然后再
用"模糊"工具 ◍，使明暗柔和一些，如图 5-67 所示。

步骤 **04** 继续使用"加深"工具 ◎ 和"减淡"工具 ◣，涂抹出橙子根部的效果，然后再用"模糊"
工具 ◍，使明暗柔和一些，如图 5-68 所示。

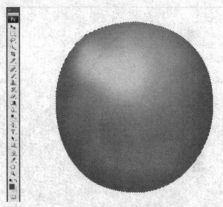

图 5-67　　　　　　　　　　　　　　　图 5-68

步骤 **05** 复制橙子图层，设前景色为黄色、背景色为白色，在"滤镜"菜单中选择"素描"下的
"网状"路径，将浓度设置为 15、黑色色阶为 20、白色色阶为 0，然后再将图层模式设
置为叠加、不透明度改为 50%，最后使用光照效果，如图 5-69 所示。

步骤 **06** 在工具栏中选择"钢笔"工具 ◈，绘制出橙子把子的路径，将路径转换为选区，在"前
景色"中填充绿色，然后再用"加深"工具 ◎ 和"减淡"工具 ◣，涂抹出把子的效果，
在用"模糊"工具 ◍，涂抹使把子柔和一些，如图 5-70 所示。

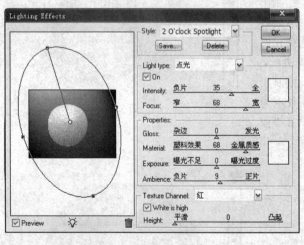

图 5-69

图 5-70

步骤 **07** 在工具栏中选择"钢笔"工具 ◈，绘制出切开橙子的路径，将路径转换为选区，然后再
用"渐变"工具 ▭，在属性栏中选择径向渐变，填充不同程度的橘黄色渐变，如图 5-71
所示。

步骤 **08** 将前景色设置为橘黄色、背景色为白色，在"滤镜"菜单中选择"素描"下的"网状"
滤镜，将浓度设置为 3、黑色色阶为 3、白色色阶为 38，然后再将图层模式设置为叠加，
不透明度改为 80%，如图 5-72 所示。

图 5-71　　　　　　　　　　　　　　　　图 5-72

步骤 09 在工具栏中选择"钢笔"工具，绘制出切开橙子切面的路径，将路径转换为选区，在"前景色"中填充黄色，如图 5-73 所示。

步骤 10 将上一个图层复制一个并缩小一点，按 Ctrl+Alt+D 键羽化，进行 10 像素的羽化，然后在"前景色"中填充淡黄色，如图 5-74 所示。

图 5-73　　　　　　　　　　　　　　　　图 5-74

步骤 11 在复制上一个图层，在"滤镜"菜单栏中选择"像素化"下的"点状化"滤镜，然后使用"魔棒"工具，并在属性栏中选择"添加到选区"，把周围的一圈点选上并在"前景色"中填充黄色，然后按 Ctrl+Shift+I 键反选，删除多余部分，如图 5-75 所示。

步骤 12 在工具栏中选择"矩形选区"工具，绘制出矩形选区，然后再用"渐变"工具，填充橘黄色渐变色，如图 5-76 所示。

图 5-75　　　　　　　　　　　　　　　　图 5-76

步骤⓭ 设"前景色"为黄色、"背景色"为白色，然后在"滤镜"菜单栏中选择"渲染"下的"分层云彩"滤镜，完成后按 Ctrl+F 键重复执行滤镜多次，如图 5-77 所示。

步骤⓮ 在"滤镜"菜单栏中选择"素描"下的"基底凸现"滤镜，设细节为 15、平滑度为 2、光照方向选择上部，如图 5-78 所示。

图 5-77   图 5-78

步骤⓯ 在"滤镜"菜单栏中选择"模糊"下的"径向模糊"滤镜，数量为 15 个像素，模糊方法选择缩放，完成后按 Ctrl+F 键重复一次，如图 5-79 所示。

步骤⓰ 在工具栏中选择"钢笔"工具 ⚲，绘制出不规则椭圆路径，并将路径转换为选区，使用 Ctrl+T 键拉出下面的样式，在按 Ctrl+Shift+I 键反选删除多余部分，如图 5-80 所示。

图 5-79   图 5-80

步骤⓱ 按 Ctrl+B 键，使用色彩平衡加以调节，如图 5-81 所示。

步骤⓲ 在工具栏中选择"钢笔"工具 ⚲，绘制出果肉的筋，将路径转换为选区，然后在"前景色"中填充淡黄色，如图 5-82 所示。

图 5-81   图 5-82

步骤⑲ 在工具栏中选择"钢笔"工具，绘制出果肉心的路径，让路径成为选区，在"前景色"中填充淡黄色，然后再用"画笔"工具，在选区内画几笔，再用"涂抹"工具进行涂抹，如图5-83所示。

图5-83

5.4.4 果盘的绘制

步骤① 在工具栏中选择"自定形状"工具，在属性栏"图形"寻找一个花瓣的图形做盘口，然后拉出图形，让路径成为选区，然后在"前景色"中填充淡绿色，如图5-84所示。

步骤② 按Ctrl+T键将图形进行透视的调节，在工具栏中选择"钢笔"工具，绘制出盘身的路径，将路径转换为选区，然后再在"前景色"中填充浅绿色，如图5-85所示。

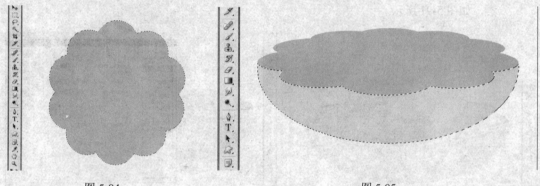

图5-84   图5-85

步骤③ 在工具栏中使用"加深"工具和"减淡"工具，将盘身进行涂抹，透明出凹凸的效果，然后再用"模糊"工具，进行涂抹柔和一点，如图5-86所示。

步骤④ 在图层面板中将盘口图层复制一份，然后将复制的盘口转换为选区，接着使用"选择"菜单下的"变换选区"工具，将选区缩小，并按下键盘的Delete键，绘制出盘口的厚度，如图5-87所示。

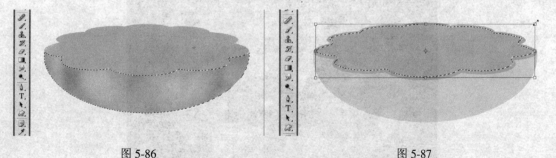

图5-86   图5-87

步骤⑤ 将盘口图层选中，然后使用"渐变"工具，将盘口拉出绿色到黑色渐变，如图5-88所示。

步骤⑥ 在工具栏中选择"钢笔"工具，在盘子内侧绘制出多条路径，如图5-89所示。

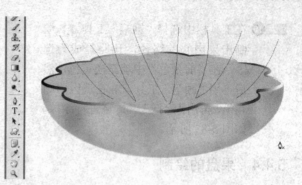

图 5-88　　　　　　　　　　　　　　　　　　　图 5-89

步骤 **07** 在工具栏中选择"画笔"工具 ✐，并设画笔笔头为 15，然后选择路径单击右键，在快捷菜单中选择"描边路径"，并勾选"模拟压力"将路径描边，然后在"滤镜"菜单栏中选择"模糊"下的"高斯模糊"滤镜，将路径模糊，如图 5-90 所示。

步骤 **08** 选择盘身图层，降低不透明度到 75%，然后再双击盘身图层，在弹出的图层样式面板中勾选"投影"，设混合模式为：正片叠加、设距离 204 像素、扩展 12%、大小为 150 像素，如图 5-91 所示。

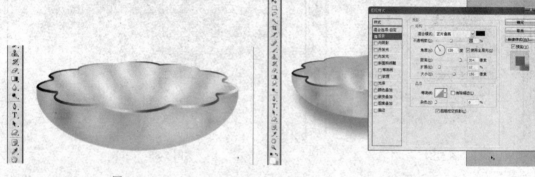

图 5-90　　　　　　　　　　　　　　　　　　　图 5-91

步骤 **09** 将前面绘制好的水果分别摆放在果盘中，然后在图层面板中选择背景层，将背景填充颜色为 C：70、M：35、Y：39、K：0 的蓝色，绘制出最终效果图，如图 5-92 所示。

图 5-92

5.5 墨 竹

最终效果图如下：

5.5.1 竹叶的绘制

步骤 01 新建一个名称为"墨竹"，宽度 25cm、高度 30cm、分辨率为 300 像素/英寸的文件。在图层面板中新建图层 1，在工具栏中选择"钢笔"工具 ✑，绘制出竹叶路径，并将路径转换为选区，然后再用"渐变"工具 ▦，填充黑色到灰色的渐变，如图 5-93 所示。

步骤 02 选中图层 1，按下 Alt 键，并用"移动"工具 ►┿，将竹叶复制几个，然后再按 Ctrl+T 键旋转合适角度，变换大小依次摆放，绘制出竹叶的效果，如图 5-94 所示。

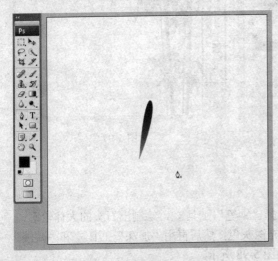

图 5-93

图 5-94

步骤 03 将绘制好的竹叶进行合并图层，然后再按下 Alt 键，用"移动"工具 ►┿，继续复制多个竹叶组，将其中几个竹叶组更换渐变色，摆放在页面的左边，如图 5-95 所示。

图 5-95

5.5.2 竹竿的绘制

步骤01 在图层面板中新建图层 2，在工具栏中选择"矩形选区"工具 ，绘制出一个矩形选区做竹竿，然后再用"渐变"工具 ，填充灰色渐变，如图 5-96 所示。

步骤02 在工具栏中选择"涂抹"工具 ，涂抹出竹节效果，并按 Alt 键，将竹竿复制多个组成一根竹杆的效果，然后再复制一根竹子，并按 Ctrl+T 键将竹子缩窄，放置在竹叶中，然后再用"模糊"工具 ，对竹竿进行模糊，如图 5-97 所示。

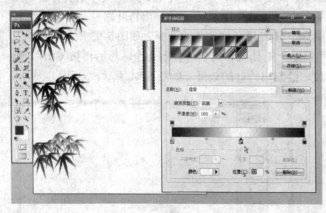

图 5-96

图 5-97

5.5.3 山的绘制

步骤01 在图层面板中新建图层 3，在工具栏中选择"钢笔"工具 ，绘制出石头的大体轮廓，将路径转换为选区，并在"前景色"中填充深灰色，然后再用"加深"工具 和"减淡"工具 ，进行涂抹，涂抹出石头效果，如图 5-98 所示。

步骤02 新建图层 4，在工具栏中选择"钢笔"工具 ，绘制出右边山的大体轮廓，将路径转换为选区，并在"前景色"中填充为深灰色，然后再用"加深"工具 和"减淡"工具 进行涂抹，做出山的效果，如图 5-99 所示。

图 5-98   图 5-99

5.5.4 配景的绘制

步骤 01 新建图层 5，在工具栏中选择"钢笔"工具 ⬟，绘制出小鸟路径，然后再将路径转换为选区，在"前景色"中填充为黑色，如图 5-100 所示。

步骤 02 新建图层 6，在工具栏中选择"钢笔"工具 ⬟，绘制出小鸡大体轮廓，经路径转换为选区，并在"前景色"中填充为灰色，然后用"加深"工具 ⬣ 和"减淡"工具 ⬤，进行涂抹，绘制出小鸡身体的效果，在绘制小鸡爪子的路径，将路径转换为选区，并在"前景色"中填充黄色，如图 5-101 所示。

图 5-100   图 5-101

步骤 03 重复**步骤 02**，用同样的方法绘制出另一只黄色的小鸡，如图 5-102 所示。

步骤 04 在工具栏中选择"渐变"工具 ▬，将背景图层填淡黄色到白色的渐变，如图 5-103 所示。

图 5-102   图 5-103

步骤 05 在工具栏中选择"文字"工具 T.，输入文字，在属性栏中调节文字的字体和文字的大小，然后再用"矩形选区"工具 □，绘制一个矩形选区，填充红色作为印章，这样就绘制出最终效果图，如图 5-104 所示。

图 5-104

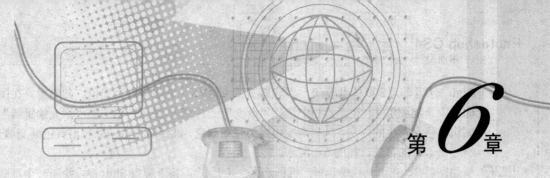

第**6**章

平 面 广 告 设 计

本章导读

平面设计是最常见的广告类型，平面设计包含的范围十分广泛，它具有传播信息及时、成本费用较低、适应面广、制作简单等优点，同时设计的表现自由度高、运用范围广，可以运用于各种视觉媒体，因此可以广泛应用于产品的广告宣传，平面广告特点还在于"直接、快速"、认知度高的优点，为商家宣传商品提供了良好的载体，所以被广泛使用。Photoshop CS4 是设计平面广告最理想的软件之一，几乎提供了平面设计中的各种功能，本章节学习使用 Photoshop CS4 进行平面广告设计，通过不同的平面广告的设计，来了解平面广告的设计过程，详细展现了平面广告设计的全过程。

知识要点

平面广告是最常见的广告形式，包含的种类比较多，本章节通过卡片设计、折页设计、洗衣粉和牙膏的平面设计等不同的平面设计，来了解平面广告的设计过程，在卡片设计中要注意路径和动作的应用，准确地勾勒人物，还要注意放射状背景的绘制；在绘制其他平面广告时，要注意图形的绘制，颜色的搭配，文字的摆放，以及整体效果的调整。这些练习，综合运用了各种基本工具，因此综合运用各种基本工具是进行平面设计的第一步。

6.1 舞 会 卡 片

最终效果图如下：

6.1.1 背景的绘制

步骤 01 按 Ctrl+N 组合键，在弹出的"新建"面板中，设名称为"舞会卡片"，宽为 12cm，高为

8cm，分辨率为 300 像素/英寸、颜色模式为 CMYK、背景内容为白色，并确定。在图层
面板中新建图层 1。在工具栏中选择"渐变"工具 ■，在属性栏中的"渐变编辑器"中
编辑白色到黄色的渐变，选择渐变模式为径向渐变，然后从中心向外拉出黄色渐变填充，
绘制出卡片的背景，如图 6-1 所示。

步骤 02 新建图层 2，在工具栏中选择"椭圆选区"工具 ○，按下键盘 Shift 键，绘制一个正圆选
区，然后在"前景色"中填充黄色，按 Ctrl+D 键取消选区，如图 6-2 所示。

图 6-1   图 6-2

步骤 03 将圆形图层复制（选中圆形图层按 Ctrl+J 键），然后再按 Ctrl+T 键，将复制的圆形向内缩
小，并按 Enter 键确定变换模式。按 Ctrl 键，单击复制的椭圆图层将其建立成选区，然后
在"前景色"中更换颜色为白色，如图 6-3 所示。

步骤 04 继续复制圆形图层，然后将圆形分别填充淡黄色和白色，如图 6-4 所示。

图 6-3   图 6-4

步骤 05 重复上面的步骤，用"椭圆选区"工具 ○，绘制出舞会卡片的背景图案，如图 6-5 所示。

步骤 06 新建一个图层，在工具栏中选择"矩形选区"工具 □，绘制线条状矩形选区，在"前景
色"中填充白色并取消选区（Ctrl+D），如图 6-6 所示。

图 6-5   图 6-6

步骤 07 在窗口菜单中选择动作，在弹出的动作面板中新建动作，然后按 Ctrl+J 键，复制线条图层，然后按 Ctrl+T 键，按下 Alt 键，将自由变换的中心点移动掉线的底部，然后在属性栏的角度中输入 10°，并确定，在动作面板中关闭记录按钮，然后连续单击播放按钮，复制出放射状线条，如图 6-7 所示。

步骤 08 在工具栏中选择"画笔"工具 ✐，然后在画笔面板中选择星星图形，在画面中绘制出大小不同的星星，如图 6-8 所示。

图 6-7　　　　　　　　　　　　　　　　　图 6-8

步骤 09 在工具栏中选择"钢笔"工具 ✎，在卡片底部绘制闭合的路径，按 Ctrl+Enter 键，将路径转换为选区，如图 6-9 所示。

步骤 10 在工具栏中选择"渐变"工具 ▬，在"渐变编辑器"中编辑黄色到浅咖啡色渐变，渐变模式为线性渐变，由左向右拉出渐变，并按 Ctrl+D 键取消选区，如图 6-10 所示。

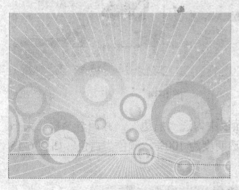

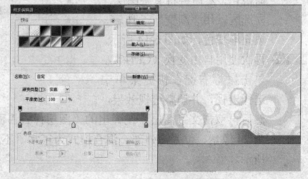

图 6-9　　　　　　　　　　　　　　　　　图 6-10

6.1.2 人物的绘制

步骤 01 在工具栏中选择"钢笔"工具 ✎，绘制男性人物路径，将路径转换为选区在"前景色"中填充黑色，然后再取消选区，如图 6-11 所示。

步骤 02 在工具栏中选择"钢笔"工具 ✎，绘制女人物路径，并用"节点转换"工具 ▶，调节外形，将路径转换为选区，并在前景色中填充紫色，然后再取消选区，如图 6-12 所示。

步骤 03 将两个人物图层各复制一份并合并图层，按

图 6-11

Ctrl+T 键将人物旋转合适角度，然后在工具栏中选择"渐变"工具 ，将合并的图层拉出渐变色，作为人物的阴影，如图 6-13 所示。

图 6-12

图 6-13

6.1.3 文字的添加

步骤 **01** 在工具栏中选择"文字"工具 ，输入"一起来恰恰"文字。用自由变换（Ctrl+T）调整文字大小及摆放位置，在文字图层单击右键将文字进行栅格化，然后再将文字图层建立选区，用"渐变"工具 ，填充渐变色，如图 6-14 所示。

步骤 **02** 再次使用自由变换（Ctrl+T），单击鼠标右键在快捷菜单中选择透视，并调整透视效果，

图 6-14

然后再双击文字图层，在弹出的"图层样式"面板中勾选"描边"，并调节参数，大小为 24 像素、位置为外部、混合模式为正常、不透明度为 100%、颜色为白色，如图 6-15 所示。

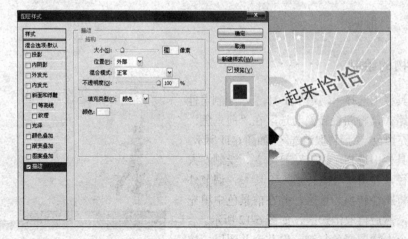

图 6-15

步骤 03 在工具栏中选择"文字"工具 **T**，输入卡片上其他文字，然后在属性栏调整文字大小、位置、颜色，并将文字摆放到卡片上合适位置，如图 6-16 所示。

步骤 04 在工具栏中选择"矩形选区"工具 ，在下面文字的上绘制矩形选区，然后在前景色中填充绿色，并将填充色块移动至文字的下方，这样就完成了卡片的绘制，如图 6-17 所示。

图 6-16

图 6-17

6.2　三　折　页

最终效果图如下：

6.2.1　折页一

步骤 01 选择"文件"菜单栏中的"新建"，在弹出的新建面板中，新建一个名称为"折页"，宽度 30cm、高度 25cm、分辨率为 300 像素/英寸、色彩模式为 CMYK 的文件。在工具栏的前景色上单击默认的前景色和背景色按钮 ，然后在按下键盘上 Alt+Delete 键，将背景填充为黑色，如图 6-18 所示。

步骤 02 在图层面板中新建图层组，并命名为页面 1，在图层组内新建图层。在工具栏中选择"矩形选区"工具 ，绘制出一个矩形选区，然后在"前景色"中选择白色进行填充。在素材库中选择一张素材图片，在"文件"菜单栏中选择"置入"，将选择的素材导入页面，按住 Ctrl+T 键进行大小的调节，然后放在白色矩形的中上部位，如图 6-19 所示。

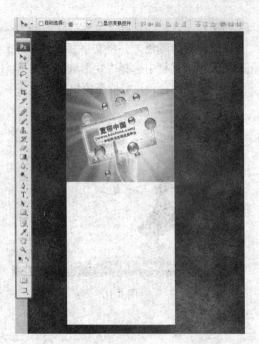

图 6-18   图 6-19

步骤 03 在素材库中选择中国网通标志，然后选择"文件"菜单栏中的 "置入"，将选择的素材置入页面，按 Ctrl+T 键进行大小的调节，然后放在白色矩形的左上角，如图 6-20 所示。

步骤 04 在工具栏中选择"矩形选区"工具 ，在导入的素材图片的下部位绘制出一个矩形选区，然后在"前景色"中选择绿色进行填充，如图 6-21 所示。

图 6-20   图 6-21

步骤 05 在工具栏中选择"文字"工具 T，在绿色的矩形上绘制出文字，并在属性栏中选择字体，并调节文字的颜色和大小，如图 6-22 所示。

步骤 06 在工具栏选择"文字"工具 T，绘制出绿色矩形下的文字，然后按 Ctrl+T 键将文字旋转倾斜，然后再双击文字图层，在弹出的图层样式面板中勾选"投影"，在投影面板中设置投影的颜色为深绿色，距离为5，扩展为7，大小为10，做出文字的投影，如图6-23所示。

图 6-22   图 6-23

步骤 **07** 在工具栏中选择"矩形选区"工具 ▭，在矩形下面绘制出一个矩形选区，然后在"前景色"中选择淡蓝色进行填充，如图6-24所示。

步骤 **08** 在工具栏中选择"矩形选区"工具 ▭，在蓝色的矩形上绘制出细矩形条，然后在前景色中选择白色进行填充，然后再将白线复制，这样就绘制出了表格，用同样的方法绘制出下面的表格，如图6-25所示。

图 6-24   图 6-25

步骤 **09** 在工具栏中选择"文字"工具 T，在绘制完成的表格上绘制出文字，并在属性栏中选择文字的字体、颜色、大小，如图6-26所示。

步骤 **10** 在工具栏中选择"圆角矩形"工具 ▢，在属性栏中选择路径，在表格的左上角的位置绘制出一个圆角矩形路径，然后按Ctrl+Enter键，将路径转换为选区，然后再选择"渐变"工具 ▭，在"渐变编辑器"里编辑灰色渐变，同时在属性栏里选择线性渐变，将圆角矩形填充灰色渐变，如图6-27所示。

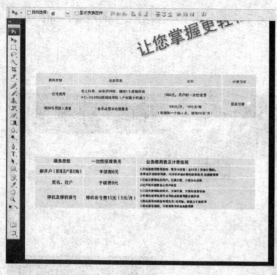

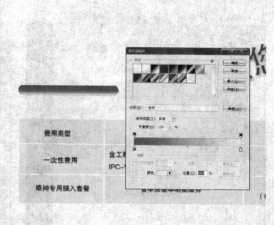

图 6-26   图 6-27

步骤 **11** 将绘制完成的圆角矩形按 Alt 键向下复制，在工具栏中选择"文字"工具 **T**，在圆角矩形上绘制出文字，然后在属性栏中对文字的字体、大小、颜色以及间距进行调解，如图 6-28 所示。

步骤 **12** 在工具栏中选择"文字"工具 **T**，绘制出页面底部的文字，然后在属性栏中对文字的大小、颜色以及字体进行设置，如图 6-29 所示。

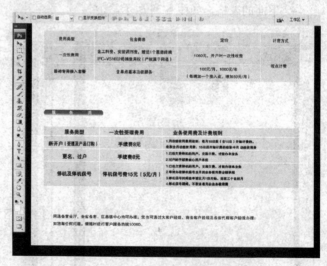

图 6-28   图 6-29

6.2.2 折页二

步骤 **01** 在图层面板中新建图层组，并命名为页面 2，在图层组内新建图层，在工具栏中选择"矩形选区"工具 ，绘制出一个矩形选区，然后在"前景色"中选择白色进行填充，选中页面 1 中的网通标志，复制到页面 2，并放在左上角，如图 6-30 所示。

步骤 **02** 在素材库中选择一张素材图片，在菜单栏中的"文件"中选择"置入"，将选择的素材置入页面，按 Ctrl+T 键进行大小的调节，然后放在页面的中上部位，如图 6-31 所示。

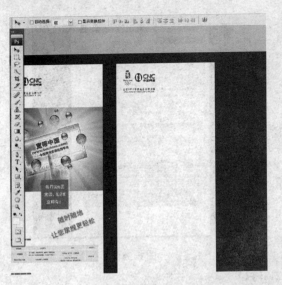

图 6-30　　　　　　　　　　　　　　　　　　　　图 6-31

步骤 03 在工具栏中选择"圆角矩形"工具 ▭，在素材图片下绘制出一个圆角矩形路径并转换为选区，然后在"前景色"选择淡蓝色进行填充，并在"编辑"菜单栏里选择"描边"，在描边面板中设对边的宽度为 2 像素，描边颜色为蓝色，将上面绘制完成的圆角矩形向下复制，然后按 Ctrl+T 键，在垂直方向上缩小。如图 6-32 所示。

步骤 04 重复**步骤 03**，用同样的方法绘制一个绿色条状圆角矩形，如图 6-33 所示。

图 6-32　　　　　　　　　　　　　　　　　　　　图 6-33

步骤 05 在工具栏中选择"矩形选区"工具 ▭，绘制出一个长方形的选区，并在"前景色"中选择绿色进行填充，将绘制完成的矩形条按住 Alt 键进行复制，然后对"前景色"更换不同的颜色，并按 Ctrl+T 键进行大小的调节，如图 6-34 所示。

步骤 06 在工具栏中选择"文字"工具 T，绘制出矩形上的文字，并在属性栏中对文字的大小、颜色以及字体进行设置，如图 6-35 所示。

步骤 07 在工具栏选择"椭圆选区"工具 ◯ 和"文字"工具 T，绘制出文字前面的序号，然后在"前景色"选择绿色对椭圆进行填充，并在属性栏中对文字的颜色、大小以及字体进行设置。将绘制完成的序号向下复制，并改变数字顺序，如图 6-36 所示。

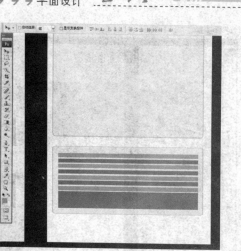

图 6-34　　　　　　　　　　　　　　　　图 6-35

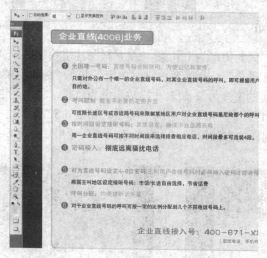

图 6-36

6.2.3　折页三

步骤 **01** 在图层面板中新建图层组，并命名为页面 3，在页面 3 中新建图层。选中图层 2 中的白色矩形页面和网通标志分别向右复制，作为页面 3，如图 6-37 所示。

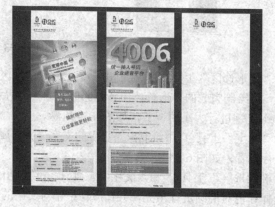

图 6-37

步骤 02 在素材库中选择一张素材图片，在菜单栏中的"文件"中选择"置入"，将选择的素材置入页面，按 Ctrl+T 键进行大小的调节，然后放在白色矩形的中间向上的部位，如图 6-38 所示。

步骤 03 在工具栏中选择"钢笔"工具 ✎，绘制出折页的下面弧形路径并转换为选区，然后在"前景色"中选择淡绿色和绿色分别进行填充，如图 6-39 所示。

图 6-38

图 6-39

步骤 04 在工具栏中选择"文字"工具 T，绘制出文字，并在属性栏中对文字的大小和颜色以及字体进行设置，这样这幅三折页就绘制完成了，如图 6-40 所示。

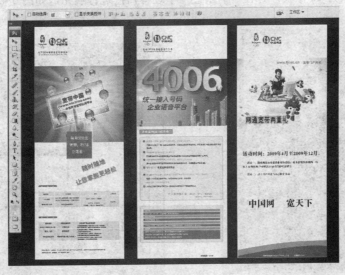

图 6-40

6.3 奇 强 广 告

最终效果图如下：

6.3.1 背景的绘制

步骤 01 选择"文件"菜单栏中的"新建",在弹出的新建面板中,新建一个名称为"奇强广告",宽度 21cm、高度 29.7cm、分辨率为 250 像素/英寸的文件。然后在"前景色"中选择蓝色,给背景填充蓝颜色,如图 6-41 所示。

步骤 02 在图层面板中新建图层,在工具栏中选择"钢笔"工具，绘制出页面中间的发光效果路径,并将路径转换为选区,然后按下键盘中的 Ctrl+Alt+D 键,在弹出的羽化面板中设羽化的值设为 20 像素,并在"前景色"中选择白色进行填充,如图 6-42 所示。

图 6-41

图 6-42

6.3.2 衣服的绘制

步骤 01 在工具栏中选择"钢笔"工具，绘制出衣服轮廓并转换为选区,然后在"前景色"中选择黑色进行填充,如图 6-43 所示。

步骤 02 在工具栏中选择"钢笔"工具 ，继续绘制衣服和笑脸，并将路径转换为选区，然后在"前景色"中选择米黄色和黑色进行填充，如图 6-44 所示。

图 6-43   图 6-44

步骤 03 在工具栏中选择"钢笔"工具 ，继续绘制衣服的领子和袖子的边路径并建立选区，然后在"前景色"中选择黄色进行填充，如图 6-45 所示。

步骤 04 在工具栏中选择"钢笔"工具 ，绘制出裤子轮廓并建立选区，然后在"前景色"中选择黑色对裤子进行填充，如图 6-46 所示。

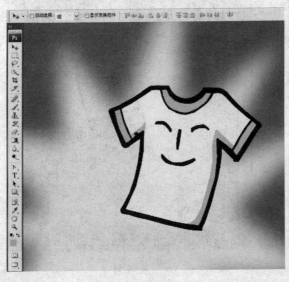

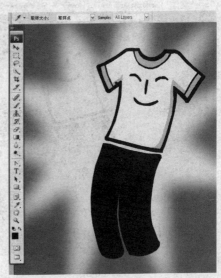

图 6-45   图 6-46

步骤 05 在工具栏中选择"钢笔"工具 ，继续绘制裤子并建立选区，然后在"前景色"中选择蓝色进行填充，如图 6-47 所示。

步骤 06 在工具栏中选择"钢笔"工具 ，绘制出裤子上的暗面，然后在"前景色"中选择深蓝色进行填充，如图 6-48 所示。

步骤 07 在工具栏中选择"钢笔"工具 ，绘制裤子的口袋和裤边并建立选区，然后在"前景色"中选择淡蓝色进行填充，如图 6-49 所示。

图 6-47　　　　　　　　图 6-48　　　　　　　　图 6-49

6.3.3　奇强文字图案的绘制

步骤**01**　在工具栏中选择"钢笔"工具 ，在裤子上绘制直角梯形路径，将路径转换为选区，然后再选择"渐变"工具 ，在属性栏中编辑黄色到桔红色渐变，渐变方式为线性渐变，垂直方向拉出黄色渐变，如图 6-50 所示。

步骤**02**　在工具栏中选择"矩形选区"工具 ，绘制出矩形条，然后将矩形内的图形按 Delete 进行删除，如图 6-51 所示。

图 6-50　　　　　　　　　　　　　　　图 6-51

步骤**03**　重复步骤**02**，用同样的方法绘制出条状图形，如图 6-52 所示。

步骤**04**　在工具栏中选择"椭圆选区"工具 ，绘制出一个椭圆选区，然后在"前景色"中选择蓝色进行填充，在工具栏中选择"减淡"工具 ，将圆形内部减淡，如图 6-53 所示。

步骤**05**　使用相同的方法绘制出其他气泡效果，将其中几个气泡的不透明度降低，如图 6-54 所示。

步骤**06**　在工具栏中选择"矩形选区"工具 ，绘制矩形选区，在"前景色"填充绿色，然后再双击图层，在弹出的图层样式界面中勾选"描边"，在描边面板中将变得大小设为 7 像素，颜色为白色，如图 6-55 所示。

图 6-52

图 6-53

图 6-54

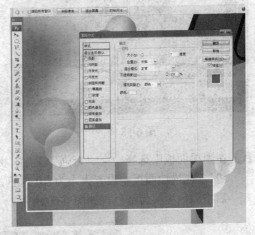

图 6-55

步骤 **07** 在工具栏中选择"钢笔"工具 ，绘制出旁边的菱形路径，并将路径转换为选区，然后在"前景色"中选择红色进行填充，如图 6-56 所示。

步骤 **08** 在工具栏中选择"文字"工具 **T**，绘制出矩形和菱形上面的文字，然后在属性栏中对字体、颜色以及大小进行设置，如图 6-57 所示。

图 6-56

图 6-57

步骤⑨ 在工具栏中选择"椭圆选区"工具〇，绘制出一个椭圆选区，然后再用"渐变"工具▇，在属性栏中编辑黄色到桔红色渐变，渐变方式为径向渐变，在椭圆内拉出径向渐变，如图 6-58 所示。

步骤⑩ 在工具栏中选择"文字"工具 **T**，分别输入球体周围的中文和英文文字，然后在属性栏中设字体为较粗的字体，颜色为深蓝色并将调节文字的大小，将调节完成的文字，按下 Ctrl+T 键，进行角度的调节，如图 6-59 所示。

图 6-58   图 6-59

步骤⑪ 在图层面板中选择中文"奇强"文字，并双击图层，在弹出的图层样式面板中勾选"描边"，在描边面板中设置大小为 10 像素，颜色为白色，将描边完成的文字进行复制，然后将颜色更换为红色，如图 6-60 所示。

图 6-60

6.3.4 其他文字图案的绘制

步骤① 在工具栏中选择"矩形选区"工具▢，在左上角绘制出矩形选区，然后在"前景色"中选择淡蓝色进行填充，如图 6-61 所示。

步骤 02 在工具栏中选择"钢笔"工具，在矩形上绘制不规则图形并建立选区，然后在"前景色"中选择白色进行填充，如图 6-62 所示。

图 6-61　　　　　　　　　　　　　　　图 6-62

步骤 03 在工具栏中选择"文字"工具 **T**，绘制出图形周围的文字，然后在属性栏中设置文字的字体、颜色和大小，如图 6-63 所示。

步骤 04 在工具栏中选择"椭圆选区"工具，绘制出椭圆选区，然后在"前景色"中选择淡蓝色进行填充，在"选择"菜单中选择"修改"下的"收缩"，将选区向内缩小，在"前景色"中填充为白色，然后在"编辑"菜单栏中选择"描边"，描边宽度为 3px，颜色为蓝色，如图 6-64 所示。

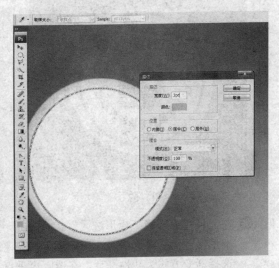

图 6-63　　　　　　　　　　　　　　　图 6-64

步骤 05 在工具栏中选择"文字"工具 **T**，绘制大写英文"M"，并在属性栏中设置字体为粗黑体，颜色为蓝色，然后将绘制完成的文字进行复制，并按"Ctrl+T"垂直翻转，如图 6-65 所示。

步骤 06 在工具栏中选择"矩形选区"工具，绘制出矩形条选区，并填充为淡蓝色，然后复制多个，放在翻转的文字上，如图 6-66 所示。

图 6-65

图 6-66

步骤 07 在工具栏中选择"钢笔"工具 ，沿着圆形绘制曲线，然后让文字沿曲线旋转，绘制出文字，在属性栏中设置字的字体、颜色和大小，如图 6-67 所示。

步骤 08 重复**步骤 07**，用同样的方法绘制出红色中国名牌标志，如图 6-68 所示。

图 6-67

图 6-68

步骤 09 在工具栏中选择"矩形选区"工具 ，并在属性栏中选择"添加到选区"，绘制出十字架形状，然后再选择"渐变"工具 ，在属性栏的渐变编辑器中编辑红色到绿色渐变，选择渐变方式为线性渐变，在选区内垂直拉出渐变，如图 6-69 所示。

步骤 10 在选择菜单中选择"变换选区"，然后按 Ctrl+T 键自由变形命令，并按 Shift+Alt 键，分别将十字形选区向内缩小，并分别填充白色和红色，如图 6-70 所示。

步骤 11 在工具栏中选择"文字"工具 T，绘制文字"A"和"3"，并在属性栏中设置字体和大小，并填充为深蓝色，如图 6-71 所示。

步骤 12 在图层面板中将文字和十字合并图层，并在图层上双击，在弹出的图层样式面板中勾选描边，给文字添加 5 像素白边，如图 6-72 所示。

图 6-69　　　　　　　　　　　　　　图 6-70

图 6-71　　　　　　　　　　　　　　图 6-72

步骤 13 在工具栏中选择"钢笔"工具 🖋，绘制出飘带的形状，然后在"前景色"中选择黄色进行填充，用同样的方法绘制出另一边的飘带，并填充为红色，如图 6-73 所示。

步骤 14 在工具栏中选择"钢笔"工具 🖋，分别在飘带上绘制出曲线，然后再选择"文字"工具 **T**，让文字沿着曲线绘制，并在属性栏中设置字体、颜色、大小，如图 6-74 所示。

图 6-73　　　　　　　　　　　　　　图 6-74

步骤⑮ 在工具栏中选择"矩形选区"工具 ▢，在页面的最下面绘制出矩形选区，然后在"前景色"中选择深蓝色进行填充，并用"文字"工具 T，绘制出矩形上的文字，并在属性栏中选择字体、颜色和大小，如图 6-75 所示。

步骤⑯ 将左上角的图标进行复制，放到右下角，然后在"前景色"中换底色为蓝色，这样就绘制完成了奇强广告的绘制，如图 6-76 所示。

图 6-75

图 6-76

6.4 佳 洁 士 广 告

最终效果图如下：

6.4.1 牙膏盒正面的绘制

步骤① 选择"文件"菜单栏中的"新建"，在弹出的新建面板中，新建一个名称为"佳洁士牙膏"，宽度 20cm、高度 12cm、分辨率为 300 像素/英寸的文件。在工具栏中选择"矩形选区"

工具 ，在页面上绘制出一个长方形的选区，然后在"前景色"中选择深蓝色进行填充，如图 6-77 所示。

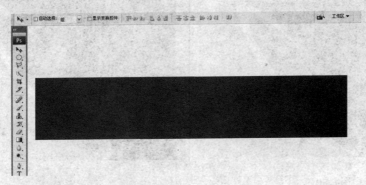

图 6-77

步骤 02 在工具栏中选择"钢笔"工具 ，在长方形的右边绘制出弧形边梯形路径，并将路径转换为选区，然后在"前景色"中选择深黄色进行填充，如图 6-78 所示。

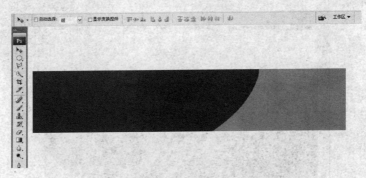

图 6-78

步骤 03 在工具栏中选择"移动"工具，将上图绘制完成的黄色图形按下 Alt 键进行复制，并按 Ctrl+T 键水平方向缩小，然后再选择"渐变"工具 ，填充浅黄色线性渐变，如图 6-79 所示。

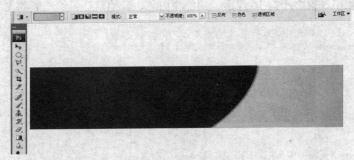

图 6-79

步骤 04 在工具栏中选择"钢笔"工具 ，沿着弧形边绘制反月牙形状，并将路径转换为选区，然后在"前景色"中选择白色进行填充，如图 6-80 所示。

步骤 05 在工具栏中选择"钢笔"工具 和"椭圆"工具 ，绘制发光的图形，并建立选区，然后再用"模糊"工具 ，在属性栏中设置模糊的强度为 50%，模式为正常，将绘制完成的图形的边缘进行模糊，如图 6-81 所示。

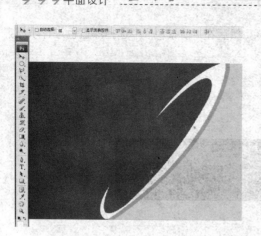
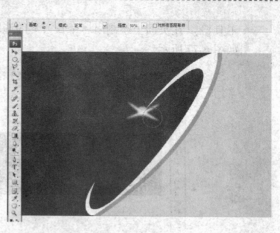

图 6-80   图 6-81

步骤 06 在工具栏中选择"文字"工具 **T**，绘制出文字，然后分别在属性栏中调节文字的字体，在图层面板中将文字栅格化，然后再选择"渐变"工具 ，给文字分别填充渐变色，如图 6-82 所示。

图 6-82

步骤 07 在图层面板中将文字合并图层，并双击文字图层，在弹出的图层样式面板中勾选"描边"，在描边面板中设置大小为 16 像素、颜色为白色、其他默认，给绘制的文字描白边，如图 6-83 所示。

图 6-83

步骤 08 在工具栏中选择"钢笔"工具 ，绘制出一块不规则椭圆并转换为选区，然后再按 Ctrl+Alt+D 键进行羽化，设羽化值为 25 像素，完成之后在"前景色"中选择白色进行填充，并调节图层透明度，如图 6-84 所示。

图 6-84

步骤 09 在工具栏中选择"钢笔"工具 ，绘制出不规则的花形并将路径转换为选区，然后再按 Ctrl+Alt+D 键进行羽化，羽化的值为 15 像素，然后在"前景色"中选择白色进行填充，如图 6-85 所示。

步骤 10 在工具栏中选择"钢笔"工具 ，绘制射线，并按 Ctrl+Alt+D 键进行羽化，羽化的值为 5 像素，然后在"前景色"中选择白色进行填充，将绘制的射线进行复制，然后按 Ctrl+T 键进行旋转和大小的调节，绘制出放射状的射线，如图 6-86 所示。

图 6-85

图 6-86

步骤 11 在工具栏中选择"圆角矩形"工具 ，在属性栏中设置圆角的半径为 10 像素，绘制出圆角矩形路径，将路径转换为选区并在"前景色"中选择白色进行填充，然后再双击图层，在弹出的图层样式界面中勾选"描边"，在描边面板中设置大小为 3 像素，颜色为红色，其他为默认，如图 6-87 所示。

步骤 12 在工具栏中选择"文字"工具 T，绘制出圆角矩形上的文字，并在属性栏中设置字体和大小，设置颜色为红。在工具栏中选择"矩形选区"工具 ，绘制出文字间的矩形条，然后在"前景色"中选择红色进行填充，如图 6-88 所示。

图 6-87　　　　　　　　　　　　　　　图 6-88

步骤 ⑬ 在工具栏中选择"矩形选区"工具 ，在文字的右上角绘制一个矩形选区，然后在"前景色"中选择红色进行填充，在工具栏中选择"文字"工具 T，在矩形上绘制文字，并在属性栏中设置字体和大小，设置颜色为白色，如图 6-89 所示。

图 6-89

步骤 ⑭ 在工具栏中选择"钢笔"工具 ，绘制出牙齿并建立选区，然后在"前景色"中选择淡蓝色进行填充，如图 6-90 所示。

步骤 ⑮ 在工具栏中选择"减淡"工具 ，在属性栏中设置"曝光度"为 28%，范围为中间调，将绘制的牙齿图形进行减淡处理，如图 6-91 所示。

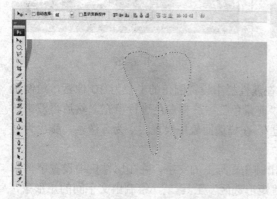
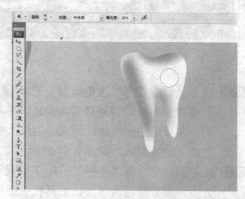

图 6-90　　　　　　　　　　　　　　　图 6-91

步骤⑯ 重复步骤⑭和步骤⑮，用同样的方法绘制出下面的牙膏效果，如图 6-92 所示。

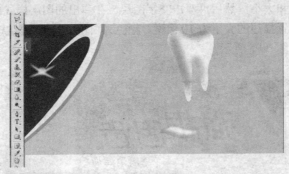

图 6-92

步骤⑰ 在工具栏中选择"钢笔"工具，绘制出箭头路径并将路径转换为选区，然后再用"渐变"工具，为箭头填充蓝色渐变，将绘制完成的箭头进行复制，然后按 Ctrl+T 键进行水平翻转，如图 6-93 所示。

图 6-93

步骤⑱ 在工具栏中选择"钢笔"工具，在箭头上绘制曲线，然后再选择"文字"工具，沿着路径输入文字，并在属性栏中设置文字的大小、颜色和字体，如图 6-94 所示。

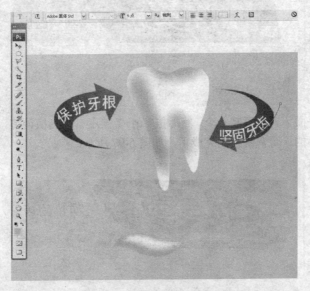

图 6-94

步骤 **19** 在工具栏中选择"文字"工具 **T** ，在牙齿和牙膏的周围输入文字，并在属性栏中设置文字的字体、颜色和大小，然后再双击文字图层，在弹出的图层样式面板中勾选"描边"，在描边面板中设置描边的大小为 10 像素，颜色为白色，其他为默认，同样的方法绘制出下面的文字，如图 6-95 所示。

图 6-95

6.4.2　牙膏盒的绘制

步骤 **01** 在图像菜单下选择"复制"，在弹出的名称面板中命名"佳洁士牙膏盒"，并确定，在佳洁士牙膏盒文件中，在图层面板中将绘制完成的牙膏盒子的平面合并图层，然后按 Ctrl+T 键进行自由变换，作为盒子的顶面，如图 6-96 所示。

图 6-96

步骤 **02** 将绘制好的平面牙膏盒复制一个，然后按 Ctrl+T 键用自由变换调节，作为牙膏盒的侧面，这样一个立体的牙膏盒就绘制完成了，如图 6-97 所示。

图 6-97

6.4.3 牙膏广告的绘制

步骤 01 新建一个名称为"佳洁士广告"，宽度 30cm、高度 22cm、分辨率为 300 像素/英寸的文件。在图层面板中选择背景层，然后再选择"渐变"工具 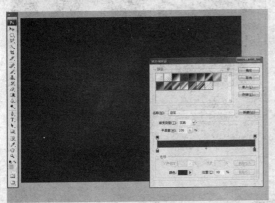，在渐变编辑器中编辑蓝色渐变，给背景填充蓝色径向渐变，如图 6-98 所示。

步骤 02 在工具栏中选择"钢笔"工具 ，在页面的下面绘制出弧形的底边，将路径转换为选区，然后在"前景色"中选择白色进行填充，如图 6-99 所示。

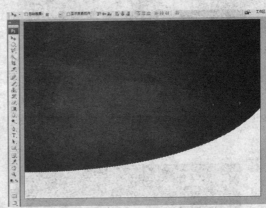

图 6-98　　　　　　　　　　　　　　　图 6-99

步骤 03 将上图绘制完成的弧形白边按住 Alt 进行复制，并按 Ctrl+T 键进行缩小，然后按下 Ctrl 键，在图层上单击，出现图形的选区，然后再用"渐变"工具 ，填充黄色到橘黄色线性渐变，如图 6-100 所示。

步骤 04 选择"佳洁士牙膏"文件，在图层面板中将牙膏盒平面上的放射状图形复制到文件，放在现在的页面中并按 Ctrl+T 键进行大小的调节，如图 6-101 所示。

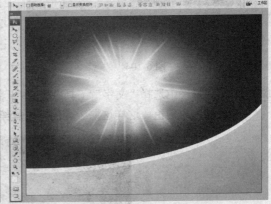

图 6-100　　　　　　　　　　　　　　　图 6-101

步骤 05 选择"佳洁士牙膏盒"文件，将刚才我们绘制出的立体牙膏盒拖到当前的页面，然后再进行复制，并进行大小的调节，如图 6-102 所示。

步骤 06 选择"佳洁士牙膏"文件，将牙膏盒上绘制完成的"佳洁士"的文字和牙齿复制一份拖到当前页面中，并按 Ctrl+T 键调节大小和位置，如图 6-103 所示。

步骤 07 在工具栏中选择"钢笔"工具 ，绘制出不规则的形状，然后在"前景色"中选择红色进行填充，如图 6-104 所示。

步骤 08 在工具栏中选择"文字"工具 **T**，绘制出页面上的文字，然后在属性栏中对绘制的文字进行字体和大小的调节，颜色设置为白色和黑色，如图 6-105 所示。

图 6-102

图 6-103

图 6-104

图 6-105

步骤 09 在工具栏中选择"文字"工具 **T**，在牙膏盒下输入文字，然后在属性栏中选择字体并设置颜色为白色，这样这幅牙膏的广告就绘制完成了，如图 6-106 所示。

图 6-106

第 **7** 章

数 码 UI 设 计

本章导读

UI 即 User Interface（用户界面）的简称。UI 设计则是指对软件的人机交互、操作逻辑、界面美观的整体设计，好的 UI 设计不仅是让软件变得有个性有品味，还要让软件的操作变得舒适、简单、自由，充分体现软件的定位和特点。现在很多的产品都进行 UI 设计，数码产品的快速发展，各种数字产品都离不开 UI 设计。精致美观的 UI 设计，对产品的使用和销售都是十分有帮助的，本章节通过几个常见的数码产品的典型例子，来学习使用 Photoshop CS4 绘制 UI。

知识要点

在绘制时，注意图层合理使用，一般是每编辑一个新对象新建一个图层，将不同的对象放置在不同的图层中。在设计过程中，注意对象绘制的过程与步骤，在绘制笔记本电脑时，通过图层样式中的斜面和浮雕来表现立体感，在手机和照相机其他对象的绘制过程中，立体感的表现是通过编辑渐变的明暗来实现的，绘制这类对象，要严谨、细致，细节也要表现到位。

7.1　NOKIA 手机

最终效果图如下：

7.1.1　外形的绘制

步骤 01 选择"文件"菜单栏中的"新建",在弹出的新建面板中,新建一个名称为"手机",宽度 15cm、高度 25cm、分辨率为 300 像素/英寸,颜色模式 RGB,背景色为白色的文件。在图层面板中新建图层 1,在工具栏中选择"圆角矩形"工具 ,并设圆角半径 15px,绘制一个圆角矩形路径,将路径转换为选区,然后将"前景色"调节设为深灰色,并按 Alt+Delete 键填充到矩形,如图 7-1 所示。

步骤 02 按 Ctrl+J 键,复制图层 1,然后按下键盘 Ctrl+T 键,出现自由变换选框,在属性栏中将 W 调整为 80%、H 调整为 90%,回车确定,然后按下键盘 Ctrl 键,在复制的图层上单击,选中对象,将图层 1 副本填充灰色,如图 7-2 所示。

图 7-1

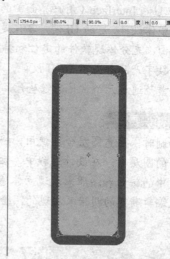

图 7-2

步骤 03 不取消选区,将图层 1 副本隐藏,选择图层 1,按下 Delete 键删除选区内像素,然后在"滤镜"菜单栏中选择"杂色"下的"添加杂色"滤镜,设置为数量 10、平均分布、勾选单色,如图 7-3 所示。

步骤 04 然后再双击图层,在弹出的"图层样式"面板中勾选"斜面和浮雕",在面板中调节大小 18、其他默认,单击确定完成效果,如图 7-4 所示。

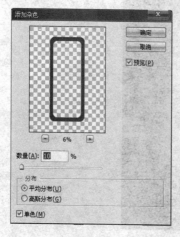

图 7-3

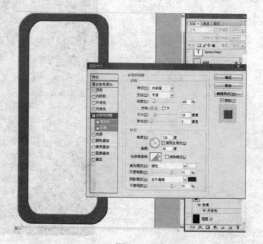

图 7-4

步骤 05 将隐藏图层显示，并新建图层 2。在工具栏中选择"矩形选区"工具 ，在机身两边分别绘制一个矩形选区，在"前景色"中填充红色，然后再双击图层 2，在弹出的图层样式面板中勾选"斜面和浮雕"，参数默认，如图 7-5 所示。

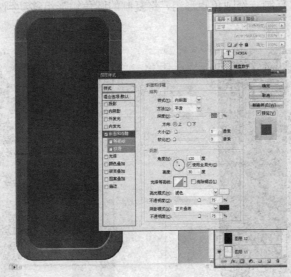

图 7-5

7.1.2 屏幕的绘制

步骤 01 新建图层 3，在工具栏中选择"矩形选区"工具 ，绘制屏幕的选区，然后在"前景色"中选择黑色填充，如图 7-6 所示。

步骤 02 在工具栏中选择"钢笔"工具 ，绘制屏幕高光路径，将路径转换为选区，然后在"前景色"中选择灰色进行填充，如图 7-7 所示。

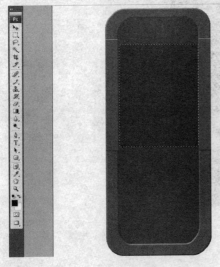
图 7-6

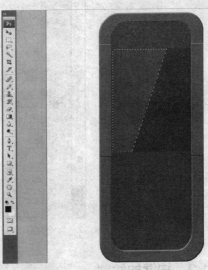
图 7-7

步骤 03 新建图层 4，在工具栏中选择"钢笔"工具 ，绘制手写笔的路径，将路径转换为选区，然后在"前景色"中填充灰色，如图 7-8 所示。

步骤04 新建图层 5，在工具栏中选择"圆角矩形"工具，绘制一个圆角矩形路径，建立选区，在"前景色"中任意填充一种颜色，按 Ctrl+T 键将圆角矩形旋转合适角度，并复制多个排列一起，将圆角矩形图层全部合并，将合并图层建立选区，再用"渐变"工具，填充渐变，然后再复制一份圆角矩形组，将复制的圆角矩形组移动到右边并降低不透明度，如图 7-9 所示。

图 7-8

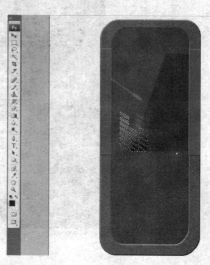
图 7-9

步骤05 选中圆角矩形组，将两组圆角矩形复制到屏幕右上角，建立选区并在"前景色"中填充灰颜色，然后再按 Ctrl+T 键将复制的矩形组旋转合适位置，在图层面板中将不透明度调节为 30%，如图 7-10 所示。

图 7-10

7.1.2 按键的绘制

步骤01 新建图层 6，在工具栏中选择"钢笔"工具，绘制出功能键上半部分路径，将路径转换为选区，然后选择"渐变"工具，在属性栏中的"渐变编辑器"中编辑灰色到黑色渐变，渐变方式为线性，然后在选区内垂直拉出渐变，如图 7-11 所示。

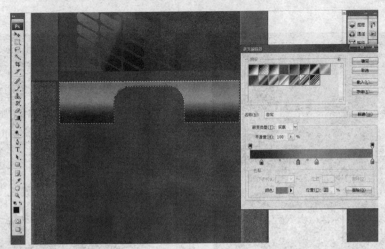

图 7-11

步骤 02 将功能键上半部分图层复制一份，然后按 Ctrl+T 键，将复制图层垂直旋转并对齐，如图 7-12 所示。

步骤 03 在工具栏中选择"圆角矩形"工具，在属性栏中设置半径为 40px，绘制出导航键的路径，将路径转为选区并新建图层，先将选区描 6 像素的黑边，然后在"前景色"中选择灰色进行填充，并在"滤镜"菜单栏中选择"杂色"下的"添加杂色"滤镜，调节参添加杂色数值，如图 7-13 所示。

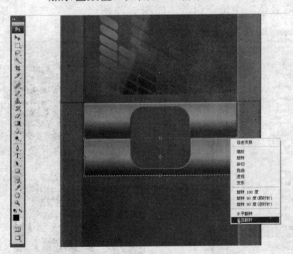

图 7-12

图 7-13

步骤 04 在工具栏中选择"圆角矩形"工具，在属性栏中设置半径为 30px，绘制圆角矩形的路径，将路径转为选区并新建图层，然后用"渐变"工具，拉出渐变，在"滤镜"菜单栏中选择"杂色"下的"添加杂色"滤镜，调节添加杂色数值，然后再双击图层，在弹出的图层样式界面中勾选"斜面和雕刻"，在面板中调节参数，做出导航键的效果，如图 7-14 所示。

步骤 05 在工具栏中选择"矩形选区"工具，绘制键盘上一个键的选区，再用"渐变"工具，填充渐变，将绘制好的按键复制多个并排列整齐，然后再用"钢笔"工具，将最下面

两边的按键的角绘制出圆角边路径并转换为选区，按键盘上 Delete 键将其删除，如图 7-15
所示。

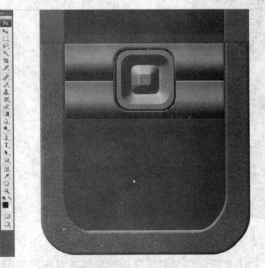

图 7-14　　　　　　　　　　　　　　　　　图 7-15

步骤 **06** 在工具栏中选择"矩形选区"工具 ▭ 和"钢笔"工具 ◊，绘制出红色条上面的按钮路径，
将转换为选区并新建图层，在"前景色"中填充红色，然后再双击图层，在弹出的界面
中勾选"斜面和浮雕"，调节参数，将按钮做出斜面浮雕效果，如图 7-16 所示。

步骤 **07** 在工具栏中选择"矩形"工具 ▭ 和"钢笔"工具 ◊，绘制出按钮上面的播放符号，将路
径转换为选区并新建图层，然后在"前景色"中填充白色，如图 7-17 所示。

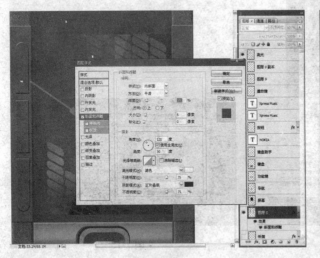

图 7-16　　　　　　　　　　　　　　　　　图 7-17

步骤 **08** 在工具栏中选择"圆角矩形"工具 ▭，绘制听话筒的路径，将路径转换为选区并新建图
层，在"前景色"中填充灰色，然后再双击此图层，在弹出的界面中勾选"斜面和浮雕"，
调节参数，将听话筒做出斜面浮雕效果，如图 7-18 所示。

步骤 **09** 在工具栏中选择"圆角矩形"工具 ▭，绘制出功能键上的符号，将路径转换为选区并新
建图层，然后再按 Ctrl+Alt+D 键将选区进行羽化，然后分别填充不同的颜色，如图 7-19
所示。

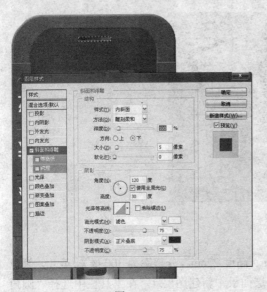

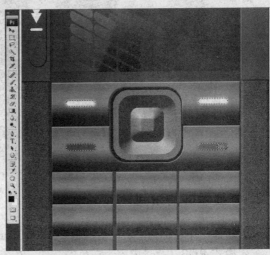

图 7-18 图 7-19

步骤⑩ 在工具栏中选择"文字"工具 **T.**，书写出键盘上的数字和字母，在属性栏中调节文字的字体、大小和颜色，然后再用"钢笔"工具 **◆.**，绘制出键盘上的符号，将路径转换为选区并填充白颜色，如图 7-20 所示。

步骤⑪ 在前景色中选择黑色填充到背景，在图层面板中选择图层 1 并双击此图层，在弹出的"图层样式"面板中勾选"外发光"，并调节参数，绘制出最终效果图，如图 7-21 所示。

图 7-20 图 7-21

7.2 笔 记 本 的 绘 制

最终效果图如下：

7.2.1 显示屏的绘制

步骤01 新建一个名称为"笔记本电脑",宽度 30cm、高度 22cm、分辨率为 300 像素/英寸,颜色模式 RGB,背景内容为白色的文件。在图层面板中新建图层 1,在工具栏中选择"圆角矩形"工具 ⬜,在属性栏中设半径为 30px,绘制出一个圆角矩形,将路径转换为选区,在"前景色"中填充灰色,填充完成后按 Ctrl+D 键将选区取消,如图 7-22 所示。

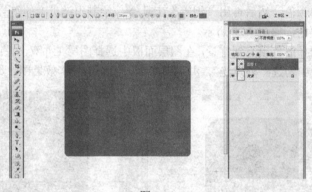

图 7-22

步骤02 在"选择"菜单栏中选择"变换选区",然后按 Shift+Alt 键,将选区向内缩小,并确定,如图 7-23 所示。

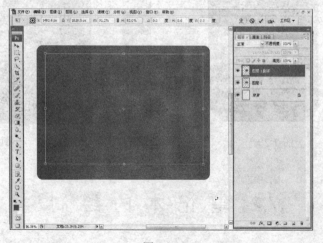

图 7-23

步骤 **03**　将收缩的选区删除，然后再双击此图层 1，在弹出的"图层样式"面板中勾选"斜面和浮雕"，并调节参数，将屏幕外框做出斜面浮雕效果，如图 7-24 所示。

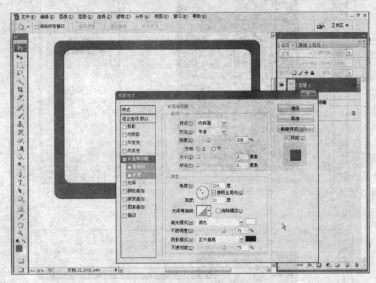

图 7-24

步骤 **04**　在文件菜单栏中选择"置入"，导入一张电脑界面图片，然后按下 Ctrl+T 键将图片缩放合适大小，将此图层放置在电脑外框的图层下面，如图 7-25 所示。

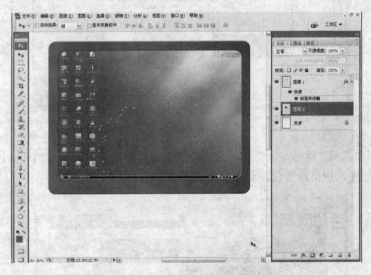

图 7-25

7.2.2　键盘区的绘制

步骤 **01**　新建图层 2，在工具栏中选择"圆角矩形"工具 □，绘制出一个圆角矩形，将路径转换为选区，然后在"前景色"中填充灰色，如图 7-26 所示。

步骤 **02**　在"选择"菜单栏中选择"变换选区"，将选区向内缩小，然后按下 Delete 键，将收缩的选区删除。然后再双击图层 2，在弹出的"图层样式"面板中勾选"斜面和浮雕"，并调节参数，将键盘外框做出斜面浮雕效果，如图 7-27 所示。

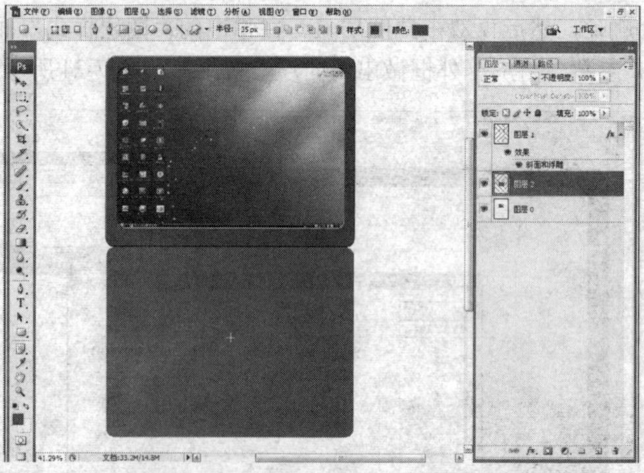

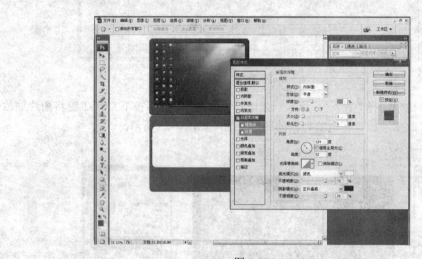

图 7-26

图 7-27

步骤 **03** 在工具栏中选择"矩形选区"工具 ，绘制出屏幕和键盘之间的转轴选区，然后再用"渐变"工具 ，拉出渐变色，如图 7-28 所示。

图 7-28

步骤 04 在工具栏中选择"钢笔"工具，绘制键盘左上角的一个圆角路径，将路径转换为选区并新建图层，然后再双击此图层，在弹出的界面中勾选"斜面和浮雕"，调节参数，将棱角做出斜面浮雕效果，如图 7-29 所示。

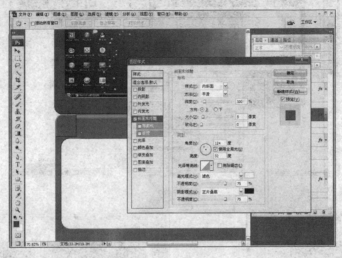

图 7-29

步骤 05 按住 Alt 将进行复制到另外一边，然后自由变换并水平翻转，如图 7-30 所示。

步骤 06 在工具栏中选择"钢笔"工具，绘制圆角的阴影路径，将路径转换为选区并新建图层，然后在"前景色"中填充黑色，如图 7-31 所示。

图 7-30

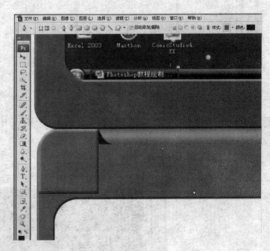

图 7-31

步骤 07 再选择"矩形选区"工具，绘制两个圆角之间的一个长条选区，在"前景色"中填充灰色，然后再双击此图层，在弹出的面板中勾选"斜面和浮雕"，并调节参数，将长条做出斜面浮雕效果，如图 7-32 所示。

步骤 08 按下键盘中的 Ctrl+R 键，显示出标尺，然后依次从上面的刻度尺和左边的刻度尺拉出相交的辅助线，如图 7-33 所示。

步骤 09 在工具栏中选择"矩形选区"工具，沿着辅助线绘制出空格键选区并新建图层，然后在"前景色"中填充灰色，然后再双击此图层，在图层样式面板中作出浮雕和斜面效果，如图 7-34 所示。

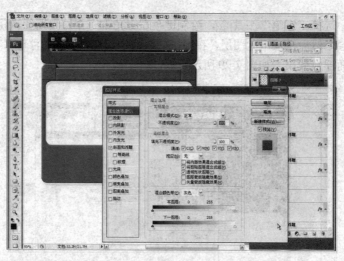

图 7-32

图 7-33

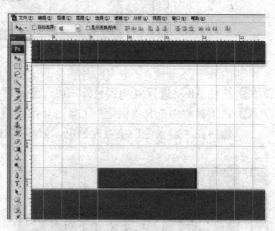

图 7-34

步骤⑩ 将绘制完成的空格键进行复制，然后再用自由变换复制键的大小，绘制出电脑键盘的按键，如图 7-35 所示。

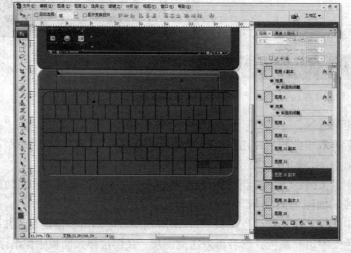

图 7-35

步骤 ⑪ 在工具栏中选择"矩形选区"工具 ▣，在键盘下面绘制出笔记本电脑的上的鼠标选区，在"前景色"中填充灰颜色，在图层样式面板中作出浮雕和斜面效果，如图 7-36 所示。

步骤 ⑫ 在工具栏中选择"矩形选区"工具 ▣，绘制鼠标左右键选区，在"前景色"中填充灰色，在图层样式面板中作出浮雕和斜面效果，如图 7-37 所示。

图 7-36　　　　　　　　　　　　图 7-37

7.2.3　厚度的绘制

步骤 ① 在工具栏中选择"钢笔"工具 ◊，绘制键盘前面厚度的路径，将路径转换为选区并新建图层，然后在"前景色"中填充灰色，如图 7-38 所示。

步骤 ② 在工具栏中选择"钢笔"工具 ◊，再次绘制电脑键盘厚度的路径，将路径转换为选区并新建图层，然后在"前景色"中填充黑色，如图 7-39 所示。

图 7-38　　　　　　　　　　　　图 7-39

步骤 ③ 在工具栏中选择"钢笔"工具 ◊，绘制侧面插口处的路径，将路径转换为选区并新建图层，在"前景色"中填充灰色，然后再双击此图层，在弹出的界面中勾选"斜面和浮雕"，调节参数，将插口处做出斜面浮雕效果，如图 7-40 所示。

步骤 04 在工具栏中选择"钢笔"工具 ，继续绘制侧面插口处的路径，将路径转换成选区并新建图层，然后在"前景色"中填充灰色，如图 7-41 所示。

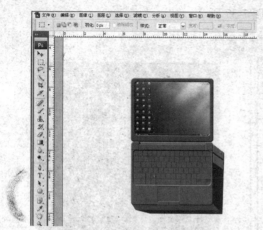

图 7-40

图 7-41

步骤 05 在工具栏中选择"文字"工具 ，绘制键盘上的文字，然后在属性栏中调节文字的字体、大小和颜色，如图 7-42 所示。

步骤 06 将键盘图层和显示器图层分别合并图层，按 Ctrl+T 键，在自由变换中选择扭曲和斜切，分别对屏幕和键盘透视作调整，如图 7-43 所示。

步骤 07 按 Ctrl+T 键，用自由变形工具对笔记本进行进一步的调整，绘制出完整笔记本电脑。在图层面板中选择背景层，然后在背景层拉蓝灰色径向渐变。选中键盘图层并双击，在弹出的"图层样式"面板中给电脑增加阴影，这样就完成了笔记本电脑的绘制，如图 7-44 所示。

图 7-42

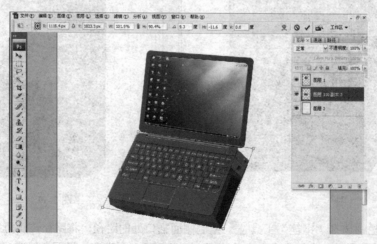

图 7-43

图 7-44

7.3 数码相机

最终效果图如下：

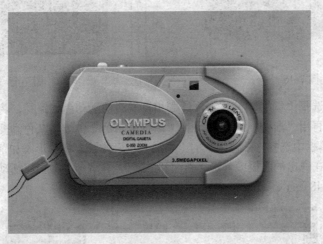

7.3.1 机身的绘制

步骤 **01** 新建一个名称为"相机"，宽度 22cm、高度 12cm、分辨率为 250 像素/英寸，颜色模式 RGB，背景内容为白色的文件。在图层面板中新建图层，在工具栏中选择"圆角矩形"工具 ，在属性面板中设置圆角为 25，绘制一个矩形矩形，将路径转换为选区，然后再用"渐变"工具 ，在"渐变编辑器"中编辑灰色渐变，填充到选区，如图 7-45 所示。

步骤 **02** 重复步骤 **01**，在绘制一个圆角矩形，放在上面，如图 7-46 所示。

步骤 **03** 然后再双击此图层，在弹出的面板中勾选"斜面和浮雕"，并调节参数，将机身做出斜面浮雕效果，如图 7-47 所示。

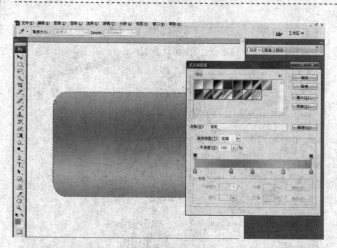

图 7-45

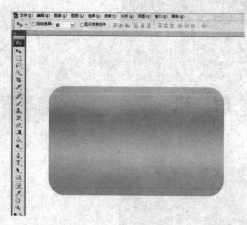

图 7-46

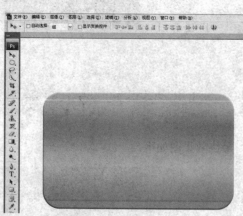

图 7-47

步骤 04 在工具栏中选择"钢笔"工具 ◇，绘制相机左边的活动盖的路径，将路径转换为选区并新建图层，再用"渐变"工具 ■，在"渐变编辑器"中编辑灰色渐变，填充到选区。在"滤镜"菜单栏中选择"杂色"下的"添加杂色"滤镜，将图形添加杂色，在图然后再双击此图层，在弹出的面板中勾选"斜面和浮雕"，并调节参数，将活动盖做出斜面浮雕效果，如图 7-48 所示。

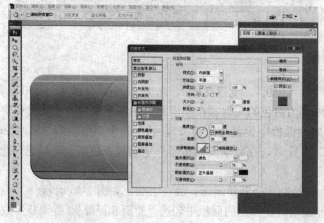

图 7-48

步骤 05 在工具栏中选择"钢笔"工具 ，依次绘制相机活动盖部分路径，将路径转换为选区并在"前景色"中填充不同的灰颜色，将这些图层合并在滤镜中添加杂色，然后在图层样式中添加"斜面和浮雕"效果，如图 7-49 所示。

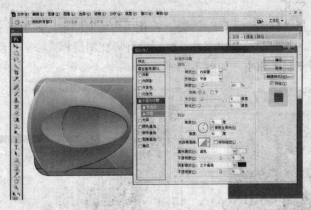

图 7-49

步骤 06 在工具栏中选择"钢笔"工具 ，绘制相机的不动盖路径，然后填充颜色并在滤镜中添加杂色，在图层样式中添加"斜面和浮雕"效果，如图 7-50 所示。

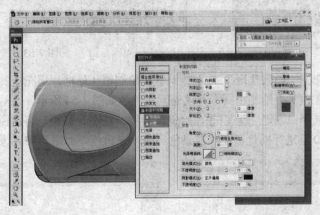

图 7-50

步骤 07 重复上述步骤，绘制出相机右边不动盖路径，如图 7-51 所示。

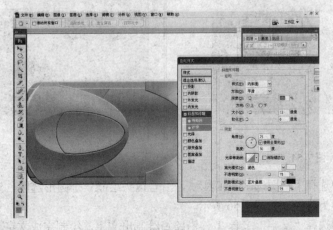

图 7-51

7.3.2 镜头的绘制

步骤01 新建图层，在工具栏中选择"椭圆选区"工具 ，绘制镜头，然后在"前景色"中填充黑色，如图 7-52 所示。

步骤02 在工具栏中选择"椭圆选区"工具 ，在镜头内绘制圆形，并填充灰色，将选区缩小，然后删除中间的部分，绘制出圆环，然后给圆环在图层样式添加"斜面和浮雕"效果，将绘制的椭圆复制并缩小，如图 7-53 所示。

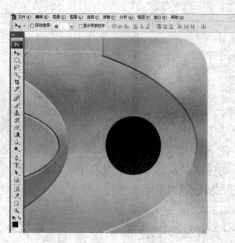
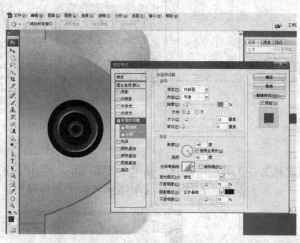

图 7-52 　　　　　　　　　　　　　　　　图 7-53

步骤03 在工具栏中选择"椭圆选区"工具 ，继续绘制镜头外框，填充淡黄色并在滤镜中添加杂色，然后在镜头中绘制小圆，并填充紫红色，如图 7-54 所示。

步骤04 在工具栏中选择"钢笔"工具 ，给镜头绘制一些高光路径，将路径转换为选区，然后按 Ctrl+Alt+D 键进行羽化，在"前景色"中填充白色，如图 7-55 所示。

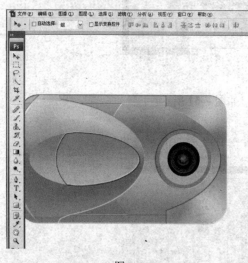
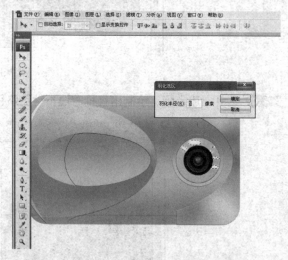

图 7-54 　　　　　　　　　　　　　　　　图 7-55

步骤05 在工具栏中选择"椭圆选区"工具 ，沿着镜头绘制一个圆形选区，然后在路径面板中将选区转换为路径，如图 7-56 所示。

步骤06 在工具栏中选择"文字"工具 ，沿路径绘制出文字，绘制完成文字后将路径取消，然后将文字图层放置到高光图层下面，如图 7-57 所示。

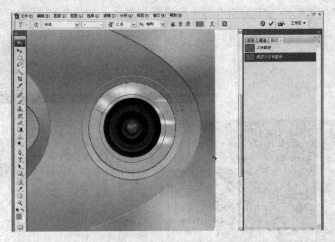

图 7-56

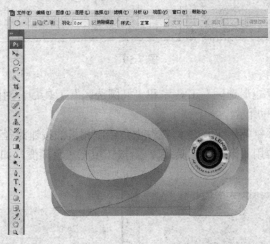

图 7-57

步骤 **07**　将绘制完成的镜头合并图层，并复制一层，然后在图层样式中添加"斜面和浮雕"效果，如图 7-58 所示。

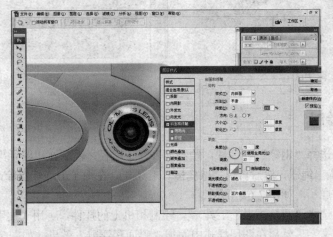

图 7-58

步骤 08 在工具栏中选择"钢笔"工具 ✒，绘制闪光灯的路径，然后将路径转换为选区并填充淡
黄颜色，并在图层样式中添加"斜面和浮雕"效果，如图 7-59 所示。

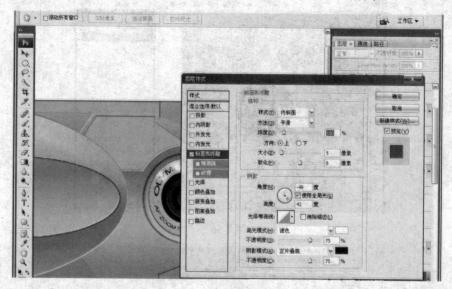

图 7-59

步骤 09 在工具栏中选择"矩形选区"工具 ▢ 和"椭圆选区"工具 ○，对闪光灯部分进行进一步
的绘制，如图 7-60 所示。

步骤 10 在工具栏中选择"钢笔"工具 ✒，在左上角绘制相机的按钮路径，将路径转换为选区并
新建图层，然后再用"渐变"工具 ▬，给按钮填充灰色渐变，如图 7-61 所示。

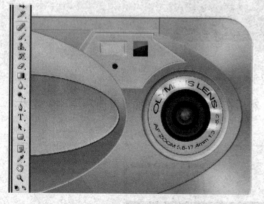

图 7-60

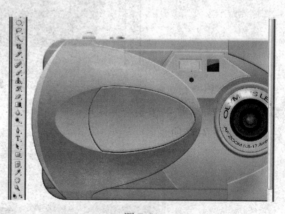

图 7-61

7.3.3 绳子的绘制

步骤 01 在工具栏中选择"钢笔"工具 ✒，绘制挂件绳子路径，然后在"路径"面板中选择"描
边路径"，描出绳子，然后再用"橡皮擦"工具 ✐，在绳子上连续擦除，这样线绳就绘制
的效果就完成了，如图 7-62 所示。

步骤 02 在工具栏中选择"圆角矩形"工具 ▢，绘制相机上的挂件，再用"文字"工具 T，绘制
出挂件上的文字，然后在图层样式中添加"斜面和浮雕"效果，如图 7-63 所示。

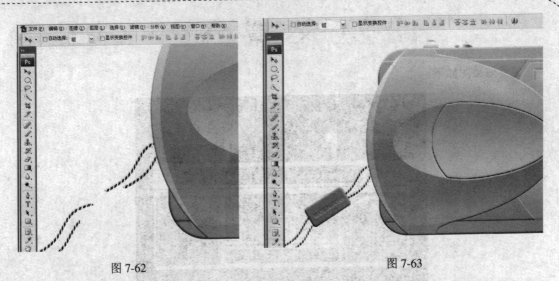

<table>
<tr><td>图 7-62</td><td>图 7-63</td></tr>
</table>

步骤 03 在工具栏中选择"文字"工具 **T.**，绘制出相机上的文字，然后在图层样式中将文字添加一些效果，如图 7-64 所示。

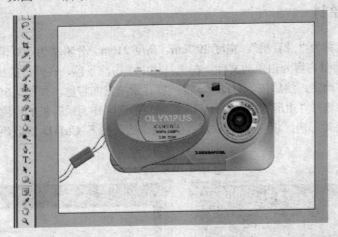

图 7-64

步骤 04 在图层面板中选中背景层，然后填充灰色。将绘制的相机的机身合并图层，然后在图层样式中给相机添加"投影"效果，这样一个相机就完成了，如图 7-65 所示。

图 7-65

7.4 录 音 机

最终效果图如下：

7.4.1 背景的绘制

步骤 01 新建一个名称为"录音机"，宽度 29.7cm、高度 21cm、分辨率为 300 像素/英寸，颜色模式 RGB，背景内容为白色的文件。在工具栏中单击前景色，在弹出的拾色器面板中，选择咖啡色并确定，然后按 Alt+Delete 键，将背景填充咖啡色，如图 7-66 所示。

步骤 02 在工具栏中选择"矩形选区"工具 □，绘制矩形选区作为录音机的轮廓，并使用"渐变"工具 ■，将矩形选区填充淡黄色线性渐变色，然后按下 Ctrl+D 键取消选区，如图 7-67 所示。

图 7-66

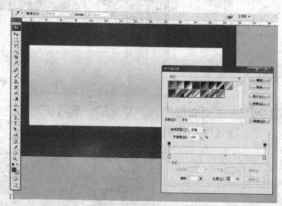

图 7-67

步骤 03 在工具栏中选择"矩形选框"工具 □，在大矩形上制矩形选区，然后再用"渐变"工具 ■，给矩形选区填充淡黄色渐变，如图 7-68 所示。

步骤 04 在工具栏中选择"矩形选框"工具 □，在两矩形中绘制小矩形选区，然后在"前景色"中填充褐色，如图 7-69 所示。

步骤 05 在工具栏中选择"矩形选框"工具 □，在绘制一个小矩形选区，然后在"前景色"中填充红色，如图 7-70 所示。

步骤 06 在工具栏中选择"钢笔"工具 ♠，在两线条之间绘制滑块图形路径，将路径转换为选区并新建图层，在"前景色"中填充灰色，然后在图层样式中勾选"描边"，将图形添加一个像素为 3 的黑色描边，如图 7-71 所示。

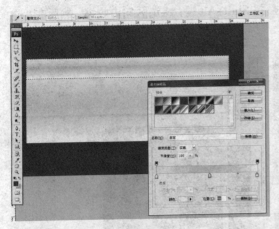

图 7-68

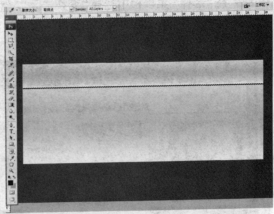

图 7-69

图 7-70

图 7-71

7.4.2　下部喇叭的绘制

步骤 **01** 在工具栏中选择"圆角矩形"工具 □，在属性栏中选择填充像素，将圆角的半径调节为 30px，并将前景色调节为灰绿色，绘制出录音机的喇叭背景，如图 7-72 所示。

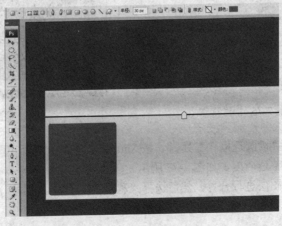

图 7-72

步骤 **02** 在工具栏中选择"椭圆选框"工具 ◯，按 Shift+Alt 键，在圆角矩形内画正圆，然后再用
"渐变"工具 ■，拉出深绿色渐变，如图 7-73 所示。

步骤 **03** 在"选择"菜单栏中选择"变换选区"，然后按 Shift+Alt 键，将选区向内收缩，然后在"前
景色"中填充深绿色，如图 7-74 所示。

图 7-73

图 7-74

步骤 **04** 在"选择"菜单栏中选择"变换选区"，再次将选区向内收缩，在工具栏中选择"渐变"
工具 ■，填充黄色到黑色渐变，如图 7-75 所示。

步骤 **05** 在"选择"菜单栏中选择"变换选区"，再次将选区向内收缩，然后在工具栏中选择"油
漆桶"工具 ◇，在属性栏上选择图案填充，然后在图案面板中选择网状图案进行填充，
并在图层面板上选择"叠加"，绘制出喇叭效果，如图 7-76 所示。

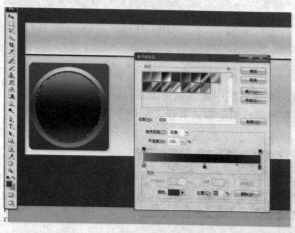

图 7-75

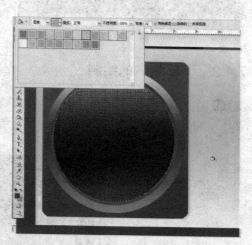

图 7-76

步骤 **06** 在工具栏中选择"椭圆选框"工具 ◯，按 Shift 键，在喇叭内画正圆，并填充灰色，然后
在图层面板中调节透明度，如图 7-77 所示。

步骤 **07** 将绘制好的喇叭图层进行合并，然后选择"移动"工具 ▸，再按 Alt 键，将喇叭复制到
录音机的右边，如图 7-78 所示。

图 7-77

图 7-78

7.4.3 下部播放界面的绘制

步骤 01 在工具栏中选择"圆角矩形"工具 ◻，在属性栏中将圆角的半径调为 30px，在两个喇叭中间绘制一个圆角矩形路径，将路径转换为选区并新建图层，然后再用"渐变"工具 ◼，编辑咖啡色到黑色渐变，并选择线性渐变，垂直方向拉出渐变，如图 7-79 所示。

步骤 02 在工具栏中选择"矩形选框"工具 ◻，在绘制的圆角矩形上绘制矩形选区，然后在"前景色"中填充淡黄色，如图 7-80 所示。

图 7-79

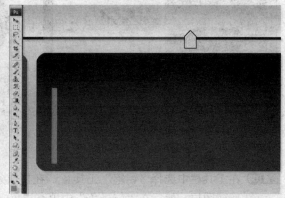

图 7-80

步骤 03 将绘制好的小矩形复制多个，然后再用自由变换（Ctrl+T）改变复制的小矩形高度，如图 7-81 所示。

步骤 04 在工具栏中选择"矩形选框"工具 ◻，在圆角矩形下绘制矩形选区，然后再用"渐变"工具 ◼，填充黑色到咖啡色渐变，如图 7-82 所示。

步骤 05 在工具栏中选择"矩形选框"工具 ◻，在绘制的矩形条上绘制矩形选区，然后在"前景色"中填充红色，如图 7-83 所示。

图 7-81

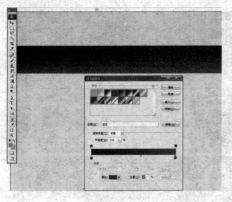

图 7-82 图 7-83

步骤 **06** 在工具栏中选择"钢笔"工具 ，绘制出播放进度按钮路径，将路径转换为选区并新建
图层，然后再用"渐变" 填充黑色到咖啡色渐变，如图 7-84 所示。

步骤 **07** 在"选择"菜单栏中选择"变换选区"，将选区向内收缩，然后在工具栏中选择"渐变"
工具 ，填充灰色渐变，然后在"编辑"菜单栏中选择"描边"，将图形添加 2px 的白色
描边，如图 7-85 所示。

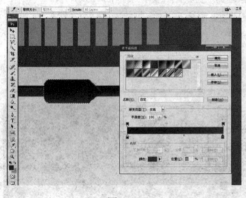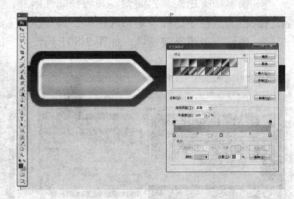

图 7-84 图 7-85

步骤 **08** 在工具栏中选择"钢笔"工具 ，在播放条下绘制斜角矩形路径，将路径转换为选区并
新建图层，然后在"前景色"中填充黑色，如图 7-86 所示。

步骤 **09** 在工具栏中选择"矩形选框"工具 ，在图形中绘制矩形选区，然后再用"渐变"工具
，填充灰色渐变，如图 7-87 所示。

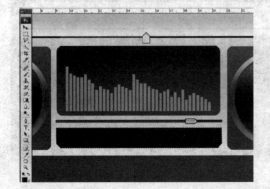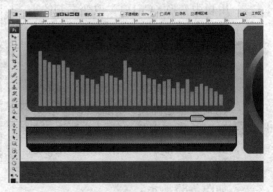

图 7-86 图 7-87

步骤⑩ 在工具栏中选择"钢笔"工具，在矩形下绘制一个梯形路径，将路径转换为选区，然后再用"渐变"工具，填充深绿色渐变，如图 7-88 所示。

步骤⑪ 在工具栏中选择"矩形选框"工具，绘制一个矩形选区，在前景色中填充深褐色，然后再按 Alt 键用"移动"工具水平方向复制几个，分割出按键效果，如图 7-89 所示。

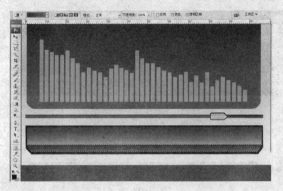

图 7-88

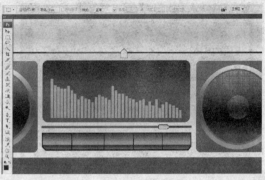

图 7-89

步骤⑫ 在工具栏中选择"多边形"工具，在属性栏中选择边数为 3 边，然后绘制三角形按钮，将路径转换为选区并填充深灰色渐变，将绘制好的三角形复制，作为播放按钮，如图 7-90 所示。

步骤⑬ 在工具栏中选择"矩形选框"工具，绘制一个矩形选区，然后再用"渐变"工具填充深灰色渐变，绘制出完整播放按钮，如图 7-91 所示。

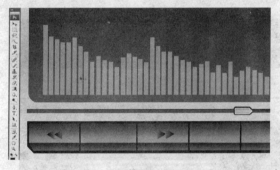

图 7-90

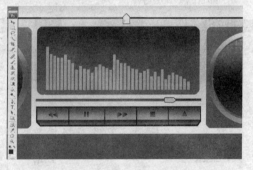

图 7-91

7.4.4　提手的绘制

步骤① 在工具栏中选择"矩形选框"工具，并在属性栏中选择"添加到选区"，绘制出录音机左边把子的选区，然后再用"渐变"工具填充淡黄色渐变，如图 7-92 所示。

步骤② 按 Alt 键，并用"移动"工具将绘制好的把子复制一份到右侧对称的位置，然后选择复制的把子并按 Ctrl+T 键自由变换，单击鼠标右键选择水平翻转，按回车键确定。在

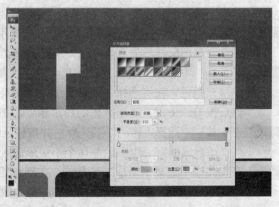

图 7-92

工具栏中选择"矩形选框"工具 ▢，在两图形间绘制矩形选区，然后在"前景色"中填充灰色，如图 7-93 所示。

步骤 **03** 在工具栏中选择"矩形选框"工具 ▢，在灰色矩形上绘制条状矩形，并填充黑色，将绘制好的矩形向下复制，作为提手的纹路，如图 7-94 所示。

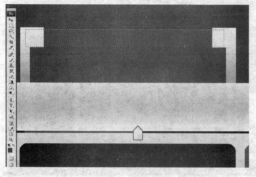
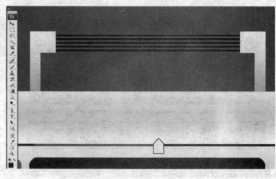

图 7-93　　　　　　　　　　　　　　　　　　　　图 7-94

7.4.5　上部分界面的绘制

步骤 **01** 在工具栏中选择"矩形选框"工具 ▢，在录音机提手的一旁绘制按钮选区，然后再用"渐变"工具 ▭，水平方向填充深咖啡色线性渐变，如图 7-95 所示。

步骤 **02** 在工具栏中选择"移动"工具 ▸⊕，并按 Alt 键，将绘制好的按钮连续复制到把子的两侧，如图 7-96 所示。

图 7-95　　　　　　　　　　　　　　　　　　　　图 7-96

步骤 **03** 在工具栏中选"圆角矩形"工具 ▢，在提手的下方绘制圆角矩形路径，将路径转换为选区并新建图层，然后再用"渐变"工具 ▭填充深灰色线性渐变，如图 7-97 所示。

步骤 **04** 在工具栏中选择"矩形选框"工具 ▢，在圆角矩形上绘制矩形选区，然后在"前景色"中填充绿色，在"选择"菜单下选中"变换选区"，并按 Shift+Alt 键，将选区向内缩小，然后按 Delete 键，将选区内的图形删除，如图 7-98 所示。

步骤 **05** 在工具栏中选择"移动"工具 ▸⊕，并按住 Alt 键，将绘制好的图形水平复制几个，然后再用"矩形选框"工具 ▢绘制两个小矩形选区，在"前景色"中填充绿色，如图 7-99 所示。

步骤 **06** 在工具栏中选择"矩形"工具 ▪，在圆角矩形的左侧绘制矩形选区，然后再用"渐变"工具 ▭，填充白色到淡黄色渐变，并描 8 像素深灰色边，作为上面的小喇叭，如图 7-100 所示。

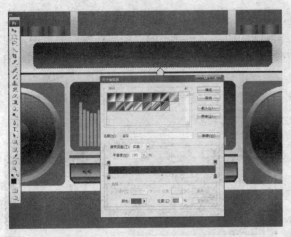

图 7-97

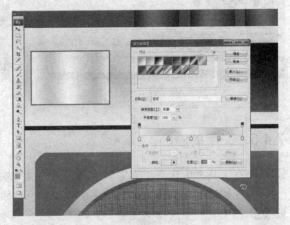

图 7-98

图 7-99

图 7-100

步骤 **07** 在工具栏中选择"矩形选区"工具 ，在矩形按钮轮廓内绘制两个矩形选区，然后在"前景色"中填充绿褐色，作为小喇叭的扩音孔，如图 7-101 所示。

步骤 **08** 在图层面板中将绘制好的小喇叭图层进行合并，然后在工具栏中选择"移动"工具 ，并按下 Alt 键，将绘制好小喇叭复制到右边，如图 7-102 所示。

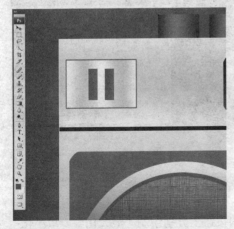

图 7-101

图 7-102

步骤 **09** 在工具栏中选择"椭圆选框"工具 ，并按下 Shift 键，在右侧小喇叭处绘制正圆选区，然后在"前景色"中填充黑色，双击绘制圆的图层，在弹出的"图层样式"面板中，勾选投影、内阴影、内发光、斜面和浮雕效果并调节参数，做出圆按钮的效果，如图 7-103 所示。

步骤 **10** 在工具栏中选择"自定形状"工具 ，在形状图案中选中喇叭图形，在黑色圆形按钮上绘制白色喇叭，如图 7-104 所示。

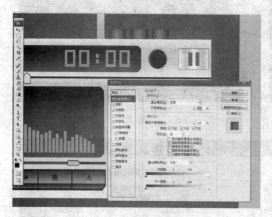

图 7-103   图 7-104

7.4.6　文字的添加

步骤 **01** 在工具栏中选择"文字"工具 ，在上部分的界面和下部分的界面分别输入文字，然后在属性栏中调节文字大小、字体和颜色，如图 7-105 所示。

步骤 **02** 在工具栏中选择"文字"工具 ，在左边喇叭处分别输入"TTPLER"和"立体声"，然后在属性栏中调节文字的字体、大小和颜色，并且给"TTPLER"在图层样式中添加投影效果，如图 7-106 所示。

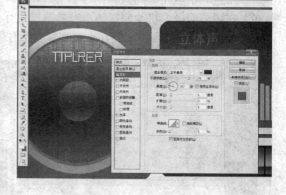

图 7-105   图 7-106

步骤 **03** 工具栏中选择"矩形选框"工具 ，在左边的按钮上绘制矩形选区，然后在"前景色"中填充蓝色，如图 7-107 所示。

步骤 **04** 在工具栏中选择"矩形选框"工具 ，在右边的按钮上分别绘制"最大化"、"最小化"和关闭按钮，并填充白色，如图 7-108 所示。

图 7-107　　　　　　　　　　　　　　　　　　　　图 7-108

步骤 05 在工具栏中选择"钢笔"工具 ，在左边小喇叭处绘制出耳麦的路径，将路径转换为选
区并新建图层，然后在"前景色"中填充黑色，如图 7-109 所示。

步骤 06 在工具栏中选择"减淡"工具 ，将耳麦涂抹出立体效果，如图 7-110 所示。

图 7-109

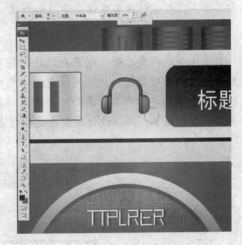

图 7-110

步骤 07 在工具栏中选择"钢笔"工具 ，绘制出耳麦中间的波形路径，将路径转换为选区，然
后在"前景色"中填充红色，如图 7-111 所示。

步骤 08 双击波形的图层，在弹出的图层样式面板中，给图形添加投影效果，这样就绘制出最终
效果图，如图 7-112 所示。

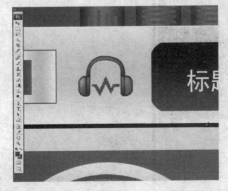

图 7-111

图 7-112

第 **8** 章

地 产 广 告 设 计

本章导读

房地产行业是十分热门的行业，各种相关的地产广告十分常见，以及相关装饰行业的广告也十分繁多。每年都会有新楼盘、房产的推出，在设计时要根据楼盘的特点进行创意和设计。要有诉求的主题，要么突出楼盘的特点、品位和外观，要么突出楼盘的人文精神、小资情调，突出地位财富的象征，突出绿色环保、健康安全等主题，本章节几个不同风格的地产广告设计，各有其特点，在设计过车中注意学习和吸收，并能最终独立创意和设计地产类广告。

知识要点

本章几个地产类广告，创意和设计各有不同，在绘制过程中，首先要注意基本工具的熟练运用和图层的合理运用。然后要注意创意的表达，标志、户型的绘制方法，文字大小与布局，这些基本要素的安排布局，画面整体效果的把握，都是需要认真推敲和思考的，同时注意理解地产类广告的特点，并在设计中突出这些特点。

8.1　房 产 广 告 1

最终效果图如下：

8.1.1 背景的绘制

步骤 01 选择"文件"菜单栏中的"新建",在弹出的新建面板中,新建一个名称为"地产广告",宽度 21cm、高度 29.7cm、分辨率为 300 像素/英寸的文件。在工具栏中的前景色上单击,在弹出的"拾色器"面板中选择褐色,给背景填充褐色,如图 8-1 所示。

步骤 02 在图层面板中新建图层 1,在工具栏中选择"钢笔"工具🖋,沿着矩形绘制出上面的梯形,按 Ctrl+Enter 键,将路径转换为选区,然后在"前景色"中选择黄色进行填充,如图 8-2 所示。

图 8-1

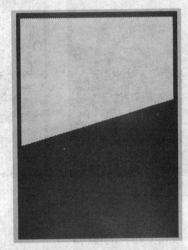

图 8-2

步骤 03 新建图层 2,在工具栏中选择"钢笔"工具🖋,沿着梯形的左下角绘制三角形,然后在"前景色"中选择淡灰色进行填充,如图 8-3 所示。

步骤 04 新建图层 3,用同样的方法绘制出另两个三角形,然后在"前景色"中分别填充中灰和浅灰色,如图 8-4 所示。

图 8-3

图 8-4

步骤 05 选择楼房和草地素材,然后在"文件"菜单栏中选择"置入",将两张素材分别置入页面中,并按 Ctrl+T 键进行大小的调节,如图 8-5 所示。

步骤 06 新建图层 4，在工具栏中选择"矩形选区"工具 □，在草地和楼房底部绘制矩形，然后在"前景色"中选择灰淡色进行填充，如图 8-6 所示。

步骤 07 新建图层 5，在工具栏中选择"矩形选区"工具 □，沿着背景绘制出矩形选区，然后在"编辑"菜单栏中选择"描边"，在弹出的描边面板中将宽度设为 30px，颜色为白色，给矩形描白边，如图 8-7 所示。

图 8-5

图 8-6

图 8-7

8.1.2 标志文字的添加

步骤 01 新建图层 6，绘制出月牙图形，并转换为选区，然后再选择"渐变"工具 ■，在"渐变编辑器"中编辑白色到黑色渐变，在属性栏中选择线性渐变，水平方向拉出渐变，如图 8-8 所示。

步骤 02 在工具栏中选择"移动"工具 ▶＋，然后按 Alt 键拖曳复制，并按 Ctrl+T 键进行旋转，和前一个对齐，重复操作，绘制出环形标志，并合并图层。在工具栏中选择"文字"工具 T，输入标志下面的文字，并在属性栏中选择文字的字体、颜色和大小，如图 8-9 所示。

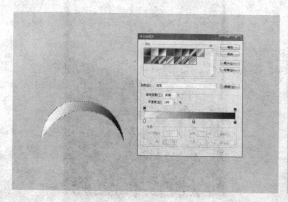

图 8-8

图 8-9

步骤 03 在工具栏中选择"文字"工具 T，绘制出页面上的大文字，并在属性栏中选择一种粗一些的字体，并对字体进行大小和颜色的调节，如图 8-10 所示。

步骤 04 在工具栏中选择"文字"工具 **T.**，绘制出草地上方的文字，并在属性栏中选择文字的字体、颜色和大小，然后再选择"矩形选区"工具，绘制小矩形条，然后再填充白色，如图 8-11 所示。

图 8-10

图 8-11

步骤 05 在工具栏中选择"文字"工具 **T.**，绘制出页面底部的文字，并在属性栏中选择文字的字体、颜色、大小，然后再选择"矩形选区"工具，绘制文字下面的矩形条，然后在"前景色"中选择褐色进行填充，如图 8-12 所示。

步骤 06 在工具栏中选择"矩形选区"工具，绘制出下面的文字上的线框，然后在"前景色"中选择褐色进行填充，如图 8-13 所示。

图 8-12

图 8-13

步骤 07 新建图层组，在工具栏中选择"矩形选区"工具和"椭圆形选区"工具，绘制出路线图，再在"前景色"中分别填充咖啡色、橘黄色和红颜色，然后再选择"文字"工具 **T.**，标出路线上的地名，如图 8-14 所示。

步骤 08 在工具栏"抓手工具"上双击，显示整个文件，这样这幅地产广告就绘制完成了，如图 8-15 所示。

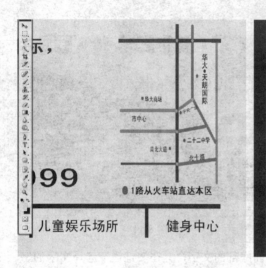

图 8-14　　　　　　　　　　　　　　　图 8-15

8.2　房 产 广 告 2

最终效果图如下：

8.2.1　背景的绘制

步骤01 新建一个名称为"地产广告"的文件，宽度 32cm、高度 25cm、分辨率为 300 像素/英寸的文件。在图层面板中新建图层，在工具栏中选择"矩形选区"工具 ，绘制出四块矩形，然后在"前景色"中选择黄色、橙色、黑色、绿色分别进行填充，如图 8-16 所示。

步骤 02 新建图层,在工具栏中选择"矩形选区"工具，在左下角绘制矩形并填充深灰色,然后使用"钢笔"工具，勾勒出底边,然后将路径转换为选区,并填充黑色,如图 8-17 所示。

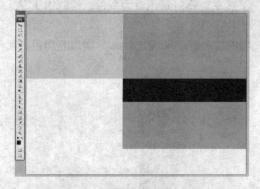

图 8-16

图 8-17

步骤 03 在工具栏中选择"文字"工具 T.,绘制出左边灰色上面的英文,并在属性栏中选择字的颜色、大小、字体,然后在"图层"面板中选择"不透明度"为 60%,如图 8-18 所示。

步骤 04 在工具栏中选择"多边形套索"工具，在左上角的位置绘制出斜边图形,然后在"前景色"中选择黑色进行填充,如图 8-19 所示。

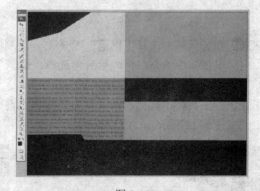

图 8-18

图 8-19

步骤 05 在工具栏中选择"减淡"工具，在左上角的图形进行减淡,在属性栏中设置"曝光度"为 21%,并调节画笔大小,如图 8-20 所示。

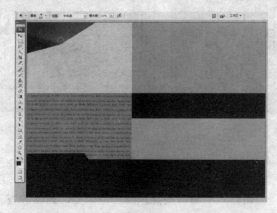

图 8-20

8.2.2　人物的绘制

步骤**01** 在工具栏中选择"钢笔"工具 🖊️，绘制出画面中的人物的头发，将路径转换为选区，在"前景色"中填充黑色，然后再选择"画笔"工具 🖌️，将前景色设为灰色，绘制出头发上的线条，如图 8-21 所示。

步骤**02** 在工具栏中选择"钢笔"工具 🖊️，绘制出人物的脸、睫毛和嘴巴，并分别填充肉色、黑色和红色，如图 8-22 所示。

图 8-21

图 8-22

步骤**03** 在工具栏中选择"钢笔"工具 🖊️，绘制出画面中的人物的衣服，并转换为选区，在"前景色"中填充白色，然后再选择"画笔"工具 🖌️，将前景色设为灰色，绘制出衣服上的线条，如图 8-23 所示。

步骤**04** 在工具栏中选择"钢笔"工具 🖊️，用前面的方法绘制出人物的手和腿以及黑色椅子，如图 8-24 所示。

图 8-23

图 8-24

步骤**05** 重复步骤**04**，用同样的方法绘制出人物旁边的茶几和包，如图 8-25 所示。

步骤**06** 在工具栏选择"钢笔"工具 🖊️，在右上角绘制座位上面的面，然后再选择"渐变"工具 🔲，在属性栏的"渐变编辑器"中编辑橘红色到白色渐变，渐变的方式为线性渐变，填充到图形，用同样的方法绘制出另外两个面，并分别填充灰色和黑色，如图 8-26 所示。

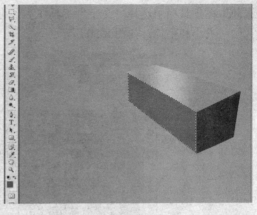

图 8-25   图 8-26

步骤 07 用前面绘制人物的方法，绘制出坐在座位上的人物，如图 8-27 所示。

图 8-27

8.2.3 文字的添加

步骤 01 在工具栏中选择"钢笔"工具 ，绘制出页面上的箭头形状，并在"前景色"中选择橙色进行填充，然后按下键盘中的 Alt 键，向右侧复制一个。选中两个箭头并合并图层，将合并的箭头复制到左下角，并按 Ctrl+T 键缩小箭头，如图 8-28 所示。

步骤 02 在工具栏中选择"文字"工具 T.，绘制出页面上的数字，在属性栏中设置字的颜色、大小和字体，如图 8-29 所示。

图 8-28   图 8-29

步骤 **03** 在工具栏中选择"文字"工具 **T**.，绘制出页面上广告语文字，并在属性栏中设置颜色、大小和字体，如图 8-30 所示。

图 8-30

8.2.4 户型图的绘制

步骤 **01** 在工具栏中选择"圆角矩形"工具 ，在属性栏中选择路径，并将半径设为 15 像素，在画面下面绘制圆角矩形并转换为选区，然后在"前景色"中选择灰色进行填充，如图 8-31 所示。

步骤 **02** 在工具栏中选择"矩形选区"工具 ，绘制矩形线条，并在"前景色"中填充白色，将绘制的线条进行复制并改变长度，摆出房间的布局图，如图 8-32 所示。

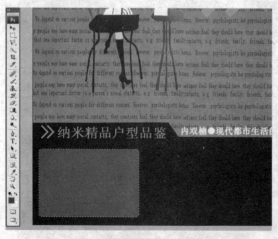

图 8-31

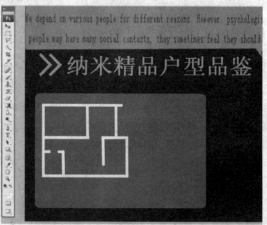

图 8-32

步骤 **03** 在工具栏中选择"椭圆"工具 ，绘制正圆，然后描 3 像素的白边，然后再用"矩形选区"工具 ，删除四分之三，保留四分之一圆弧，作为房门，选中半弧并复制，绘制出其他的门，如图 8-33 所示。

步骤 **04** 继续使用"矩形选区"工具 ，在房间布局图的右边和下面绘制标注线，并用"文字"工具 **T**.标出线上的尺寸，如图 8-34 所示。

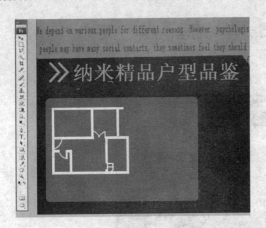
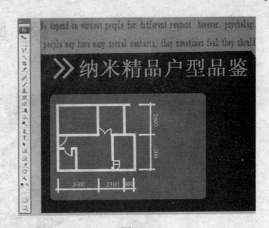

图 8-33　　　　　　　　　　　　　　图 8-34

步骤 05　在工具栏中选择"文字"工具 T.，绘制出旁边的介绍，并在属性栏中设置字的颜色、大小和字体，如图 8-35 所示。

步骤 06　重复**步骤 02**～**步骤 05**，使用相同的方法绘制出旁边其他的平面图，如图 8-36 所示。

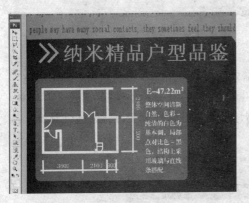

图 8-35　　　　　　　　　　　　　　图 8-36

步骤 07　在工具栏中选择"文字"工具 T.，绘制出电话和地址的文字，并在属性栏中设置字的颜色、大小和字体，如图 8-37 所示。

步骤 08　在素材库中选择一张楼房的图片，并在菜单栏中选择"文件"里的"置入"命令，将楼房图片置入到页面中，然后再按 Ctrl+T 键调节图片的大小，并放在右下角，这样就完成了本例的绘制，如图 8-38 所示。

图 8-37　　　　　　　　　　　　　　图 8-38

8.3　颐阳华庭

最终效果图如下：

8.3.1　背景的绘制

步骤 **01** 选择"文件"菜单栏中的"新建"，在弹出的新建面板中，新建一个名称为"颐阳华庭"，宽度 32cm、高度 22cm、分辨率为 200 像素/英寸的文件。在工具栏中选择"渐变"工具 ，在属性栏中的"渐变编辑器"中编辑白色到绿色渐变，并选择渐变方式为线性渐变，从背景中心拉出绿色渐变，如图 8-39 所示。

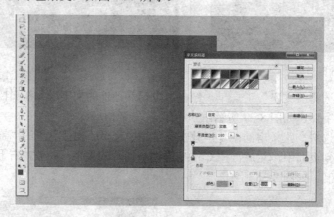

图 8-39

步骤 **02** 新建图层 1，在工具栏中选择"矩形选区"工具 ，在页面上绘制出矩形，然后在"前景色"中选择浅灰色进行填充，再按 Ctrl+T 键进行角度的调节。在"图层"面板上双击图层 1，在弹出的"图层样式"面板中勾选"投影"，并在投影面板中设置混合模式为正片叠底，不透明度为 75，角度为 139，距离为 18，扩展为 8，大小为 163，杂色为 0，如图 8-40 所示。

步骤 **03** 在工具栏中选择"矩形选区"工具 ，在页面上绘制出矩形，然后在"前景色"中选择淡绿色进行填充，将淡绿色矩形复制并缩小，然后填充成白色，放在淡绿色背景的上面，如图 8-41 所示。

图 8-40　　　　　　　　　　　　图 8-41

步骤 04 在工具栏中选择"矩形选区"工具 □，绘制出矩形线条，然后在"前景色"中选择灰色进行填充，选择"移动工具" ▶．，按下键盘中的 Alt 键，连续复制一排并合并图层，放在矩形的左边，将左边的线条在复制到右侧，使左右两边对称，如图 8-42 所示。

步骤 05 从素材库中选择一张效果图，在菜单栏中选择"文件"里的"置入"，将图片置入到页面中，然后按 Ctrl+T 键进行大小和角度的调节，放在绘制完成的矩形上面，如图 8-43 所示。

图 8-42　　　　　　　　　　　　图 8-43

步骤 06 在工具栏中选择"矩形选区"工具绘制出图片之间的小矩形条，并在"前景色"中选择灰色进行填充，将线条放在效果图的中间。在素材库中选择清茶图片，在菜单栏中选择"文件"里的"置入"，将图片置入到页面中，并按 Ctrl+T 键进行大小角度的调节，如图 8-44 所示。

图 8-44

步骤 **07** 在图层面板中选中茶图层并双击，在弹出的"图层样式"面板中选择"投影"，并在投影
面板中设置混合模式为正片叠底，不透明度为 75，角度为 139，距离为 5，扩展为 0，大
小为 98，杂色为 0，如图 8-45 所示。

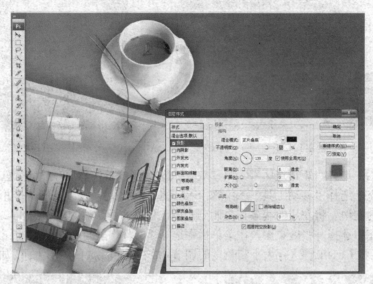

图 8-45

8.3.2 叶子的绘制

步骤 **01** 在工具栏中选择"钢笔"工具 ，绘制出叶子的形状并转换为选区，在"前景色"中选
择绿色进行填充，然后再选择"加深"工具 ，将叶子进行加深处理，如图 8-46 所示。

步骤 **02** 将绘制完成的叶子按 Alt 键进行连续复制，并按 Ctrl+T 键进行大小和角度的调节，如图
8-47 所示。

图 8-46   图 8-47

8.3.3 文字的添加

步骤 **01** 在工具栏中选择"文字"工具 T，绘制出页面上文字，并在属性栏中选择文字的大小、
颜色和字体，如图 8-48 所示。

图 8-48

步骤 **02** 在工具栏中选择"钢笔"工具，绘制出右上角的标志图形，并填充橘黄色和绿色，将绘制的标志合并图层，并增加外发光效果。然后使用"椭圆"工具，绘制出米黄色圆形，复制到文字顶部，如图 8-49 所示。

图 8-49

步骤 **03** 在工具栏中选择"矩形选区"工具，在叶子的下面绘制矩形，并填充浅灰色，然后再绘制矩形，并描 5 像素黑边，如图 8-50 所示。

图 8-50

步骤 04 在工具栏中选择"文字"工具 T.，绘制出矩形上的文字，并在属性栏中设置文字的颜色、大小和字体，如图 8-51 所示。

图 8-51

8.3.3 地标的绘制

步骤 01 在素材库中选择一张平面家装图，在菜单栏中选择"文件"里的"置入"将图置入到页面中，并按 **Ctrl+T** 键进行大小的调节，如图 8-52 所示。

步骤 02 在工具栏中选择"矩形选区"工具 和"椭圆"工具 ，绘制出路线图，并在"前景色"中选择橙色、绿色和黑色进行填充，如图 8-53 所示。

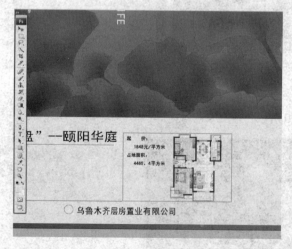

图 8-52

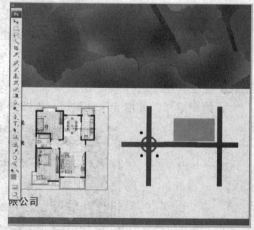

图 8-53

步骤 03 在工具栏中选择"文字"工具 T.，绘制出路线图上的文字，并在属性栏中设置字的颜色、大小和字体，如图 8-54 所示。

步骤 04 在工具栏"抓手"工具 上双击，显示整个文件，这样这幅地产广告就绘制完成了。如图 8-55 所示。

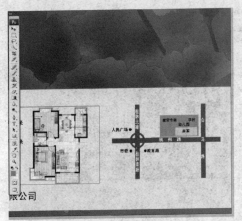

图 8-54   图 8-55

8.4 商 业 步 行 街

最终效果图如下：

8.4.1 背景的绘制

步骤 01 选择"文件"菜单栏中的"新建"，在弹出的新建面板中，新建一个名称为"地产广告"，宽度 26cm、高度 35cm、分辨率为 220 像素/英寸的文件，然后在"前景色"中选择橙黄色，填充到背景，如图 8-56 所示。

步骤 02 在素材库中选择一张素材图片，在菜单栏中的"文件"中选择"置入"，将选择的素材导入页面，按 Ctrl+T 键进行大小的调节，然后放在页面的上方，如图 8-57 所示。

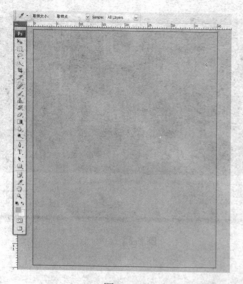

图 8-56   图 8-57

8.4.2 标志的绘制

步骤 01 在工具栏中选择"矩形选区"工具 ▢，在左上角绘制矩形，然后在"前景色"中选择黄色对选区进行填充，在将绘制完成的矩形按住 Alt 键水平复制一个，然后按 Ctrl+T 键水平拉长，并在"前景色"选择灰色进行填充，如图 8-58 所示。

步骤 02 在工具栏中选择"钢笔"工具 ✎，在黄色矩形上绘制标志图形，然后分别填充橘红色和深红色，如图 8-59 所示。

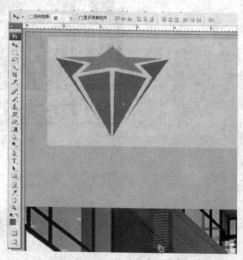

图 8-58   图 8-59

步骤 03 在工具栏中选择"文字"工具 T，在灰色矩形上绘制文字和下面的英文字母，并在属性栏中调节文字的字体和大小，将文字的颜色设为红色，英文字母的颜色设为白色，如图 8-60 所示。

步骤 04 在工具栏中选择"矩形选区"工具 ▢，绘制出中文和英文字母中间的横线，然后在"前景色"中选择黑色进行填充，如图 8-61 所示。

图 8-60   图 8-61

8.4.3 文字的添加

步骤 01 在工具栏中选择"文字"工具 **T.**，绘制出右上角的文字，并在属性栏中对文字的字体、大小进行设置，将文字的颜色设为灰色，完成后按 Ctrl+T 键将字体调节为斜面型，将绘制好的文字按住 Alt 键复制一层，在"前景色"中选择白色进行填充，并将填充完成的白色字体错开放在灰色的文字上面，如图 8-62 所示。

步骤 02 在素材库中选择一张素材图片，在菜单栏中的"文件"中选择"置入"，将选择的素材导入页面，并按 Ctrl+T 键进行大小的调节，然后放在页面的中间部分，如图 8-63 所示。

图 8-62   图 8-63

步骤 03 在工具栏中选择"矩形选区"工具 **□**，绘制出矩形条并填充灰色，将绘制好的图形进行复制，按 Ctrl+T 键进行方向的调节，绘制出路线图，如图 8-64 所示。

步骤 04 在工具栏中选择"钢笔"工具 **◊.**，绘制出地图上的星星，然后在"前景色"中选择红色进行填充，在工具栏中选择"文字"工具 **T.**，绘制上面的文字，并在属性栏中对文字的字体和大小进行设置，将文字的颜色设为黑色，如图 8-65 所示。

步骤 05 在工具栏中选择"文字"工具 **T.**，绘制出右面的文字，并在属性栏中对文字的字体和大小进行设置，将标题文字设为黄颜色，内容文字设为白色，如图 8-66 所示。

步骤 06 在工具栏中选择"钢笔"工具 **◊.**，绘制出文字前面的箭头，然后在"前景色"中选择白色进行填充，并将绘制完成的箭头按 Alt 键向下进行复制，如图 8-67 所示。

图 8-64

图 8-65

图 8-66

图 8-67

步骤 **07** 在工具栏中选择"文字"工具 ，绘制下面的电话号码，并在属性栏中对文字的字体和大小进行设置，将文字的颜色设为红色，这样这幅地产广告就绘制完成了，如图 8-68 所示。

图 8-68

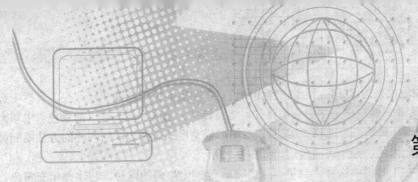

第9章

食品广告设计

本章导读

食品广告在生活当中十分常见，本章节精选牛奶广告、蛋卷广告、葡萄酒广告和剑南春酒广告作为案例，详细讲述了平面食品广告的绘制过程，以及相关对象的绘制方法和技巧。在绘制过程中注意绘图的步骤和条理性，注意画面颜色搭配的和谐统一，用不同的色彩诠释不同的广告内容，牛奶的广告要设计的清新、自然和纯净，葡萄酒设计运用了优雅华丽的紫色，绘制完成后，整体画面要主题鲜明。

知识要点

在本章绘图的过程中，要注意图层的运用，相关的对象可以新建图层组，在绘制牛奶广告时，先分别绘制盒子的每个面，然后编辑出立体的盒子，最后再绘制背景，设计整体效果。在绘制葡萄酒时，注意酒瓶和酒杯的绘制过程，注意对象质感的表现，酒标的绘制是使用自定义形状工具中的图案，整个效果既美观，又实用。

9.1 阿牛鲜奶广告

最终效果图如下：

9.1.1 盒子正面的绘制

步骤 01 新建一个空白文档，设名称为"阿牛鲜奶"，设宽度29cm、高度23cm、分辨率为300像

素/英寸、颜色模式为 RGB、背景内容为白色。在图层面板中新建图层，在工具栏中选择
"钢笔"工具 ，绘制出奶牛的头部路径，将路转换为选区，然后在"前景色"中填充白
色，在"编辑"菜单栏中选择"描边"，将图形描宽度 3px 黑边，用同样的方法绘制鼻子
轮廓，并填充肉色，描 3px 的黑边，如图 9-1 所示。

步骤 02 新建图层，在工具栏中选择"钢笔"工具 ，绘制出牛角的路径，将牛角填充黄色，并
描 3px 黑边，放在头部后面。用同样的方法，绘制出左角处的黑斑，在工具栏中选择"椭
圆选区"工具 ，绘制奶牛眼睛和鼻子的选区，然后在"前景色"中填充黑色，如图 9-2
所示。

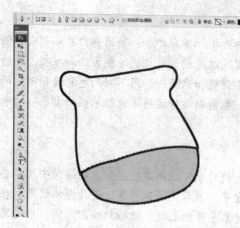

图 9-1

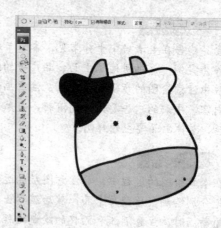

图 9-2

步骤 03 新建图层，在工具栏中选择"钢笔"工具 ，绘制牛身体的路径，将路径转换为选区，
在"前景色"中填充白色，并将身体描 3px 黑边，继续使用"钢笔"工具 ，绘制出身
体上的花斑和尾巴路径，将路径转换为选区，然后在"前景色"中填充黑色，如图 9-3
所示。

步骤 04 重复前面步骤，绘制出牛的腿，如图 9-4 所示。

图 9-3

图 9-4

步骤 05 新建图层，用"钢笔"工具 ，绘制出绳子和铃铛的路径，描 2px 黑边，并分别填充红
色和黄色，如图 9-5 所示。

步骤 06 重复前面步骤，新建图层，用绘制大奶牛的方法绘制小牛的效果，如图 9-6 所示。

图 9-5

图 9-6

步骤 **07** 在工具栏中选择"渐变"工具 ▨，在弹出的"渐变编辑器"中编辑绿色渐变，并设渐变方式为线性渐变，将背景层填充绿色渐变，如图9-7所示。

步骤 **08** 新建图层，在工具栏中选择"钢笔"工具 ✎，绘制出小老鼠的效果，如图9-8所示。

图 9-7

图 9-8

步骤 **09** 在工具栏中选择"画笔"工具 ✎，在属性栏"画笔预设"中设画笔直径为"5px"，硬度为"0%"，前景色为黑色，绘制出一个简易的栅栏，如图9-9所示。

步骤 **10** 新建图层，在工具栏中选择"钢笔"工具 ✎，绘制出一个五角星路径，在前景色中填充红色，并描宽度为2px的橙色边，如图9-10所示。

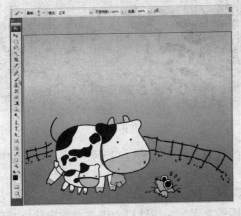

图 9-9

图 9-10

步骤⑪ 在工具栏中选择"椭圆选区"工具，绘制出一个椭圆选区，在前景色中填充蓝色，并描 2px 白边，如图 9-11 所示。

步骤⑫ 在工具栏中选择"钢笔"工具，绘制出一个叶子形状，在前景色中填充黄色，并描 2px 绿边，如图 9-12 所示。

图 9-11

图 9-12

步骤⑬ 在工具栏中选择"文字"工具，在图形上输入"阿牛鲜奶"文字，并在属性栏中调节文字的字体、颜色和大小，然后再双击文字图层，选择图层样式中的描边，设大小为 4px、颜色为黑色，如图 9-13 所示。

步骤⑭ 新建图层，在工具栏中选择"钢笔"工具，绘制出云朵路径并建立选区，在前景色中填充红色，并描 2px 黑边，将绘制出的云朵形状复制两个，按 Ctrl+T 键缩小依次摆放，作为会话气泡，如图 9-14 所示。

图 9-13

图 9-14

步骤⑮ 在工具栏中选择"文字"工具，在绘制出的气泡上输入文字，在属性栏中调节文字的字体、颜色和大小，如图 9-15 所示。

步骤⑯ 新建图层，用"钢笔"工具，绘制出标志路径，建立选区并填充白色，然后描 2px 红边，然后再用"文字"工具，输入标志周围的文字，在属性栏中调节文字字体、颜色和大小，在图片左下角输入"净含量：500毫升"几个文字，并调节文字的字体、颜色和大小，如图9-16所示。

图 9-15

图 9-16

步骤 17 新建图层，在工具栏中选择"自定形状"工具 ，在属性工具栏中选择"填充像素"，并在自定义面板中选择雪花图形，在图形中绘制白色雪花图形，然后再按 Alt 键复制多个雪花，再按 Ctrl+T 键调节雪花大小，完成了正面的绘制，如图9-17所示。

图 9-17

9.1.2 盒子顶面的绘制

步骤 01 在图像菜单下选择"复制"，将绘制好的正面复制一份，并起名称为盒子顶面，在图层面板中将牛、围栏、老鼠等对象删除，并用"裁剪"工具 裁切图形，裁切出盒子的正面，如图9-18所示。

步骤 02 在图像菜单下选择"复制"，将绘制好的正面复制一份，并起名称为盒子侧面，在图层面板中将背景和雪花以外的图形都删除掉，并用"裁剪"工具 裁切图形，裁切出盒子的侧面，然后使用"文字"工具 ，输入侧面的文字，并调节字体和大小，如图9-19所示。

配料：水、鲜奶、白砂糖、
蛋白质含量≥0.7%
产品标准号：Q/02205106-617
产品标识登记备案号：
510105—w5943-2854
不含防腐剂
保鲜包装　无需冷藏
保质期：6个月
中国绿原食品有限公司出品
公司地址：成都市高新技术开发区
电话：(028) 87765452　87708453
传真：(028) 85776525
网址：www.lvyuan.com

保持环境清洁
请勿乱抛空包

图 9-18   图 9-19

9.1.3　广告效果的绘制

步骤 01 新建一个文档，设高度为 29cm、宽度为 21cm、分辨率为 300 像素/英寸、颜色模式为 RGB、背景内容为白色，然后在工具栏中选择"渐变"工具 ▣，并设白色到蓝色渐变，将背景拉出蓝色线性渐变，绘制出蓝色天空，如图 9-20 所示。

步骤 02 新建图层，在工具栏中选择"钢笔"工具 ◊，绘制出背景草场轮廓，将路径转换为选区并填充黄色到绿色渐变，绘制出绿色草地，如图 9-21 所示。

图 9-20   图 9-21

步骤 03 将前面绘制好的三个面分别合并图层，然后将文件拖入此文件中，并用 Ctrl+T 键自由变形工具调节三个面的透视，绘制出立体包装盒的效果，接着在工具栏中选择"钢笔"工具 ◊，绘制出包装盒阴影路径，建立选区并新建图层，再用"渐变"工具 ▣，填充深灰色渐变色，并在图层中调节透明度，如图 9-22 所示。

步骤 04 在工具栏中选择"钢笔"工具 ◊，绘制出包装盒背景上面白云的形状，将路径转换为选区并新建图层，然后填充白色并复制，并将复制的白云调节透明度，如图 9-23 所示。

步骤 **05** 在工具栏中选择"钢笔"工具 👌 和"文字"工具 T.，绘制出背景上的文字和图案，绘制
出包装盒的最终效果图，如图 9-24 所示。

图 9-22

图 9-23

图 9-24

9.2 佳味蛋卷

最终效果图如下：

9.2.1 盒子的绘制

步骤 **01** 新建一个名称为"佳味蛋卷"，宽度 25cm、高度 25cm、分辨率为 300 像素/英寸、颜色模
式为 RGB、背景内容为白色的文件。在工具栏中选择"渐变"工具 ■，并在渐变编辑器
中编辑浅黄色到红色渐变，在属性栏中选择径向渐变，给背景填充渐变，如图 9-25 所示。

步骤 **02** 新建图层，在工具栏中选择"钢笔"工具 👌，绘制矩形路径，将路径转换为选区，并在
"前景色"中选择白色进行填充，如图 9-26 所示。

图 9-25

图 9-26

步骤 03 将绘制完成的白色矩形按 Alt 键进行复制，然后建立选区并在"前景色"中填充红色，接着按 Ctrl+T 键进行缩小放在白色矩形上面，如图 9-27 所示。

步骤 04 新建图层，在工具栏中选择"钢笔"工具 ↓，绘制出包装盒的侧面，然后建立选区并填充深黄色，如图 9-28 所示。

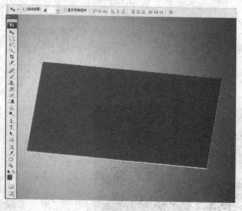

图 9-27

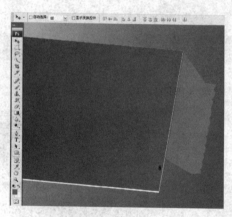

图 9-28

步骤 05 用同样的方法绘制出另外一边，并填充红色，在工具栏中选择"钢笔"工具 ↓，绘制包装盒的正面路径，然后建立选区并填充黄色，如图 9-29 所示。

步骤 06 在工具栏中选择"钢笔"工具 ↓，绘制出盒子面上的色块，并在"前景色"中选择黄色进行填充，如图 9-30 所示。

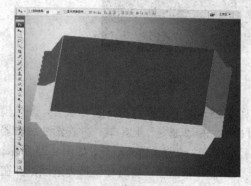

图 9-29

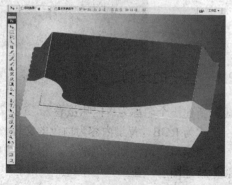

图 9-30

步骤 07 在工具栏中选择"多边形套索"工具 ，选择出左边边沿，然后再用"加深"工具 ，在属性栏中将"曝光度"调节为16%，对包装盒的侧面进行加深，如图9-31所示。

步骤 08 在工具栏中选择"多边形套索"工具 ，选择侧面并建立选区，然后用"减淡"工具 ，在属性栏中将"曝光度"调节到18%，对包装盒的侧面进行减淡处理，如图9-32所示。

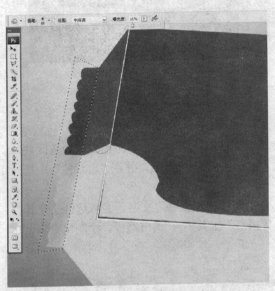

图 9-31

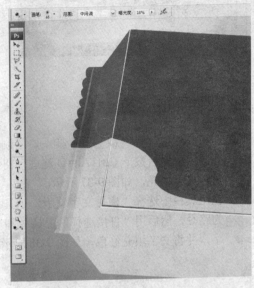

图 9-32

步骤 09 重复**步骤 07**和**步骤 08**，用同样的方法给右面进行减淡和加深处理，如图9-33所示。

步骤 10 在工具栏中选择"钢笔"工具 ，勾勒出正面的两个角，然后建立选区并按Ctrl+H键将选区隐藏，再用"加深"工具 ，在选区内进行加深，如图9-34所示。

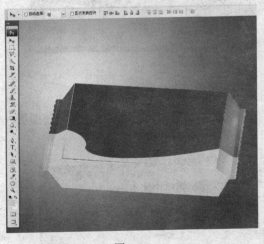

图 9-33

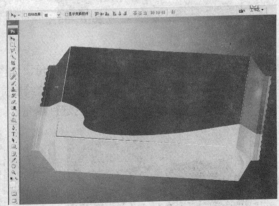

图 9-34

步骤 11 在工具栏中选择"加深"工具 ，在属性栏中将加深的"曝光度"调节为16%，给正面的上部分进行加深，如图9-35所示。

步骤 12 在工具栏中选择"钢笔"工具 ，绘制出正面上的弧形色带，然后在"前景色"中选择红色进行填充，如图9-36所示。

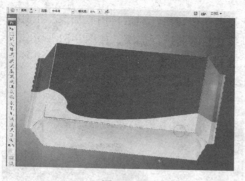

图 9-35

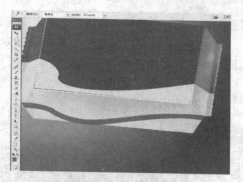

图 9-36

9.2.2 文字和图案的绘制

步骤 **01** 在工具栏中选择"钢笔"工具 ◊，绘制盒子上面的不规则图形，将路径转换为选区并新建图层，然后按下 Ctrl+Alt+D 键进行羽化，设羽化值为 20 像素，并在"前景色"中选择黄色进行填充，如图 9-37 所示。

步骤 **02** 在工具栏中选择"横排文字蒙版"工具 ⬚，绘制"佳味蛋卷"文字，并将选区文字转换为路径，然后用"直接选择"工具 ▷ 和"转换点"工具 ⬠，调节路径，绘制出专用艺术字，并将文字填充红色，如图 9-38 所示。

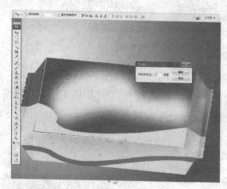

图 9-37

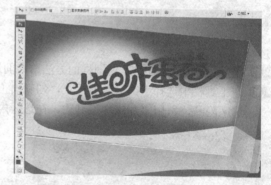

图 9-38

步骤 **03** 用同样的方法绘制出上面的英文字母，如图 9-39 所示。

步骤 **04** 在工具栏中选择"钢笔"工具 ◊，给绘制完成的文字绘制出底色，建立选区并新建图层，然后在"前景色"中选择白色进行填充，如图 9-40 所示。

图 9-39

图 9-40

步骤 05　新建图层，在工具栏中选择"钢笔"工具 ，在文字下绘制出蛋卷形状，将路径转换为
选区，并用"渐变"工具 ，填充深黄色渐变，如图 9-41 所示。

步骤 06　在工具栏中选择"模糊"工具 ，在属性栏中将模糊的"强度"调节到 41%，给绘制完
成的饼干的边缘进行模糊，如图 9-42 所示。

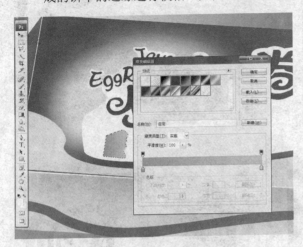

图 9-41

图 9-42

步骤 07　用同样的方法绘制出文字下面所有的饼干形状，如图 9-43 所示。

步骤 08　新建图层，在工具栏中选择"钢笔"工具 ，绘制出饼干路径，然后将路径转换为选区，
并且在"前景色"中选择深咖啡色进行填充，用同样的方法在上面绘制矩形图形，并填
充红色，如图 9-44 所示。

图 9-43

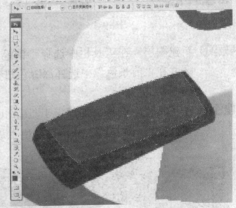

图 9-44

步骤 09　在工具栏中选择"加深"工具 ，在属性栏中将加深的"曝光度"设为 16%，并调节笔
头的大小，将绘制完成的面的边缘进行加深，如图 9-45 所示。

步骤 10　在工具栏中选择"钢笔"工具 ，绘制出侧面路径，然后将路径转换为选区，并在"前
景色"中填充深红色，如图 9-46 所示。

步骤 11　在工具栏中选择"钢笔"工具 ，绘制出饼干的高光点，将路径转换为选区，然后按
Ctrl+Alt+D 键进行羽化，并设羽化值为 5 像素，然后在"前景色"中选择黄色进行填充，
如图 9-47 所示。

步骤 12　用同样的方法绘制出上面的饼干，如图 9-48 所示。

图 9-45

图 9-46

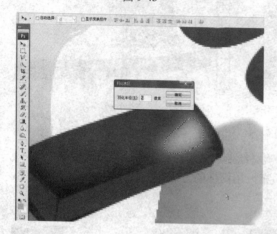

图 9-47

图 9-48

步骤 13 新建图层,在工具栏中选择"钢笔"工具 ,在文字右边绘制出椰子路径,然后建立选区并在"前景色"中选择深绿色进行填充,用同样的方法绘制椰子的正面,并填充绿色,如图 9-49 所示。

步骤 14 在工具栏中选择"加深"工具 和"减淡"工具 ,并在属性栏中调节笔头的大小,将"曝光度"调节到 22%,在绿色上进行加深和减淡处理,如图 9-50 所示。

图 9-49

图 9-50

步骤 ⑮ 重复**步骤 ⑬**和**步骤 ⑭**，用相同的方法，绘制出椰子顶部的切面，如图 9-51 所示。

步骤 ⑯ 在工具栏中选择"钢笔"工具 ，绘制出管子路径，然后建立选区并新建图层，并在"前景色"中选择咖啡色、白色进行填充。在工具栏中选择"钢笔"工具 ，绘制出椰子上的小伞路径，然后建立选区并新建图层，并在"前景色"中选择绿色和黄色进行填充，如图 9-52 所示。

图 9-51

图 9-52

步骤 ⑰ 在工具栏中选择"钢笔"工具 ，绘制草莓路径，建立选区并新建图层，然后将草莓的叶子填充绿色，草莓填充玫红色，如图 9-53 所示。

步骤 ⑱ 在工具栏中选择"加深"工具 和"减淡"工具 ，在草莓上进行加深和减淡处理，并在属性栏中调节笔头大小和"曝光度"为 18%，然后将绘制完成的草莓进行复制，如图 9-54 所示。

图 9-53

图 9-54

步骤 ⑲ 在工具栏中选择"钢笔"工具 ，绘制出心形路径，建立选区并新建图层，然后在"前景色"中选择红色进行填充，并将绘制完成的心进行复制，同时按 Ctrl+T 键调节复制心形的大小和位置，如图 9-55 所示。

步骤⑳ 在工具栏中选择"钢笔"工具 ◊，绘制出一条曲线，然后再用"文字"工具 T，沿曲线输入文字"净含量：36 克"，并在属性栏中设置字体、颜色和大小，如图 9-56 所示。

图 9-55

图 9-56

步骤㉑ 在工具栏中选择"横排文字蒙版"工具 T，绘制"旺利来"文字，并将选区文字转换为路径，然后用"直接选择"工具 ▸ 和"转换点"工具 ⌐，调节路径，绘制出专用艺术字，并将文字填充红色，如图 9-57 所示。

步骤㉒ 在工具栏中选择"钢笔"工具 ◊，将绘制完成的文字绘制一个底色路径，然后将路径转换为选区并新建图层，并在"前景色"中选择白色进行填充，如图 9-58 所示。

图 9-57

图 9-58

步骤㉓ 在工具栏中选择"移动"工具 ▸，将顶面绘制好的心图形按 Alt 键进行复制，复制到下面的色带上，并按 Ctrl+T 键调节位置和大小，然后用"文字"工具 T，输入"草莓味"文字，这样这个包装就绘制完成了，如图 9-59 所示。

图 9-59

9.3　葡　萄　酒

最终效果图如下：

9.3.1　酒瓶的绘制

步骤 01　新建一个名称为"葡萄酒"，宽度 22cm、高度 32cm、分辨率为 220 像素/英寸的文件。在工具栏中选择"钢笔"工具，绘制出整个酒瓶的路径，然后再用"转换点"工具，调节酒瓶的路径，如图 9-60 所示。

步骤 02　在图层面板中新建图层组，并命名为酒瓶，在图层组中新建图层，然后将路径转换为选区，并在"前景色"中填充黑色，如图 9-61 所示。

步骤 03　在图层面板中选中背景层，将背景填充为紫色，在工具栏中选择"钢笔"工具，绘制瓶子上高光路径，将路径转换为选区并新建图层，再用"渐变"工具，在弹出的渐变编辑器中编辑白色到透明的渐变，在选区内水平拉出渐变，然后将此图层的不透明度降低到 85%，如图 9-62 所示。

图 9-60

图 9-61

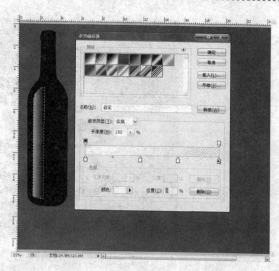

图 9-62

步骤 04 选中绘制出的高光并复制，然后按 Ctrl+T 键，在弹出的自由变换选框上单击鼠标右键，使用水平翻转，将高光复制到右侧，然后用"多边形套索"工具 ，选中右侧高光下半部分，并按下 Ctrl+Alt+D 键，在弹出的羽化选区面板中设羽化值为 60 像素，然后按下 Delete 键，删除选区内图形，再将此图层的不透明度降低到 75%，如图 9-63 所示。

步骤 05 新建图层，在工具栏中选择"钢笔"工具 ，绘制出瓶口的路径，然后将路径转换为选区并填充深红色，再用"减淡"工具 ，调节曝光度为 12%，擦出瓶口突出的效果，如图 9-64 所示。

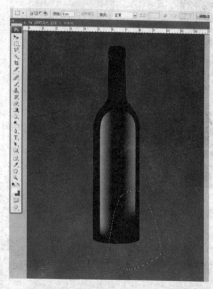

图 9-63

图 9-64

步骤 06 将瓶身上两个高光图层合并，然后复制高光图层，并按 Ctrl+T 键将复制的高光图层垂直翻转并缩小，放置到瓶口处，作为瓶口的高光，然后将此图层不透明度降低到 40%，如图 9-65 所示。

步骤 07 在工具栏中选择"椭圆选区"工具 和"多边形套索"工具 ，绘制出瓶子上面的高光点，并填充白色，如图 9-66 所示。

图 9-65

图 9-66

步骤 08 新建一个图层，在工具栏中选择"钢笔"工具，在瓶颈左侧绘制瓶子左侧的亮面，然后在"前景色"中填充 R：29、G：32、B：25 的墨绿色，如图 9-67 所示。

步骤 09 将左侧绘制好的亮面图层复制，并按 Ctrl+T 键，在弹出的自由变换选框上单击右键将复制图层水平翻转，再将此图层移动到右边，如图 9-68 所示。

图 9-67

图 9-68

步骤 10 新建一个图层，在工具栏中选择"椭圆选区"工具，在瓶子底部绘制一个细长的椭圆选区，按 Ctrl+Alt+D 键给选区增加 5 像素的羽化，然后在"前景色"中填充白色，在将此图层的不透明度降低到 40%，如图 9-69 所示。

步骤 11 新建一个图层命名为空隙，在工具栏中选择"钢笔"工具，绘制瓶口的间隙路径，然后将路径转换为选区，在"前景色"中填充深绿色，将此图层放置在瓶口白高光图层的下面，如图 9-70 所示。

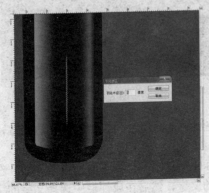

图 9-69

图 9-70

步骤⑫ 新建图层，在工具栏中选择"矩形选区"工具 ▣，沿着酒瓶绘制出酒标的选区，然后选择"渐变"工具 ▣，并在渐变编辑器中编辑渐变，在矩形选区内拉出黄色到深红色线性渐变，如图 9-71 所示。

步骤⑬ 在工具栏中选择"矩形选区"工具 ▣，在酒标下面绘制条状选区，然后再用"渐变"工具 ▣，水平拉出黄色到橘红色线性渐变，如图 9-72 所示。

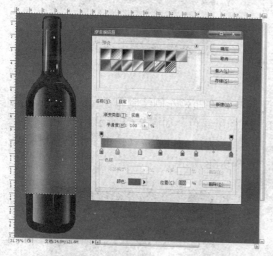

图 9-71

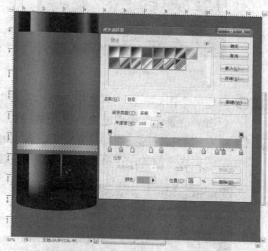

图 9-72

步骤⑭ 在工具栏中选择"移动"工具 ▸⊕，并按下 Alt 键，将绘制出的色带向上复制到酒标上面，然后再复制到瓶口包装上，并按 Ctrl+T 键将色带缩小，如图 9-73 所示。

步骤⑮ 新建图层，在工具栏中选择"自定义形状"工具 ✿，在属性工具栏中选择"填充像素"，并将前景色设为黄色，然后在自定义形状面板中选择花和花瓣图形，分别在酒标上绘制图形，然后将左边的花复制到右侧，并水平翻转，如图 9-74 所示。

图 9-73

图 9-74

步骤⑯ 重复步骤⑮，在自定义形状中选择花边图案，在酒标上面色带上绘制白色花边图案，并将图案向右连续复制，如图 9-75 所示。

步骤⑰ 在图层面板中将所有白色花边图层合并，然后再向下复制一个到下面色带的上面，在工具栏中选择"文字"工具 T，书写出酒标上面的文字，然后在属性栏中选择文字的字体和大小，如图 9-76 所示。

图 9-75

图 9-76

步骤 **18** 在工具栏中选择"多边形"工具⬡，然后在属性栏中形状中勾选星形，并选择填充像素，在文字下绘制出黄色五角星图形，然后将绘制出的五角星向右复制三个，如图 9-77 所示。

9.3.2 酒杯的绘制

步骤 **01** 在图层面板中新建图层组，并命名为酒杯，然后在图层组中新建图层，在工具栏中选择"钢笔"工具✒，绘制高脚杯的轮廓路径，并用"节点转换"工具ᐳ，调节酒杯外形，然后将路径转换为选区，在前景色中填充白色，如图 9-78 所示。

步骤 **02** 新建图层，用同样的方法绘制杯子里的酒水路径，然后将路径转换为选区，并在"前景色"中填充红色，如图 9-79 所示。

图 9-77

图 9-78

图 9-79

步骤 **03** 复制酒水图层，将复制图层建立选区并填充为黑色，然后将复制酒水图层缩小一些，如图 9-80 所示。

步骤 **04** 在图层面板中选中杯体图层，将整个杯体的不透明度降低到 10%，然后新建图层，在工具栏中选择"钢笔"工具，绘制出杯子的整体高光路径，然后将路径转换为选区填充白色，在将高光图层不透明度降低到 5%，如图 9-81 所示。

图 9-80

图 9-81

步骤 **05** 重复 步骤 **04**，用同样的方法再绘制一层高光，并将高光图层不透明度降低到 35%，如图 9-82 所示。

步骤 **06** 在黑色酒水图层中绘制一个不规则的图形路径，将路径转换为选区并填充红色，然后再用"加深"工具，将图形左侧涂抹加深，和黑色酒水混合，如图 9-83 所示。

图 9-82

图 9-83

步骤 **07** 在工具栏中选择"钢笔"工具，分别绘制出酒杯的腿和底座的图形，填充白色并分别调节图层透明度，如图 9-84 所示。

步骤 **08** 重复前面的步骤，进一部绘制酒杯上局部的高光，填充白色并调节透明度，绘制出完整高脚杯，如图 9-85 所示。

图 9-84 图 9-85

步骤 09 在图层面板中分别复制酒瓶图层组和酒杯图层组，并将
复制出来的图层组合并图层，然后将合并图层的酒瓶和
酒杯分别垂直翻转，放在原图形下面，然后在图层面板
中单击"添加矢量蒙版"按钮 □ ，然后在工具箱中按下
默认前景色和背景色按钮，在翻转的酒瓶和酒杯上拉渐
变，调节渐变，做出倒影的效果，并将这两个图层的不
透明度降低到 80%，如图 9-86 所示。

9.3.3　葡萄的绘制

步骤 01 在图层面板中新建图层组，起名称为葡萄，并在图层组
中新建图层，在工具栏中选择"椭圆"工具 ○ ，绘制一
个正圆选区，然后在前景色中填充紫色，如图 9-87 所示。

图 9-86

步骤 02 在工具栏中选择"椭圆"工具 ○ ，绘制一个小的椭圆选
区做葡萄的高光，并按 Ctrl+Alt+D 键给选区进行 20 像素的羽化，然后在前景色中填充淡
紫色，如图 9-88 所示。

步骤 03 在工具栏中现选择"钢笔"工具 ◊ ，绘制葡萄下面暗部路径，然后将路径转换为选区，
并按 Ctrl+Alt+D 键给选区进行 5 像素的羽化，在前景色中填充紫色，如图 9-89 所示。

图 9-87 图 9-88 图 9-89

步骤 04 将绘制好的葡萄合并为一个图层，然后按住 Alt 键，并用"移动"工具 ▸⊹ ，连续复制多
个，叠加出葡萄串的效果，然后再将复制的葡萄合并为一个图层，将葡萄串图层放在酒

瓶和高脚杯图层的后面，如图 9-90 所示。

步骤 **05** 选中葡萄串图层并复制，将复制出的葡萄串垂直翻转作为倒影，并在图层中调节不透明度为 50%，绘制出葡萄酒的最终效果图，如图 9-91 所示。

图 9-90   图 9-91

9.4 剑南春酒广告

最终效果图如下：

9.4.1 背景的绘制

步骤 **01** 新建一个名称为"剑南春酒广告"文件，宽度 20cm、高度 10cm、分辨率为 300 像素/英寸的文件。在工具栏中选择"渐变"工具 ，并在"渐变编辑器"里编辑红色到黄色渐变颜色，在属性栏中选择渐变方式为线性渐变，垂直方向给背景拉出渐变色，如图 9-92 所示。

步骤 **02** 新建图层，在工具栏中选择"钢笔"工具 ，绘制出色块并转换为选区，并在"前景色"中选择黄色进行填充，然后在"滤镜"菜单栏中选择"风格化"下的"风"，对填充的色块绘制风的效果，在风的面板中选择方法和方向，如图 9-93 所示。

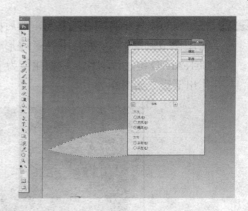

图 9-92　　　　　　　　　　　　　　　　　　图 9-93

步骤 **03** 在"滤镜"菜单栏中选择"模糊"下的"高斯模糊",对风完成的色块进行模糊,在高斯模糊的面板中将半径设为 60 像素,如图 9-94 所示。

步骤 **04** 重复步骤 **02** 和步骤 **03**,使用相同的方法绘制出其他的色块,让背景看起来更有层次,如图 9-95 所示。

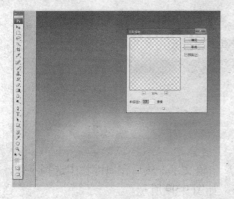

图 9-94　　　　　　　　　　　　　　　　　　图 9-95

步骤 **05** 选择剑南春酒的素材图片,然后在"文件"菜单里选择"置入",将酒瓶导入到图形中,并按 Ctrl+T 键进行大小的调节,如图 9-96 所示。

步骤 **06** 重复步骤 **05**,用同样的方法导入酒杯,然后调节酒杯大小并进行复制,如图 9-97 所示。

图 9-96　　　　　　　　　　　　　　　　　　图 9-97

步骤07 将绘制的酒杯和酒瓶进行复制，然后按 Ctrl+T 键进行垂直翻转，并在"图层"里将不透明度调节到 50%，然后用"多边形套索"工具 ，选择酒杯和酒瓶下半部分，并按 Ctrl+Alt+D 键进行羽化，设羽化值为 15，然后按 Delete 键，将选区内的图形删除掉，制作出倒影，如图 9-98 所示。

图 9-98

9.4.2 文字的添加

步骤01 在工具栏中选择"文字"工具 T，绘制出左边的广告语文字，然后在属性栏中选择字体，并将字体的颜色设为黄色，同时调节字体的大小，如图 9-99 所示。

图 9-99

步骤02 在工具栏中"矩形选区"工具 ，沿文字边缘绘制矩形，然后在"编辑"菜单下选择描边，并设描边宽度为 3px，将矩形选区描 3 像素黄边，然后将文字重合的部分删除掉，如图 9-100 所示。

图 9-100

步骤 03 选中文字图层并双击,在弹出的"图层样式"里勾选"投影",在投影面板中设置投影的
参数混合模式为正片叠加、不透明度为 100%、角度为 120、距离为 7、扩展为 0、大小
为 9、杂色为 0,如图 9-101 所示。

图 9-101

步骤 04 在工具栏中选择"文字"工具 T.,绘制页面上的其他文字,并在属性栏中设置文字的字
体、颜色和大小,如图 9-102 所示。

图 9-102

步骤 05 在工具栏中选择"椭圆"工具 ◯，绘制出圆形选区，然后将选区描 3 像素白边，然后将白色圆形进行复制并调节大小，最后选择"文字"工具 T.，绘制出圆上的文字，如图 9-103 所示。

图 9-103

步骤 06 选择标识的素材，在菜单栏选择"文件"里的"置入"，将标识导入到页面中，调节大小后放在左上角，如图 9-104 所示。

图 9-104

步骤 07 在工具栏中选择"文字"工具 T.，绘制出标识右边的文字，将文字栅格化，然后再选择"渐变"工具 ■.，在属性栏中选择渐变的颜色，渐变方式为线性渐变，给文字填充渐变，如图 9-105 所示。

步骤 08 绘制完成后将文字和标识按 Ctrl+E 合并图层，然后在双击合并的图层，在弹出的图层样式中勾选"外发光"，在外发光面板中设置混合模式为虑色、不透明度为 75、杂色为 0、颜色为黄色、方法柔和、扩展为 0、大小为 49、范围 50、抖动为 0，如图 9-106 所示。

图 9-105

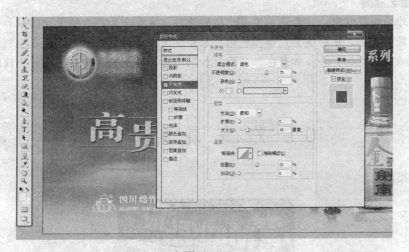

图 9-106

步骤 09 这样这幅酒的广告就绘制完成了，如图 9-107 所示。

图 9-107

第 *10* 章

汽车广告设计

📋 本章导读

汽车类广告无论是在平面的媒体还是在影视媒体上都是十分常见的，汽车作为一种必备的交通工具，深受人们的青睐，不同的厂商每年都会有不同的新产品上市，广告的宣传是必不可少的，汽车广告的设计要给人一种时尚、运动的感觉，同时还要有创意。本章节学习汽车行业相关广告设计，使用 Photoshop 软件的基本功能，进行创意和设计汽车类平面广告。

📋 知识要点

在本章绘图的过程中，注意基本工具的熟练使用，注意平面广告的设计过程和步骤，以及画面整体效果的把握，体会该类广告颜色的搭配和使用，设计创意的亮点。在绘制汽车时使用钢笔工具准确勾勒轮廓、并添加颜色，然后用加深工具、减淡工具对细节进行处理，绘制出车的整体效果。

10.1 汽车轮胎广告

最终效果图如下：

10.1.1 背景的绘制

步骤 **01** 新建 A4 文件页面，并起名称为"米其林"，宽度 21cm、高度 29.7cm、分辨率为 300 像素/英寸，颜色模式为 RGB。在工具栏中选择"渐变"工具 ，在属性栏中的"渐变编辑器"中编辑黄色到橘黄色渐变，渐变的方式为线性，垂直将背景填充渐变色，如图 10-1 所示。

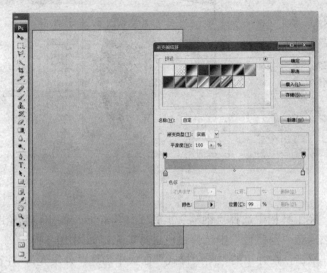

图 10-1

步骤 **02** 在图层面板中新建图层 1。在工具栏中选择"钢笔工具"工具 ，在页面顶部绘制出直角梯形，将路径转换为选区，然后在"前景色"中选择白色进行填充，如图 10-2 所示。

步骤 **03** 将图层 1 中的直角梯形按 Alt 键进行复制，向上移动并双击图层 1 副本，然后再选择"渐变"工具 ，填充深蓝到浅蓝色渐变，如图 10-3 所示。

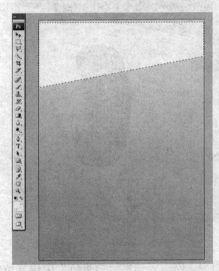

图 10-2　　　　　　　　　　　　　　　　图 10-3

步骤 **04** 在素材库中选择一张轮胎的素材，在菜单栏中选择"文件"里的"置入"将轮胎置入带页面中，并按 Ctrl+T 键进行大小的调节，如图 10-4 所示。

步骤 **05** 选中轮胎图层并双击，在弹出的"图层样式"面板中勾选"外发光"，并在外发光面板中设置混合模式为滤色，不透明度为 75、杂色为 0、颜色为黄色、方法为柔和、扩展为 0、大小为 250、范围为 50、抖动为 0，如图 10-5 所示。

图 10-4

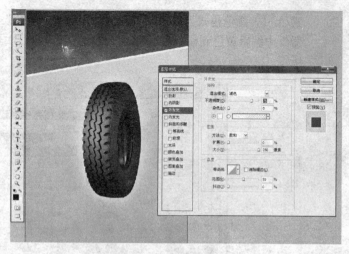

图 10-5

步骤 06 新建图层 3，在工具栏中选择"钢笔"工具 ，给轮胎绘制出翅膀轮廓路径，将路径转换为选区，然后在"前景色"中选择白色进行填充，如图 10-6 所示。

步骤 07 选中图层 3 并双击，在弹出的"图层样式"面板中勾选"外发光"，并在外发光面板中设置混合模式为滤色、不透明度为 75、杂色为 0、颜色为黄色、方法为柔和、扩展为 0、大小为 210、范围为 50、抖动为 0，为翅膀增加外发光效果，将左边的翅膀复制到右边，并水平翻转，如图 10-7 所示。

图 10-6

图 10-7

步骤 08 在工具栏中选择"椭圆选区"工具 ，绘制出圆形选区，然后在"前景色"中选择黄色进行填充，如图 10-8 所示。

步骤 09 将绘制完成的圆形按 Alt 键进行复制，然后按 Ctrl+T 键进行大小的调节，如图 10-9 所示。

步骤 10 在工具栏中选择"文字"工具 ，绘制出上面的文字，并在属性栏中设置字的颜色、大小和字体，并按 Ctrl+T 键进行角度的调节，如图 10-10 所示。

步骤 11 在工具栏中选择"矩形选区"工具 ，绘制出文字上的长条，然后在"前景色"中选择黄色进行填充，并按 Ctrl+T 键进行角度的调节，放在文字周围，如图 10-11 所示。

图 10-8

图 10-9

图 10-10

图 10-11

10.1.2　轮胎人的绘制

步骤 01　在工具栏中选择"椭圆"工具 ，在文字边绘制椭圆形，并在"前景色"中选择白色进行填充，然后在"编辑"菜单栏中选择"描边"，在描边面板中设置描边的宽度为 4 像素，颜色为黑色，给椭圆描边，如图 10-12 所示。

步骤 02　将绘制完成的椭圆按 Alt 键进行复制，然后按 Ctrl+T 键进行大小的调节，如图 10-13 所示。

图 10-12

图 10-13

步骤 03 在工具栏中选择"钢笔"工具和"椭圆"工具，绘制出轮胎人的头部，并在"前景色"中选择黑色和白色进行填充，如图 10-14 所示。

步骤 04 在工具栏中选择"椭圆"工具和"钢笔"工具，绘制出轮胎人的胳膊和手，如图 10-15 所示。

图 10-14   图 10-15

步骤 05 使用相同的方法绘制出两条腿，如图 10-16 所示。

图 10-16

10.1.3 后期效果的调整

步骤 01 在工具栏中选择"钢笔"工具，绘制出飘带形状并建立选区，然后在"前景色"中选择红色进行填充，如图 10-17 所示。

步骤 02 在工具栏中选择"钢笔"工具，在飘带上绘制出曲线，然后选择"文字"工具，在路径上单击，沿着路径输入文字，并在属性栏中设置字的颜色、大小和字体，如图 10-18 所示。

图 10-17　　　　　　　　　　　　　　　　　图 10-18

步骤 03　在工具栏中选择"文字"工具 T.，绘制出页面上的文字，在属性栏中设置字体、大小和颜色，如图 10-19 所示。

步骤 04　在素材库中选择一张轮胎人的图片，在菜单栏中选择"文件"里的"置入"将图片置入页面，并按 Ctrl+T 键调节大小，如图 10-20 所示。

图 10-19　　　　　　　　　　　　　　　　　图 10-20

步骤 05　在工具栏中选择"矩形选区"工具 □，在页面的左下角绘制出选区，并在"前景色"中选择深蓝色进行填充，再用"矩形选区"工具 □，绘制出蓝色矩形上的小矩形条，并在"前景色"中选择黄色进行填充，如图 10-21 所示。

步骤 06　在工具栏中选择"文字"工具 T.，绘制出下面的文字，在属性栏中设置文字的颜色、大小和字体，这样汽车轮胎广告就绘制完成了，如图 10-22 所示。

图 10-21

图 10-22

10.2 汽车效果绘制

最终效果图如下：

10.2.1 上半部分车体的绘制

步骤 01 新建一个名称为"汽车"的文件，宽度 18cm、高度 12cm、分辨率为 300 像素/英寸的文件。在工具栏中选择"钢笔"工具 ⬧，绘制出车身，并将路径转换为选区，在"前景色"中选择浅蓝灰色进行填充，然后再选择"加深"工具 ⬤ 和"减淡"工具 ◥，并在属性栏中设置"曝光度"和画笔的大小，将车身的边缘进行加深和减淡，如图 10-23 所示。

步骤 02 在工具栏中选择"钢笔"工具 ⬧，继续绘制出车窗下的形状，并将路径转换为选区，并在"前景色"中选择蓝灰色进行填充，然后再选择"加深"工具 ⬤ 和"减淡"工具 ◥，将车身的边缘进行加深和减淡，如图 10-24 所示。

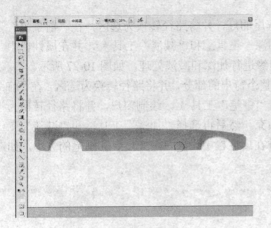

图 10-23 　　　　　　　　　　　　　　图 10-24

步骤 03 在工具栏中选择"钢笔"工具 ，绘制出车窗户周围的部分，并将路径转换为选区，在"前景色"中选择蓝灰色进行填充，然后再选择"加深"工具 和"减淡"工具 ，并在属性栏中设置"曝光度"和画笔的大小，将顶面的边缘进行加深和减淡，如图 10-25 所示。

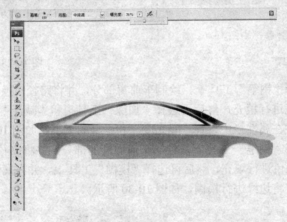

图 10-25

步骤 04 重复**步骤 03**，用同样的方法绘制出车头和车尾部分，如图 10-26 所示。

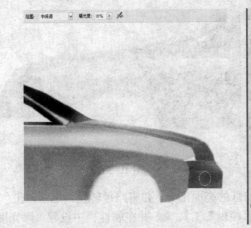

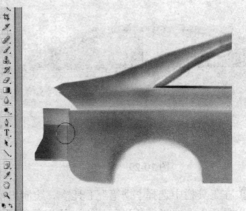

图 10-26

步骤 05 在工具栏中选择"钢笔"工具 ，绘制车尾的灯，并将路径转换为选区，在"前景色"中选择红颜色进行填充，然后再选择"加深"工具 和"减淡"工具 ，并在属性栏中设置"曝光度"和画笔的大小，将灯的边缘进行加深和减淡处理，如图 10-27 所示。

步骤 06 在工具栏中选择"钢笔"工具 ，绘制出整个窗户的部分，并将路径转换为选区，在"前景色"中选择深灰色进行填充，继续使用"钢笔"工具 ，绘制窗户，并将路径转换为选区，在"前景色"中选择浅灰色进行填充，然后再选择"加深"工具 和"减淡"工具 ，将窗户的边缘进行加深和减淡，并在属性栏中设置"曝光度"和画笔的大小，如图 10-28 所示。

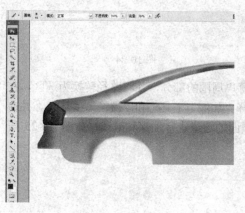

图 10-27

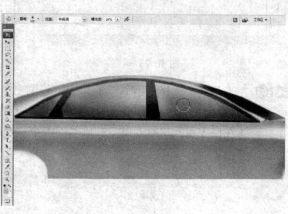

图 10-28

步骤 07 在工具栏中选择"钢笔"工具 ，绘制车前窗部分，并将路径转换为选区，在"前景色"中选择浅灰颜色进行填充，然后再选择"加深"工具 和"减淡"工具 ，将边缘进行加深和减淡，并在属性栏中设置"曝光度"和画笔的大小，如图 10-29 所示。

步骤 08 在工具栏中选择"钢笔"工具 ，绘制车前面灯的部分，并将路径转换为选区，在"前景色"中选择黑色进行填充，然后再选择"模糊"工具 ，并在属性栏中设置"曝光度"和画笔的大小，将边缘进行模糊，如图 10-30 所示。

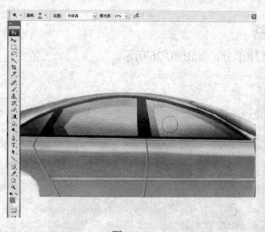

图 10-29

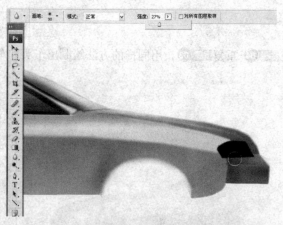

图 10-30

步骤 09 在工具栏中选择"钢笔"工具 ，绘制出前灯的亮面部分，并将路径转换为选区，在"前景色"中选择白色进行填充，然后再选择"模糊"工具 ，并在属性栏中设置"曝光度"和画笔的大小，将边缘进行模糊，如图 10-31 所示。

步骤⑩ 在工具栏中选择"钢笔"工具✎，绘制出车门的线缝路径，将路径描 5 像素灰边，并复制一份放在一起，按 Ctrl+L 键，在弹出的色阶面板中，将复制的边颜色调亮，将两层线缝合并图层，并用"模糊"工具○，将边缘进行模糊，如图 10-32 所示。

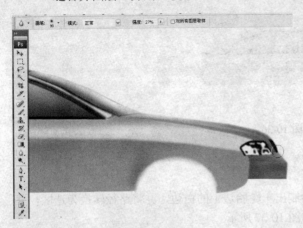

图 10-31 　　　　　　　　　　　　　　　　　　　图 10-32

步骤⑪ 用同样的方法，绘制出车体上的装饰边，如图 10-33 所示。

步骤⑫ 在工具栏中选择"钢笔"工具✎，绘制拉手的部分，将路径转换为选区，在"前景色"中选择蓝灰颜色进行填充，并描 6 像素灰边，然后再选择"加深"工具◐和"减淡"工具◑处理，并用"模糊"工具○，将边缘进行模糊，如图 10-34 所示。

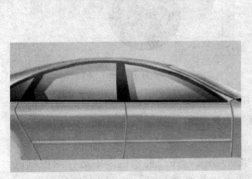

图 10-33 　　　　　　　　　　　　　　　　　　　图 10-34

步骤⑬ 在工具栏中选择"钢笔"工具✎，绘制出车体前面的小灯，并将路径转换为选区，在"前景色"中填充深橘黄色，然后再选择"加深"工具◐和"减淡"工具◑处理，如图 10-35 所示。

步骤⑭ 在工具栏中选择"圆角矩形"工具▢，在属性栏上选择路径，绘制出车体后面的加油口的路径，并将加油口描 5 像素灰边，然后再选择"模糊"工具○，将边缘进行模糊，如图 10-36 所示。

图 10-35

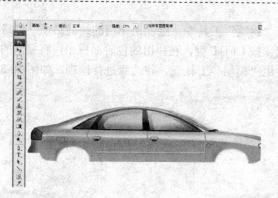

图 10-36

10.2.2 下半部分车体的绘制

步骤 01 在工具栏中选择"钢笔"工具 ◊.，绘制出车轮胎边上的白边，并将路径转换为选区，并用"减淡"工具 ◄.进行减淡处理，如图 10-37 所示。

步骤 02 在工具栏中选择"椭圆"工具 ◯.，绘制出轮胎，并在"前景色"中选择黑色进行填充，然后再选择"模糊"工具 ◊.，将上面的边缘进行模糊，如图 10-38 所示。

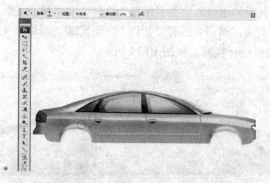

图 10-37

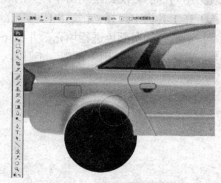

图 10-38

步骤 03 在工具栏中选择"钢笔"工具 ◊.，绘制轮胎中间钢圈，并将路径转换为选区，在"前景色"中选择灰色进行填充，然后再选择"加深"工具 ◌.和"减淡"工具 ◄.，将边缘进和中间进行处理，如图 10-39 所示。

步骤 04 在工具栏中选择"椭圆"工具 ◯.，绘制轮胎中心的小圆，在"前景色"中选择黑色颜色进行填充，然后再选择"减淡"工具 ◄.，将中心点进行减淡处理，如图 10-40 所示。

图 10-39

图 10-40

步骤 **05** 在图层面板中选中绘制完成的轮胎图层，并按 Ctrl+E 键将轮胎的图层进行合并，然后将按 Alt 键复制一个作为前轮胎，如图 10-41 所示。

步骤 **06** 在工具栏中选择"钢笔"工具，绘制车下面的装饰边部分，并将路径转换为选区，在"前景色"中选择黑色进行填充，如图 10-42 所示。

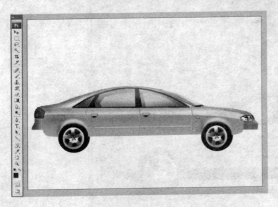

图 10-41

图 10-42

步骤 **07** 在工具栏中选择"钢笔"工具，绘制地面上黑色阴影，将路径转换为选区，并按 Ctrl+Alt+D 键进行羽化，设羽化的半径为 5 像素，在"前景色"中选择黑色进行填充，如图 10-43 所示。

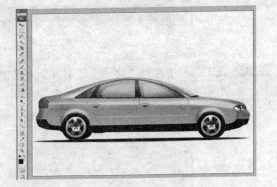

10.2.3 后期效果的调整

步骤 **01** 在工具栏中选择"渐变"工具，在属性栏中的"渐变编辑器"中编辑浅灰色到蓝灰色渐变，渐变的方式为径向渐变，给背景填充渐变色，如图 10-44 所示。

图 10-43

步骤 **02** 在工具栏中选择"矩形选区"工具，绘制出页面下面的矩形，并在"前景色"中选择深蓝颜色进行填充，如图 10-45 所示。

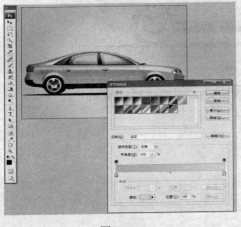

图 10-44

图 10-45

步骤 **03** 在素材库中选择汽车的标志和星星的图片，在菜单栏中选择"文件"里的"置入"将图片置入到页面中，并按 Ctrl+T 键进行大小的调节，摆放好位置，如图 10-46 所示。

图 10-46

步骤 **04** 在工具栏中选择"文字"工具 **T.**，绘制出页面上文字，并在属性栏中选择字的颜色、大小和字体，这样车的效果就绘制完成了，如图 10-47 所示。

图 10-47

10.3 乐 驰 汽 车

最终效果图如下：

10.3.1 背景的绘制

步骤 01 新建一个名称为"乐驰汽车"的文件，宽度 25cm、高度 18cm、分辨率为 300 像素/英寸的文件。在"前景色"中选择黑色进行填充，作出黑色背景，如图 10-48 所示。

步骤 02 在图层面板上新建图层 1，在工具栏中选择"钢笔"工具，绘制出背景上的装饰色块，并按 Ctrl+Alt+D 键进行羽化，设羽化的半径为 30 像素，然后在"前景色"中选择深蓝色进行填充，用同样的方法制作出另一块深褐色色块，如图 10-49 所示。

图 10-48

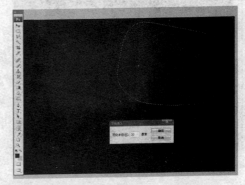

图 10-49

步骤 03 新建图层 2，在工具栏中选择"钢笔"工具，绘制背景上的彩线并建立选区，然后在"前景色"中选择黄色进行填充，如图 10-50 所示。

图 10-50

步骤 04 选中图层 2 并双击，在弹出的图层样式面板中勾选"外发光"和"内发光"，在分别在参数面板中对发光的参数进行设置，如图 10-51 所示。

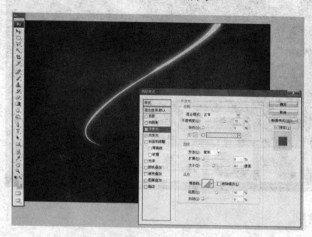

图 10-51

步骤 05 使用相同的方法绘制出其他的彩条，如图 10-52 所示。

步骤 06 在素材库中选择乐驰汽车的素材，在菜单栏中选择"文件"里的"置入"，将选择的车置入页面，并按 Ctrl+T 键进行大小的调节，如图 10-53 所示。

图 10-52

图 10-53

步骤 07 新建图层，在工具栏中选择"钢笔"工具 ，绘制汽车的阴影，并按 Ctrl+Alt+D 键进行羽化，羽化的值为 20 像素，然后在"前景色"中选择白色进行填充，如图 10-54 所示。

图 10-54

步骤 **08** 在工具栏中选择"钢笔"工具 ，绘制出汽车下的黑色阴影，并按 Ctrl+Alt+D 键进行羽化，设羽化的值为 8 像素，然后在"前景色"中选择黑色进行填充，如图 10-55 所示。

图 10-55

步骤 **09** 在工具栏中选择"钢笔"工具 ，绘制汽车旁的白色条，并在"前景色"中选择白色进行填充，使用相同的方法绘制出三条来，绘制完成后在"图层"面板中分别调节"不透明度"，如图 10-56 所示。

图 10-56

10.3.2　标志素材的使用

步骤 **01** 在工具栏中选择"钢笔"工具 ，绘制出下面的斜边矩形路径，将路径转换为选区，然后在"前景色"中选择深蓝色进行填充，并在"编辑"菜单栏中选择 "描边"，在描边面板中设置描边的颜色为白色，宽度为 3 像素，如图 10-57 所示。

步骤 **02** 在素材库选择四辆车素材，在菜单栏中选择"文件"里的"置入"，分别将选择好的四张车的图形置入页面，然后按 Ctrl+T 键进行大小的调节，并放在上图绘制完成的斜角矩形上，如图 10-58 所示。

图 10-57

图 10-58

步骤 **03** 在工具栏中选择"文字"工具 **T**,绘制出车商标文字,并在属性栏中设置字的颜色、字体和大小,然后在选择"矩形选区"工具 **□**,绘制出文字中间的小矩形条并填充颜色为白色,如图 10-59 所示。

图 10-59

步骤 04　在素材库中选择一张雪佛兰的标志，在菜单栏选择"文件"里的"置入"，将标志置入到页面，然后按 Ctrl+T 键进行大小的调节，并放在页面的左上角，如图 10-60 所示。

图 10-60

步骤 05　在工具栏中选择"文字"工具 T，绘制出汽车右上角的文字，并在属性对文字的大小、颜色和字体进行设置，并将绘制好的文字进行组合，如图 10-61 所示。

图 10-61

10.3.3　后期效果的调整

步骤 01　在工具栏中选择"椭圆"工具 ◯，绘制出圆，并按 Ctrl+Alt+D 键进行羽化，羽化的值为 15 像素，然后在"前景色"中选择粉色进行填充。继续使用"椭圆选区"工具 ◯，在羽化的圆形上绘制粉色圆形，如图 10-62 所示。

图 10-62

步骤 02 使用相同的方法绘制出其他的圆，如图 10-63 所示。

图 10-63

步骤 03 在工具栏中选择"文字"工具 T，绘制出页面上的文字，并在属性栏中调节文字的字体颜色和大小，如图 10-64 所示。

图 10-64

步骤 04 在工具栏中选择"椭圆"工具 ◯，绘制出字上的圆，并在"编辑"菜单栏中选择"描边"，在描边面板中设置描边的颜色为白色，宽度为 2 像素，如图 10-65 所示。

图 10-65

步骤 05 在工具栏中选择"文字"工具 T，绘制出页面上的文字，并在属性栏中设置文字的大小、颜色和字体，如图 10-66 所示。

图 10-66

步骤 06 在工具栏中选择"椭圆"工具 ◯，绘制出文字前的圆，然后再选择"渐变"工具 ▬，在"渐变编辑器"中编辑黄色到橘红色渐变，并在属性栏中设置渐变的方式为线性渐变，将圆形填充橘红色渐变，将圆形选区向内缩小，然后填充黄色渐变，如图 10-67 所示。

图 10-67

步骤 **07** 将绘制完成的圆按 Ctrl+E 键合并图层，然后按住 Alt 键将圆进行复制，这样这幅车的广告就绘制完成，如图 10-68 所示。

图 10-68

10.4　爱丽舍汽车广告

最终效果图如下：

10.4.1　背景的绘制

步骤 **01** 新建一个名称为"汽车广告"的文件，宽度 30cm、高度 25cm、分辨率为 220 像素/英寸的文件。在工具栏中选择"渐变"工具 ■，并在"渐变编辑器"中编辑暗红色到深蓝色到深绿色的渐变，在属性栏中选择渐变的样式为线性渐变，垂直给背景填充渐变色，如图 10-69 所示。

步骤 02 在工具栏中选择"矩形选区"工具 ▢，绘制出下面的两个矩形，然后在"前景色"中分别填充白色，下面的矩形填充为灰色，如图 10-70 所示。

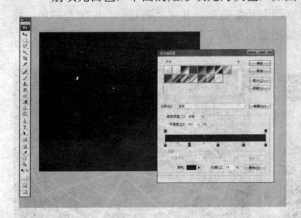

图 10-69　　　　　　　　　　　　　　　　图 10-70

步骤 03 在工具栏中选择"钢笔"工具 ✎，绘制出三角形，将路径转换为选区，并按 Ctrl+Alt+D 键进行羽化，设羽化的半径为 18 像素，然后在"前景色"中选择白色进行填充，并在图层面板将"不透明度"调节为 35%，如图 10-71 所示。

步骤 04 将绘制完成的射线，按 Alt 键进行复制，然后按 Ctrl+T 键进行大小和角度的调节，如图 10-72 所示。

图 10-71　　　　　　　　　　　　　　　　图 10-72

步骤 05 在工具栏中选择"椭圆"工具 ◯，绘制出一个大圆，然后再选择"渐变"工具 ▬，在"渐变编辑器"中编辑蓝色渐变，并在属性栏中选择渐变的方式为线性渐变，为圆形填充渐变色，如图 10-73 所示。

步骤 06 在工具栏中选择"椭圆"工具 ◯，绘制出一个大圆，然后选择"编辑"菜单中的描边，在弹出的描边面板中设置描边宽度为 25 像素，颜色为白色，

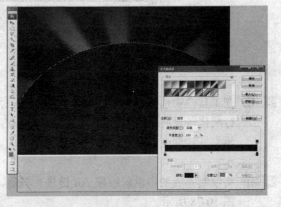

图 10-73

然后确定。在工具栏中选择"移动"工具 ▸┿ ，并按 Alt 键，将描边的椭圆复制两个，按
下 Ctrl+T 键用自由变换工具缩小，形成同心圆，如图 10-74 所示。

步骤 07 在工具栏中选择"矩形选区"工具 ▣ ，绘制长条矩形，并在"前景色"中填充白色，将
绘制完成的白线复制，并按下 Ctrl+T 键用自由变换工具旋转矩形，如图 10-75 所示。

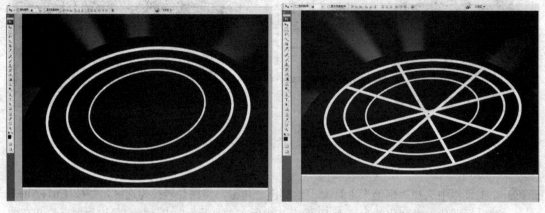

图 10-74   图 10-75

步骤 08 在工具栏中选择"钢笔"工具 ◊. ，在上图填充完成的圆上绘制出地图并建立选区，然后
在"前景色"中选择白色进行填充，并在"图层"面板对"不透明度"进行调节为 85%，
如图 10-76 所示。

图 10-76

步骤 09 在工具栏中选择"钢笔"工具，绘制出三角系路径并转换为选区，再按 Ctrl+Alt+D 键进
行羽化，设羽化的半径为 18 像素，然后再选择"渐变"工具 ▣ ，在"渐变编辑器"中编
辑彩虹状渐变，并在属性栏中选择渐变的方式为线性渐变，填充渐变色，如图 10-77 所
示。

步骤 10 将绘制完成的彩色射线按 Alt 键进行复制，然后按 Ctrl+T 键进行大小和角度的调节，如
图 10-78 所示。

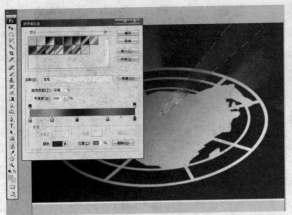

图 10-77

图 10-78

10.4.2　汽车的添加

步骤 01 在素材库中选择一张汽车的素材，在菜单栏中选择"文件"里的"置入"，将汽车置入页面，然后再按 Ctrl+T 键进行大小的调节，如图 10-79 所示。

步骤 02 在工具栏中选择"钢笔"工具 ，绘制出汽车下的阴影，并按 Ctrl+Alt+D 键进行羽化，设羽化的半径为 20 像素，然后在"前景色"中选择黑色进行填充，如图 10-80 所示。

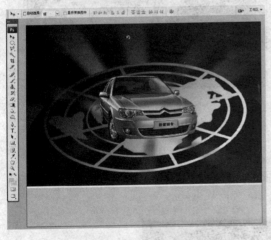

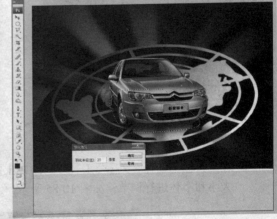

图 10-79

图 10-80

10.4.3　标志文字的添加

步骤 01 在工具栏中选择"矩形选区"工具 ，在左上角绘制出一个正方形，然后在"前景色"中选择红色进行填充，如图 10-81 所示。

步骤 02 在工具栏中选择"多边形套索"工具 ，绘制出矩形上的三角标志，然后在"前景色"中选择白色进行填充，将上图绘制完成的三角按 Alt 键，向下进行复制，如图 10-82 所示。

图 10-81

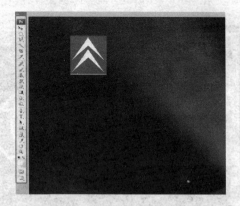

图 10-82

步骤 03 在工具栏中选择"文字"工具 T.，绘制出下面的文字，并在属性栏中调节字体、颜色和大小，在工具栏中选择"矩形选区"工具 ，绘制出文字中间的小矩形条，然后在"前景色"中选择白色进行填充，如图 10-83 所示。

步骤 04 在图层面板中将绘制完成的标志和文字选中，并按 Ctrl+E 键合并图层，然后按 Alt 键复制一个放在右下角，如图 10-84 所示。

图 10-83

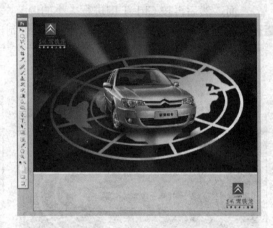

图 10-84

步骤 05 在工具栏中选择"文字"工具 T.，绘制上面的广告语文字，并在属性栏中对字体的颜色、大小和字体进行调节，如图 10-85 所示。

图 10-85

步骤 06 在工具栏中选择"矩形选区"工具▢，绘制出矩形，然后在菜单栏中选择"编辑"里的"描边"，在描边面板中选择描边的颜色为白色，宽度为 3 像素，如图 10-86 所示。

步骤 07 在工具栏中选择"矩形选区"工具▢，绘制出左边的矩形，并填充为灰色，然后再选择"文字"工具 T.，绘制出矩形上的文字，并在属性栏中设置字的颜色、大小和字体，如图 10-87 所示。

图 10-86

图 10-87

步骤 08 在工具栏中选择"文字"工具 T.，绘制出下面矩形上的文字，并在属性栏中选择字的颜色、大小和字体，如图 10-88 所示。

步骤 09 在工具栏中选择"椭圆"工具◯，绘制出文字中间的圆，并在"前景色"中选择黑色进行填充，然后再按 Alt 键进行复制，这样车的广告就绘制完成了，如图 10-89 所示。

图 10-88

图 10-89

第11章

化妆品广告设计

![本章导读] **本章导读**

化妆品广告十分常见，不同的媒体都可以看到各种化妆品广告。化妆品广告画面美观，受众群体以女性为主，所以在设计和印刷方面都要精美。本章精选几个化妆品广告的实例，来学习化妆品广告的设计方法。在设计过程中注意突出化妆品广告的特点，设计要精致美观并能学习和吸收其他广告的优点，以及设计手法，应用到自己的设计实践中来，真正做到举一反三触类旁通，提高自己的设计能力。

![知识要点] **知识要点**

在绘制过程中注意男士香水的绘制方法，使用自由变换中的在自由变换和变形模式间切换工具，调节边的弧度，并结合扭曲滤镜中的波浪、绘制出质感真实的男士化妆品。唇彩的绘制过程和方法也不难，注意质感和立体感表现，唇彩的绘制细腻逼真，以及画面背景的设计。其他几个案例也简洁、美观，借助外部素材进行图像的合成设计，来设计化妆品广告，这类方法在平面设计中十分常见，这类设计也应该注意整体画面的设计，不应只是简单的图片的拼凑。

11.1 男 士 香 水

最终效果图如下：

11.1.1 盖子的绘制

步骤 01 选择"文件"菜单栏中的"新建"命令，在弹出的新建面板中，新建一个名称为"男士香水"的文件，宽度25cm、高度25cm、分辨率为250像素/英寸的文件。在图层面板中新建图层1,在工具栏中选择"钢笔"工具 ，在文件中绘制图形路径，然后按下 **Ctrl+Enter**

键，将路径转换为选区，接着使用"渐变"工具 ，在渐变编辑器中编辑灰色到黑色渐变，并选择渐变方式为线性的渐变，垂直填充到选区，然后按 Ctrl+D 键，取消选区，绘制出香水的盖子，如图 11-1 所示。

步骤 02 重复步骤 01，绘制出盖子上面和下面的高光，并填充浅灰色渐变，如图 11-2 所示。

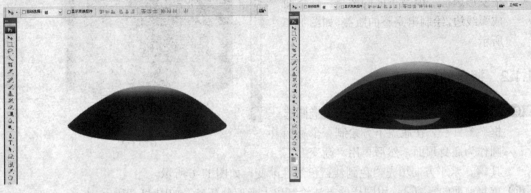

图 11-1   图 11-2

步骤 03 新建图层 2，在工具栏中选择"椭圆选框"工具 ，绘制椭圆选区，然后再用"渐变"工具 ，在属性栏中编辑白色到浅蓝色渐变，渐变方式为线性，水平方向给选区填充渐变色，如图 11-3 所示。

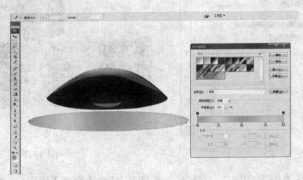

图 11-3

步骤 04 新建图层 3，在工具栏中选择"矩形选区"工具 ，绘制矩形选区，并使用"渐变"工具 ，在属性栏中编辑黑色到浅蓝色到黑色的渐变，渐变方式为线性，水平方向给矩形选区填充渐变色，如图 11-4 所示。

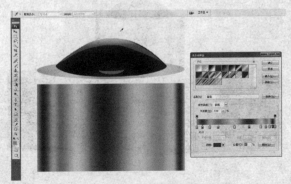

图 11-4

步骤 **05** 在工具栏中选择"移动"工具 ►⊕，将绘
制的图形选中向上移动，然后按 Ctrl+T
键自由变换命令，在属性栏中选择"在
自由变换和变形模式间切换"命令 ㊉，
在变形选框上调节下面的两点，使下面
成弧线边，绘制出完整的瓶盖，如图 11-5
所示。

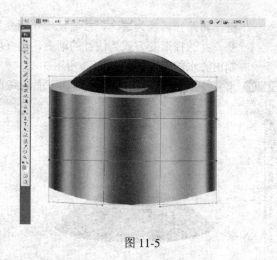

11.1.2 瓶身的绘制

步骤 **01** 新建图层 4，在工具栏中选择"椭圆选
框"工具 ○，在瓶盖下方绘制一个扁椭
圆作为瓶身顶面，然后再用"渐变"工
具 ▨，水平方向填充白色到浅蓝色线性渐变，如图 11-6 所示。

图 11-5

步骤 **02** 重复前面的 步骤 **05**，用同样的方法绘制出上半部分瓶身，如图 11-7 所示。

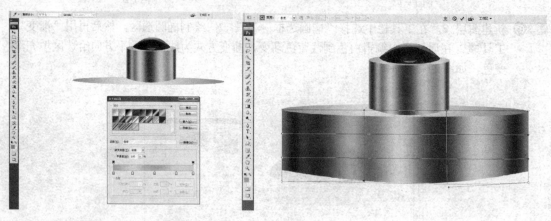

图 11-6   图 11-7

步骤 **03** 在工具栏中选择"矩形选区"工具 ▢，在图形下方绘制矩形路径，并填充灰色渐变，然
后按下 Ctrl+T 键，出现自由变换调节框，在属性栏中选择"在自由变换和变形模式间切
换"命令 ㊉，在变形选框上将矩形调节为弧形，如图 11-8 所示。

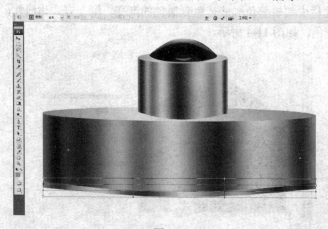

图 11-8

步骤04 在工具栏中选择"钢笔"工具，绘制出瓶子的瓶身，将路径转换为选区，然后再用"渐变"工具，垂直填充线性渐变，如图 11-9 所示。

图 11-9

步骤05 在工具栏中选择"矩形选区"工具，在瓶身下方绘制矩形选区，然后使用"渐变"工具，并在渐变编辑器中编辑渐变，在矩形内填充线性渐变，如图 11-10 所示。

图 11-10

步骤06 在"滤镜"菜单中选择"扭曲"下的"波浪"，出现波浪对话框，将对话框的参数进行调整，如图 11-11 所示。

图 11-11

步骤 07 在图层面板中给波浪层增加蒙版，然后编辑白色到黑色渐变，在波浪层上拉渐变，做出透明效果，如图 11-12 所示。

步骤 08 在工具栏中选择"钢笔"工具，在瓶身上绘制瓶底的轮廓路径，如图 11-13 所示。

图 11-12   图 11-13

步骤 09 按下 Ctrl+Enter 键，将绘制的轮廓路径转换为选区，并使用"渐变"工具，将选区内填充蓝灰色线性渐变色，如图 11-14 所示。

步骤 10 在工具栏中选择"加深"工具和"减淡"工具，涂抹出瓶底的效果，如图 11-15 所示。

图 11-14   图 11-15

11.1.3 投影的绘制

步骤 01 在工具栏中选择"钢笔"工具，在瓶子的下方绘制投影的路径，将路径转换为选区并填充黑色到灰色渐变，如图 11-16 所示。

步骤 02 在工具栏中选择"矩形选区"工具，在瓶底的下方绘制矩形，并使用"渐变"工具，在选区内填充渐变色，并调整图层的不透明度为 35%，然后在图层面板中增加蒙版，并编辑白色到黑色渐变，垂直拉出透明效果，如图 11-17 所示。

图 11-16

图 11-17

步骤 03 在工具栏中选择"椭圆选区"工具 ○，在瓶底的下方绘制椭圆，并使用"渐变"工具 ■，在选区内填充径向渐变，做出瓶子的涟漪效果，如图 11-18 所示。

步骤 04 将绘制的涟漪复制，然后按 Ctrl+T 键，用自由变换将复制的涟漪放大，并在图层中调节透明度，如图 11-19 所示。

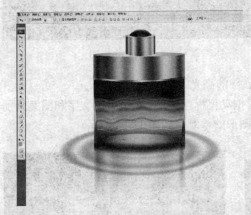

图 11-18

图 11-19

11.1.4 后期效果的调整

步骤 01 在图层面板中选择背景层，在"前景色"中将背景图层填充黑色，如图 11-20 所示。

图 11-20

步骤 02 在工具栏中选择"自定形状"工具 <img />，在属性栏中选中花形图案，在瓶身的左上角拖出白色花形状，然后再用"文字"工具 T，输入"MONT BLANC"和"INDIBIDUEL"英文名称，并调整字母大小、颜色和位置，如图 11-21 所示。

步骤 03 在工具栏中选择"矩形选区"工具 <img />，在瓶身上绘制矩形，并按下 Ctrl+Alt+D 键，在弹出的羽化面板中，设羽化值为 20 像素，然后在"前景色"中填充白颜色，并在图层面板中调节不透明度为 15%，如图 11-22 所示。

图 11-21

图 11-22

步骤 04 重复**步骤 03**，分别绘制出瓶子左边的高光和底部的高光，如图 11-23 所示。

步骤 05 选中瓶子上的文字及图案，在按住 Alt 键同时拖动鼠标左键，将瓶子上的文字和图案分别复制到左上角和右下角，这样就完成了整个图形的绘制，如图 11-24 所示。

图 11-23

图 11-24

11.2 唇 彩 广 告

最终效果图如下：

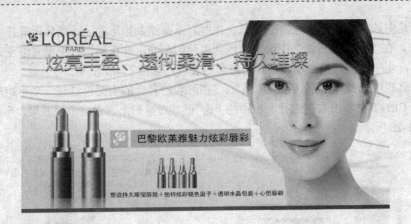

11.2.1　唇彩的绘制

步骤 **01** 新建一个名称为"唇彩"的文件，宽度 20cm、高度 10cm、分辨率为 300 像素/英寸的文件。在工具栏中选择"钢笔"工具，绘制出唇彩的轮廓并建立选区，然后在工具栏中选择"渐变"工具，在"渐变编辑器"里编辑白色到枚红色渐变，在属性栏中设置为线性渐变，水平方向填充渐变色，如图 11-25 所示。

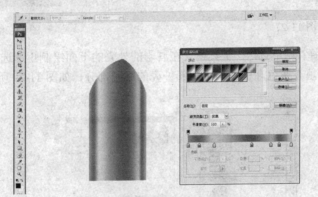

图 11-25

步骤 **02** 在工具栏中选择"钢笔"工具，绘制出唇彩顶部的斜面并建立选区，然后再选择"渐变"工具，填充白色到玫红色渐变，如图 11-26 所示。

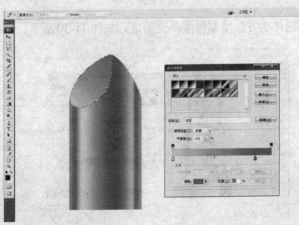

图 11-26

步骤**03** 在工具中选择"矩形选区"工具 ▢，在唇彩下面绘制矩形选区，然后再选择"渐变"工具 ▦，在"渐变编辑器"中编辑灰色到黑色的渐变，并在属性栏中设置渐变方式为线性渐变，水平方向拉出渐变色，作为唇彩的套管，如图 11-27 所示。

步骤**04** 在工具栏中选择"矩形选区"工具 ▢，在唇彩的套管的上面再绘制一个小矩形，然后再按住 Ctrl+T 键单击右键选择面板中的"透视"，对矩形上面做出透视效果，形成斜面，如图 11-28 所示。

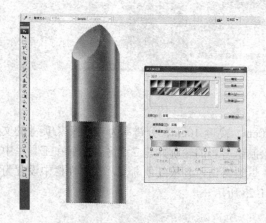

图 11-27

图 11-28

步骤**05** 在工具栏中选择"矩形选区"工具 ▢，在唇彩的外壳的下面绘制矩形选区，然后再用"渐变"工具 ▦，填充灰色渐变，做出唇彩外壳的中间部分，如图 11-29 所示。

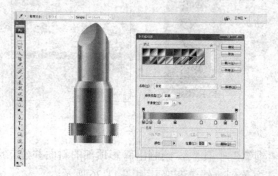

图 11-29

步骤**06** 重复步骤**05**，用同样的方法绘制外层外壳的边，如图 11-30 所示。

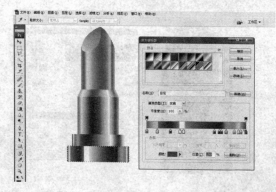

图 11-30

步骤 07 在工具栏中选择"圆角矩形"工具▢，绘制出圆角矩形路径，将路径转换为选区，然后再选择"渐变"工具▬，在"渐变编辑器"中编辑深紫红色渐变，在属性栏中选择渐变方式为线性渐变，给圆角矩形填充渐变色，作为唇彩的外壳，如图 11-31 所示。

步骤 08 将唇彩的外壳按 Ctrl+J 键进行图层的复制，然后再按 Ctrl+T 键弹出自由变换选框，在自由变换选框上单击右键，在快捷菜单中选择垂直翻转，并在图层面板中增加蒙版，并调节黑色到白色渐变，垂直方向拉出不透明的倒影，如图 11-32 所示。

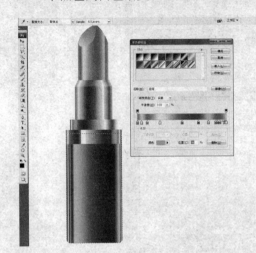

图 11-31   图 11-32

步骤 09 将绘制完成的唇彩合并图层，并连续复制多个，然后按住 Ctrl+U 键，分别进行色相/饱和度的调节，最后选中一部分按住 Ctrl+T 键进行大小的调节，如图 11-33 所示。

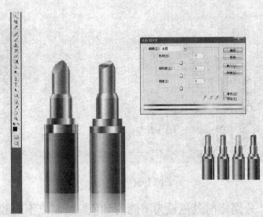

图 11-33

11.2.2 背景的绘制

步骤 01 在工具栏中选择"钢笔"工具 ♦，在背景层的左下角绘制一个弧形区域，将路径转换为选区，然后再选择"渐变"工具▬，填充粉色到白色的线性渐变，如图 11-34 所示。

步骤 02 将"前景色"设为粉色，再选择"画笔"工具 ✎，调节画笔的大小，然后在工具栏中选择"钢笔"工具 ♦，在背景上绘制出曲线，然后单击右键选择"描边路径"里的"画笔"，将路径描边，绘制出粉色曲线，如图 11-35 所示。

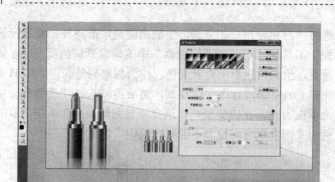

图 11-34

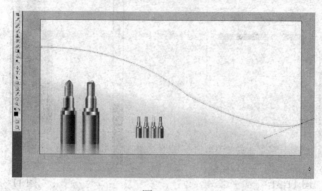

图 11-35

步骤 03 选中绘制出的线条，复制两个，然后按住 Ctrl+T 键进行位置和角度的调节，如图 11-36 所示。

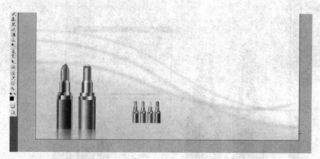

图 11-36

步骤 04 重复**步骤 02** 和**步骤 03**，分别将前景色设为不同的颜色，绘制出不同颜色和方向的曲线，并按住 Ctrl+T 键进行调节，如图 11-37 所示。

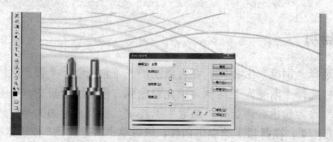

图 11-37

步骤 05 在素材库中选择女模特素材，然后在菜单栏选择"文件"里的"置入"，将素材置入页面，并用"钢笔"工具 ✎，将人物扣出来，按 Ctrl+Shift+I 键反选删除多余图形，如图 11-38 所示。

图 11-38

11.2.3　文字的添加

步骤 01 在工具栏中选择"钢笔"工具 ✎ 和"文字"工具 T，绘制出左上角的商标和文字，在前景色中填充紫红色，"矩形选区"工具 ▭，在文件底部绘制彩色边，并填充紫红色，如图 11-39 所示。

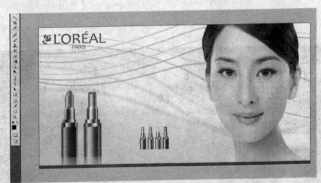

图 11-39

步骤 02 在工具栏中选择"矩形选区"工具 ▭，在图形中间绘制矩形并填充为灰色，然后再用"文字"工具 T，绘制出页面上的文字，并在属性栏中选择文字的大小、颜色和字体，并摆放好文字的位置，如图 11-40 所示。

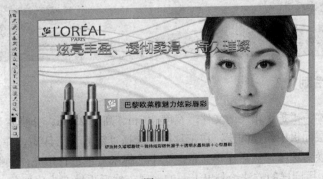

图 11-40

步骤 **03** 选中人物模特图层，在"图像"菜单下的"调整"中选择"亮度/对比度"，对人物进行
调节，对画面其他地方也进行调整，完成最终的效果，如图 11-41 所示。

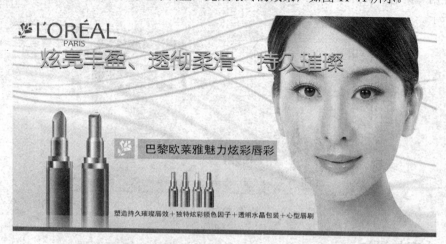

图 11-41

11.3 护手霜包装

最终效果图如下：

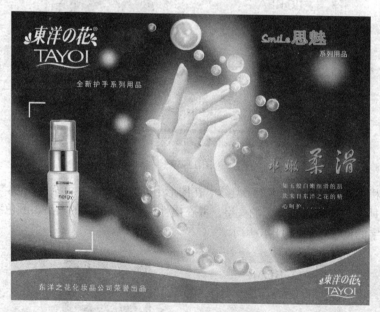

11.3.1 背景的绘制

步骤 **01** 新建一个名称为"护手霜"的文件，宽度 30cm、高度 22cm、分辨率为 200 像素/英寸的
文件。在图层面板中新建图层，在工具栏中选择"钢笔"工具，在页面下面绘制出波
浪形，并转换为选区，然后在"前景色"中选择米黄色进行填充，如图 11-42 所示。

步骤 **02** 重复步骤 **01**，用同样的方法绘制出上面的一层，然后再填充为玫红色，如图 11-43 所示。

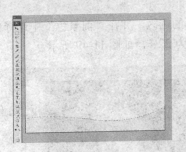

图 11-42

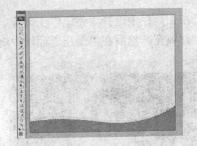

图 11-43

步骤 03 在工具栏中选择"渐变"工具 ■，在"渐变编辑器"中编辑深红色渐变，在属性栏中选择渐变的方式为线性渐变，给背景填充深红色渐变，如图 11-44 所示。

步骤 04 在素材库中选择一张手的素材，然后在菜单栏中选择"文件"里的"置入"，将选择的手的图片置入到页面中，并按 Ctrl+T 键进行大小的调整，如图 11-45 所示。

图 11-44

图 11-45

步骤 05 选中手素材的图层并双击，在弹出的"图层样式"里选择"外发光"，在外发光面板中设置混合模式为滤色，不透明度为 100、杂色为 0、颜色为黄色、方法为柔和、扩展为 0、大小为 20%、范围为 50%、抖动为 0，为手增加外发光效果，如图 11-46 所示。

步骤 06 在工具栏中选择"钢笔"工具 ，绘制页面上的白色色带并建立选区，并按 Ctrl+Alt+D 键进行羽化，设羽化的值为 12 像素，然后在"前景色"中选择白色进行填充，如图 11-47 所示。

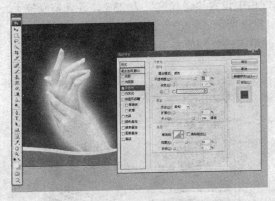

图 11-46

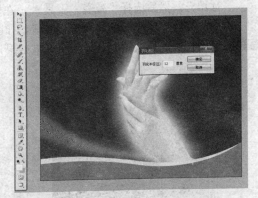

图 11-47

步骤 07 重复**步骤 06**，使用相同的方法绘制出其他的色带的效果，如图 11-48 所示。

步骤 **08** 在工具栏中选择"钢笔"工具 ，绘制出左上角的选区，并在"前景色"中选择粉色进行填充，然后在"图层"面板中将不透明度调解为 22%，如图 11-49 所示。

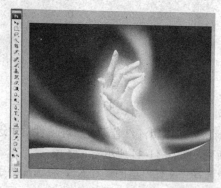

图 11-48

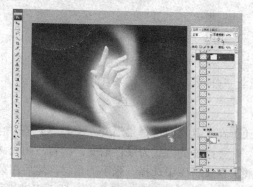

图 11-49

11.3.2 效果的添加

步骤 **01** 在工具栏中选择"椭圆"工具 ，绘制出一个椭圆，并按住 Ctrl+Alt+D 键进行羽化，设羽化的值为 10 像素，然后在"前景色"中选择粉色进行填充，如图 11-50 所示。

步骤 **02** 重复步骤 **01**，使用相同的方法绘制出其他的圆点的效果，如图 11-51 所示。

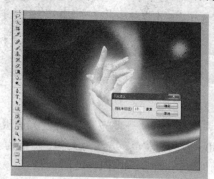

图 11-50

图 11-51

步骤 **03** 在工具栏中选择"椭圆选区"工具 ，绘制出椭圆选区，并在"前景色"中选择紫色进行填充，然后选择"减淡"工具 ，在属性栏中设置"曝光度"为 23%，并调节画笔大小，将绘制完成圆的边缘进行减淡，如图 11-52 所示。

步骤 **04** 使用相同的方法绘制其他颜色气泡效果，并将气泡复制放在手的周围，如图 11-53 所示。

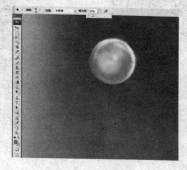

图 11-52

图 11-53

11.3.3　后期效果调整

步骤 **01**　在工具栏中选择"文字"工具 **T.**，绘制出左上角的文字，并在属性栏中对文字的颜色、大小和字体进行设置，如图 11-54 所示。

步骤 **02**　在工具栏中选择"钢笔"工具 **◊.**，绘制出文字周围的装饰花边并建立选区，然后在"前景色"中填充白色，将绘制完成的标志按 Ctrl+E 键合并图层，并按 Alt 键复制到右下角，按 Ctrl+T 键调节大小，如图 11-55 所示。

图 11-54　　　　　　　　　　　　　　　　　图 11-55

步骤 **03**　在素材库中选择化妆品的图片素材，然后在菜单栏中选择"文件"里的"置入"，将化妆品置入页面，然后再按 Ctrl+T 键进行大小的调节，如图 11-56 所示。

步骤 **04**　选择化妆品的图片素材图层并双击，在弹出的"图层样式"面板中，选择"外发光"，在外发光面板中设置混合模式为正常，不透明度为 75%、颜色为黄色、杂色为 0、方法为柔和、扩展为 29、大小为 4、范围为 50、抖动为 0，如图 11-57 所示。

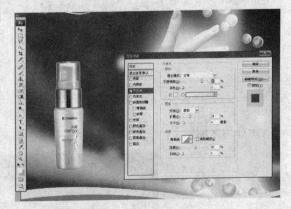

图 11-56　　　　　　　　　　　　　　　　　图 11-57

步骤 **05**　在工具栏中选择"矩形选区"工具 **□.**，绘制出上下的装饰边，然后在"前景色"中填充白色，如图 11-58 所示。

步骤 **06**　在工具栏中选择"文字"工具 **T.**，绘制出页面上的文字，在属性栏中设置文字的颜色、大小和字体，如图 11-59 所示。

图 11-58

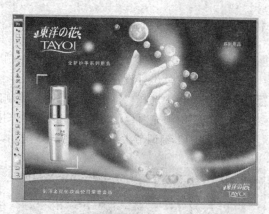

图 11-59

步骤 **07** 在工具栏中选择"文字"工具 **T.**，绘制出右边文字，并设置不同的颜色，调节字体大小，在"图层"面板中选择"图层样式"中的"外发光"和"投影"，并分别对参数进行设置，如图 11-60 所示。

步骤 **08** 在工具栏中选择"文字"工具 **T.**，绘制出下面的小文字，在属性栏中选择设置字体、颜色和字体大小，并摆放好位置，这样这幅化妆品广告就绘制完成了，如图 11-61 所示。

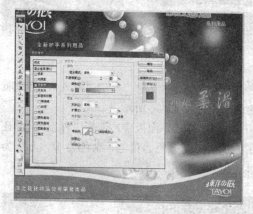

图 11-60

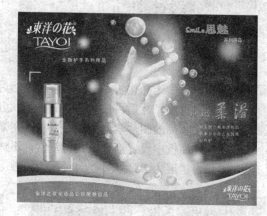

图 11-61

11.4 飘 影 沐 浴 露

最终效果图如下：

11.4.1　背景的编辑

步骤 01 新建一个名称为"飘影沐浴露"的文件，宽度 22cm、高度 12cm、分辨率为 300 像素/英寸的文件。在素材库中选择一张风景的图片，在菜单栏中选择"文件"里的"置入"，将风景图置入页面，并按 Ctrl+T 键放大调节到整个页面，作为背景，如图 11-62 所示。

步骤 02 在工具栏中选择"钢笔"工具 ，在底部绘制装饰边路径，并按下 Ctrl+Enter 键转换为选区，然后在"前景色"中选择深蓝色进行填充，如图 11-63 所示。

图 11-62　　　　　　　　　　　　　　　图 11-63

步骤 03 在素材库中选择一张人物的图片，在菜单栏中选择"文件"里的"置入"，将人物图置入页面，并按 Ctrl+T 键进行大小的调节，如图 11-64 所示。

步骤 04 在素材库中选择荷花的图片，在菜单栏中选择"文件"里的"置入"，将风景图置入页面，并按 Ctrl+T 键进行大小的调节，如图 11-65 所示。

图 11-64　　　　　　　　　　　　　　　图 11-65

步骤 05 在工具栏中选择"加深"工具 ，在属性栏中设置"曝光度"为 32%，并设置画笔的大小，在背景的风景图上进行加深，如图 11-66 所示。

步骤 06 在工具栏中选择"钢笔"工具 ，绘制出女孩身后的彩带形状，转换成选区并填充淡蓝色，然后在工具栏中选择"加深"工具 和"减淡"工具 ，在属性栏中调节曝光度和画笔大小，对彩带进行加深和减淡处理，如图 11-67 所示。

步骤 07 在素材库中选择一张荷花的图片，在菜单栏中选择"文件"里的"置入"，将图片置入页面，并按 Ctrl+T 键进行大小的调节，将置入的荷花按 Alt 键进行复制，并按 Ctrl+T 键进行大小的调节，如图 11-68 所示。

图 11-66   图 11-67

图 11-68

11.4.2 效果的添加

步骤01 在工具栏中选择"钢笔"工具 ◊.，在天空上绘制弯曲形状并转换为选区，然后再选择"渐变"工具 ■.，并编辑白色到蓝色渐变，设渐变的方式为线性渐变，填充蓝色渐变色，如图 11-69 所示。

步骤02 在工具栏中选择"椭圆"工具 ○.，绘制出两个大小不一的圆，并在"前景色"中选择淡蓝色进行填充，如图 11-70 所示。

图 11-69

图 11-70

步骤 **03** 在工具栏中选择"钢笔"工具 ，绘制曲线路径，并描 5 像素白边，将白边向下复制四个，作为五线谱，然后在工具栏中选择"形状"工具 ，并在属性栏的形状中选择音符添加到五线谱，在图层面板中将五线谱和音符合并图层，并调节图层透明度为 30%，如图 11-71 所示。

步骤 **04** 在工具栏中选择"椭圆选区"工具 ，绘制出圆，然后在"前景色"中选择淡蓝色进行填充，并在"图层"里设置"不透明度"为 35%，如图 11-72 所示。

图 11-71

图 11-72

步骤 **05** 在工具栏中选择"画笔"工具 ，在绘制的圆上绘制出白颜色，然后在菜单栏中选择"滤镜"里"模糊"下的"高斯模糊"，在模糊面板中设置模糊半径，进行模糊处理，如图 11-73 所示。

步骤 **06** 将绘制完成的圆按 Alt 键进行复制，并按 Ctrl+T 键进行大小的调节，如图 11-74 所示。

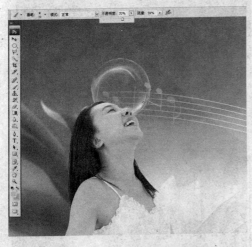

图 11-73

图 11-74

步骤 **07** 在素材库中选择一张海鸥的图片，在菜单栏中选择"文件"里的"置入"，将图片置入页面，并按 Ctrl+T 键进行大小的调节，如图 11-75 所示。

步骤 **08** 在工具栏中选择"钢笔"工具 ，绘制出人物上的不透明的飘带路径，并建立选区在"前景色"中选择白色进行填充，然后再选择"加深"工具 和"减淡"工具 ，对飘带进行加深和减淡处理，完成之后在"图层"面板设置"不透明度"为 70%，如图 11-76 所示。

图 11-75　　　　　　　　　　图 11-76

步骤 09 在工具栏中选择"钢笔"工具 ◊，绘制光芒路径并转换为选区，在前景色中填充白色，然后再选择"模糊"工具 ◊，将边缘进行模糊，然后按 Alt 键进行复制，并按 Ctrl+T 键进行位置的调节，如图 11-77 所示。

步骤 10 在工具栏中选择"椭圆选区"工具 ○，绘制出椭圆选区，然后按 Ctrl+Alt+D 键进行羽化，设羽化值为 30 像素，并在"前景色"中填充白色，如图 11-78 所示。

图 11-77

图 11-78

步骤 11 在工具栏中选择"钢笔"工具 ◊，绘制光感并建立选区，并按 Ctrl+Alt+D 键进行羽化，设羽化值为 2 像素，然后在"前景色"中选择白色进行填充。在工具栏中选择"移动"工具 ▸，并按 Alt 键进行复制，接着按 Ctrl+T 键进行角度和大小的调节，如图 11-79 所示。

步骤 12 在工具栏中选择"椭圆选区"工具 ○，绘制光圈，并在"前景色"选择淡蓝色进行填充，然后在菜单栏中选择"编辑"里的"描边"，在描边面板设置边的颜色为白色，宽度为 2 像素，完成之后在"图层"面板中将不透明度调节为 70%，如图 11-80 所示。

图 11-79

图 11-80

步骤 13 将绘制好的光圈，按 Ctrl+E 键合并图层，并按 Alt 键进行复制，如图 11-81 所示。

图 11-81

11.4.3　文字的添加

步骤 01 在工具栏中选择"钢笔"工具 ，和"文字"工具 ，绘制出文字，并在前景色中填充深蓝色，然后按 Ctrl+T 键进行角度的调节，如图 11-82 所示。

图 11-82

步骤 02 在图层面板中选中文字图层并双击，在弹出的图层样式面板中勾选"投影"和"外发光"，并分别在参数面板对参数进行设置，如图 11-83 所示。

图 11-83

步骤 03 将上图绘制完成的文字按 Alt 键进行复制，并将颜色填充为白色，然后按 Ctrl+T 键进行角度和大小的调节，如图 11-84 所示。

图 11-84

步骤 04 在素材库中选择飘柔的洗发水的图片，在菜单栏中选择"文件"里的"置入"，将图片置入页面，并按 Ctrl+T 键进行大小的调节，如图 11-85 所示。

图 11-85

步骤 05 在工具栏中选择"文字"工具 T，绘制出页面上的广告语文字，然后在属性栏中设置字体、颜色和大小，这样化妆品广告就绘制完成了，如图 11-86 所示。

图 11-86

第**12**章

产 品 包 装 设 计

本章导读

包装在日常生活中十分常见，如药品的包装、食品的包装、纸质和塑料袋的包装等，产品包装设计是平面设计不可缺少的一部分。产品包装设计是根据产品的功能用途和销售特征来进行设计的，它将商业性和艺术性结合在一起，使用 Photoshop CS4 的绘图编辑功能，也能够设计出生动的产品包装效果，本章节通过精选的几个典型的包装的案例，来学习使用 Photoshop CS4 绘制产品包装效果的方法和技巧。

知识要点

绘制产品包装效果时，无论是盒子类的包装，还是袋子类的包装，一般都是先分别设计出正面和侧面等几个面，然后再将设计好的面组合在一起。其中正面是设计的重点，应该根据不同的产品属性来设计，在绘制盒子类包装时，注意透视关系的准确，在绘制塑料袋包装时注意塑料袋质感的表现方法。

12.1　养血当归糖浆的包装

最终效果图如下：

12.1.1　药盒正面的绘制

步骤 **01** 在"文件"菜单中单击"新建"命令，在弹出的"新建"面板中，新建名称为"包装"，宽度 18cm、高度 12cm，分辨率 300 像素/英寸的文件。新建图层 1，在工具栏中选择"矩形选区"工具，绘制矩形，然后再选择"渐变"工具，在"渐变编辑器"中编辑玫红到深红色渐变，给矩形填充红色渐变，如图 12-1 所示。

步骤 **02**　新建图层 2，在工具栏中选择"钢笔"工具 ，绘制不规则图形路径，然后将路径转换为选区，在"前景色"选择黄色并进行填充，如图 12-2 所示。

图 12-1　　　　　　　　　　　　图 12-2

步骤 **03**　选中图层 2 并复制，将复制的图层填充白色并放置到不规则图形图层下面，形成白边，如图 12-3 所示。

步骤 **04**　在工具栏中选择"椭圆选区"工具 ，绘制一个椭圆，然后按 Ctrl+Alt+D 键进行羽化，设羽化的值为 15 像素，并在"前景色"选择白色进行填充，如图 12-4 所示。

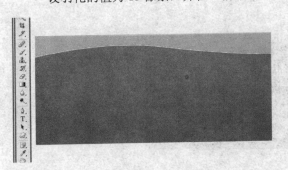
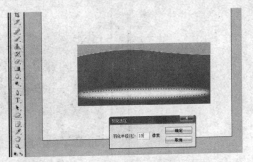

图 12-3　　　　　　　　　　　　图 12-4

步骤 **05**　在工具栏中选择"钢笔"工具 ，绘制出人物的形状，并将路径转换为选区，在"前景色"选择橙色进行填充，如图 12-5 所示。

步骤 **06**　在工具栏中选择"钢笔"工具 ，绘制出右下角的弧形边，然后将路径转换为选区，并在"前景色"选择紫红色进行填充，然后按下 Alt 键复制一层并填充白色，放在紫红色的下面，如图 12-6 所示。

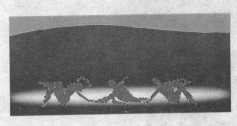
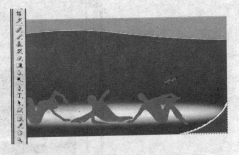

图 12-5　　　　　　　　　　　　图 12-6

步骤 **07**　在工具栏中选择"文字"工具 ，在盒子正面输入"养血当归糖浆"、"10毫升×10瓶"和"山东中圣药业股份有限公司"字样，并在属性栏中分别设置字的字体、颜色和大小，摆放在盒子正面，如图 12-7 所示。

步骤 **08** 在工具栏中选择"椭圆选区"工具，在右上角绘制一个椭圆，并在"前景色"选择红色进行填充，然后再选择"文字"工具，在绘制的椭圆上面输入"OTC 文字，并在属性栏中设置字的颜色、大小和字体，如图 12-8 所示。

图 12-7   图 12-8

步骤 **09** 在工具中选择"钢笔"工具，绘制出盒子面的小牛，并将路径转换为选区，然后在"前景色"中选择颜色给牛进行填充，如图 12-9 所示。

图 12-9

12.1.2 药盒侧面的绘制

步骤 **01** 在工具栏中选择"矩形选区"工具，绘制两个矩形，并在"前景色"将绘制的矩形填充为白色，如图 12-10 所示。

图 12-10

步骤 02 在工具栏中选择"文字"工具 T.，在上面白色的矩形上绘制出说明文字，在属性栏中设置字的字体、颜色和大小，如图 12-11 所示。

图 12-11

步骤 03 在工具栏中选择"文字"工具 T.，绘制出侧面的文字，并在属性栏中设置文字的颜色、大小和字体，如图 12-12 所示。

图 12-12

12.1.3 后期效果的调整

步骤 01 将绘制的盒子的三个面分别合并图层，然后选中上面的面，按 Ctrl+T 键，将面进行调节，形成透视效果，如图 12-13 所示。

图 12-13

步骤 **02** 重复步骤 **01**，用同样的方法调节侧面透视效果，绘制出完整的盒子。在图层面板中选择背景层，在工具栏中选择"渐变"工具■，在"渐变编辑器"中编辑黑色到深灰色渐变，并选择渐变的方式为线性渐变，给背景填充灰色渐变，完成最终效果的绘制，如图 12-14 所示。

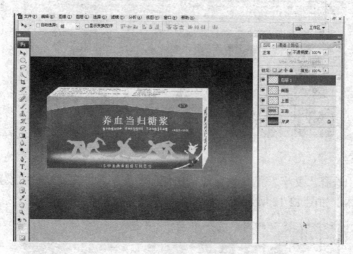

图 12-14

12.2 状 元 胶 囊

最终效果图如下：

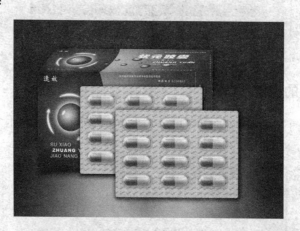

12.2.1 胶囊药丸的绘制

步骤 **01** 新建名称为"状元胶囊"的文件，宽度 25cm、高度 18cm，分辨率 300 像素/英寸的文件。新建图层，在工具栏中选择"椭圆选区"工具◯，绘制一个椭圆，然后再选择"渐变"工具■，在属性栏中的"渐变编辑器"中编辑白色到天蓝色渐变，选择渐变方式为径向渐变，给绘制的椭圆填充蓝色渐变，如图 12-15 所示。

步骤 **02** 在工具栏中选择"矩形选区"工具▢，将填充完成的圆半边选中并删除，如图 12-16 所示。

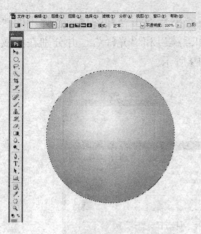

图 12-15　　　　　　　　　　　　　　　　　　图 12-16

步骤 **03** 在工具栏中选择"矩形选区"工具 ，在半圆的右边，绘制一个较窄的选区，然后按 Ctrl+T 键，进行水平拉伸，绘制出半个胶囊，如图 12-17 所示。

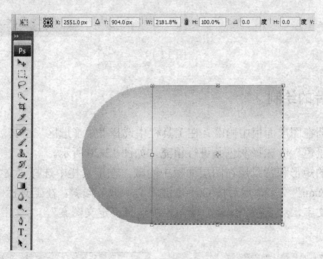

图 12-17

步骤 **04** 将绘制完成的药按 Alt 键进行复制，然后按 Ctrl+T 键弹出自由变换选框，在自由变换选框上单击右键选择"水平翻转"，绘制出另一半胶囊。在"图像"菜单栏选择"调整"里的"色相/饱和度"命令，在弹出的色相/饱和度面板中，将右侧胶囊调节为黄色，如图 12-18 所示。

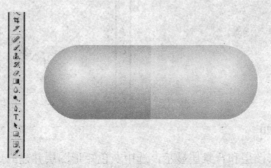

图 12-18

步骤 **05** 在图层面板中选中左右两侧的胶囊，并合并图层，然后双击合并图层，在弹出的"图层样式"面板中勾选"投影"、"内阴影"、"斜面和浮雕"和"光泽"，并分别在面板中对参数进行调节，进一步调节胶囊效果，如图 12-19 所示。

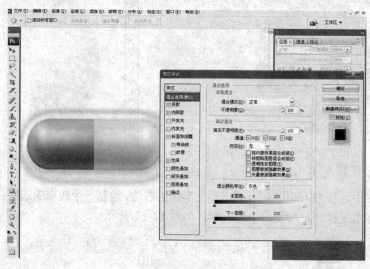

图 12-19

12.2.2　胶囊药片的绘制

步骤 **01** 将绘制好的药在图层面板中隐藏，在工具栏中选择"矩形选区"工具 ，绘制一个矩形，然后在"前景色"中选择灰色并进行填充，如图 12-20 所示。

步骤 **02** 将填充完成的矩形和背景层在图层面板中隐藏，在工具栏中选择"文字"工具 T，绘制出"ZhuangYuan"文字，然后按 Ctrl+T 键将文字调节倾斜。在工具栏中选择"矩形选区"工具，框选文字，然后在"编辑"菜单栏中选择"定义图案"，将文字定义成图案，如图 12-21 所示。

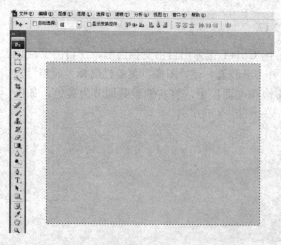

图 12-20　　　　　　　　　　　　　　　　　图 12-21

步骤 **03** 将隐藏的灰色矩形图层和背景层显示，选中灰色矩形图层并建立成选区，在菜单栏中选择"填充"，在弹出的填充面板中选择前面定义的图案，填充在矩形内，如图 12-22 所示。

步骤 04 在"滤镜"菜单中选择"杂色"中的"添加杂色",给灰色填充添加杂色,然后在图层面板中双击填充的图层,在弹出的"图层样式"面板中选择"投影"、"内阴影"、"斜面和浮雕"效果,并在相应的面板中调节参数,对药的底板添加效果,如图 12-23 所示。

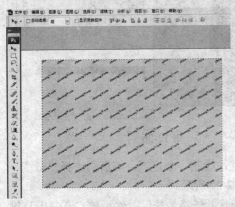

图 12-22

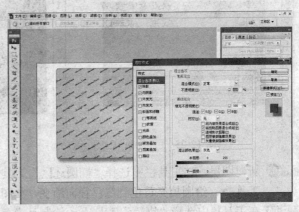

图 12-23

步骤 05 将绘制的药图层打开,并放在药版上,然后按 Alt 键,将药进行复制,并摆放整齐,这样板药就完成了,如图 12-24 所示。

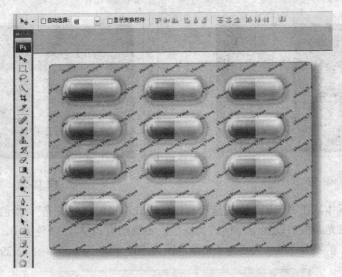

图 12-24

12.2.3 胶囊药盒的绘制

步骤 01 将绘制好的药品在图层隐藏起来,开始绘制药盒,新建图层,在工具栏中选择"矩形选区"工具 ,绘制一个矩形作为药盒的正面,然后再选择"渐变"工具 ,给矩形填充渐变色,在属性栏的"渐变编辑器"中编辑黄色到绿色的渐变,渐变的方式为径向渐变,填充出背景,如图 12-25 所示。

步骤 02 新建图层,在工具栏中选择"钢笔"工具 ,绘制左边的图形并转换为选区,然后再选择"渐变"工具 ,在属性栏的"渐变编辑器"中编辑浅蓝到深蓝色的渐变,渐变方式为径向渐变,给图形填充蓝色渐变,如图 12-26 所示。

图 12-25   图 12-26

步骤 03 新建图层,在工具栏中选择"椭圆选区"工具 ◯,绘制一个正圆,然后再选择"渐变"
工具 ▭,给圆填充黄色到绿色径向渐变,如图 12-27 所示。

步骤 04 在工具栏中选择"钢笔"工具 ◊,绘制高光点形状并转换为选区,然后按 Ctrl+Alt+D 键
进行羽化,羽化的半径为 5 像素,并在"前景色"中选择白色进行填充,绘制出球体的
高光点。选中绘制好的球体,然后按 Alt 键进行复制,并按 Ctrl+T 键调节球体的大小,
如图 12-28 所示。

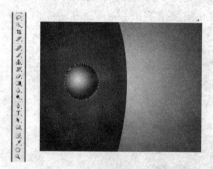

图 12-27   图 12-28

步骤 05 选中左边球体,在"图层"面板选择"图层样式"里的"外发光",给圆球添加外发光效
果,在外发光面板中设置混合模式为滤色,不透明度为 75,杂色为 0,颜色为黄色,方
法为柔和,扩展为 126,大小为 130,范围为 50,抖动为 0,如图 12-29 所示。

图 12-29

步骤 06 在工具栏中选择"钢笔"工具 ◊，绘制箭头路径，然后将路径转换为选区，并在"前景色"选择白色进行填充，在"图层"面板选择"图层样式"里的"外发光"，对箭头添加效果，在外发光面板设置混合模式为滤色，不透明度为 75，杂色为 0，颜色为黄色，方法为柔和，扩展为 6，大小为 111，范围为 50，抖动为 0，如图 12-30 所示。

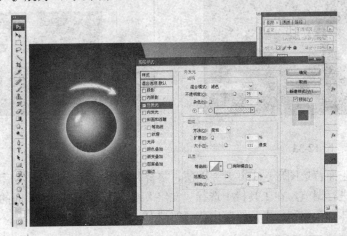

图 12-30

步骤 07 将绘制好的箭头进行复制，并按 Ctrl+T 键，对箭头进行角度的调节，如图 12-31 所示。

步骤 08 在工具栏中选择"圆角矩形"工具 ◻，绘制出圆角矩形，在属性栏中设置圆角的半径为 10 像素，方式为路径，将路径转换为选区，然后再选择"渐变"工具 ■，并在属性栏的"渐变编辑器"中编辑绿色到黄色的渐变，选择渐变的方式为线性渐变，为矩形填充渐变色，然后在"编辑"菜单栏里选择"描边"，描白色的边宽度为 2 像素。在工具栏中选择"椭圆选区"工具 ◯，绘制椭圆选区，也给圆形描 2 像素的白边，如图 12-32 所示。

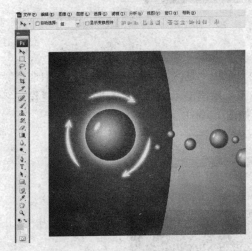

图 12-31

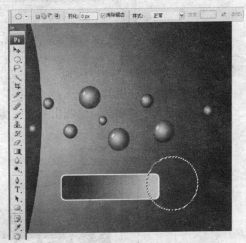

图 12-32

步骤 09 将前面绘制好的药在图层打开，在"图层"选择"图层样式"里的"投影"，并调节投影大小，对药品添加阴影效果，选择绘制好的药按 Alt 键，复制一个后并按 Ctrl+T 键进行角度的调节，如图 12-33 所示。

步骤 10 在工具栏中选择"文字"工具 T，在药盒上绘制出文字，并在属性栏设置字的字体、颜色和大小，绘制出药盒的正面，如图 12-34 所示。

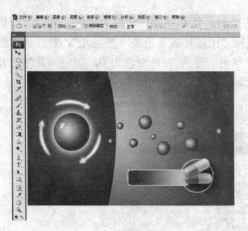

图 12-33   图 12-34

步骤⑪ 将药盒的正面背景图形选中并合并图层，将合并的图层复制一个，然后按 Ctrl+T 键将底面的宽度进行调节，在工具栏中选择"文字"工具 T，绘制药盒顶面的文字，并在属性栏设置字体、颜色和大小，绘制出药盒的顶面，如图 12-35 所示。

图 12-35

步骤⑫ 在工具栏中选择"矩形选区"工具 □，绘制一个矩形选区，然后在"前景色"中选择绿色进行填充，在工具栏中选择"文字"工具 T，绘制出上面的文字，并在属性栏设置字的颜色、大小和字体，绘制出药盒的侧面，如图 12-36 所示。

图 12-36

步骤 13 在图层面板中分别将正面和顶面合并图层，然后选中顶面，按 Ctrl+T 键将顶面变形，如图 12-37 所示。

步骤 14 重复步骤 13，用同样的方法绘制出药盒的侧面，绘制出完整的药盒效果，如图 12-38 所示。

图 12-37

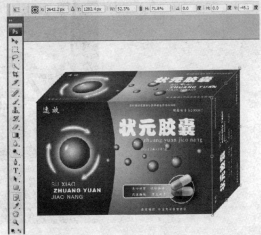

图 12-38

12.2.4 后期效果的调整

步骤 01 将绘制好的药板层打开，并合并图层，然后复制一个，放在药盒前面，如图 12-39 所示。

步骤 02 在工具栏中选择"渐变"工具 ，给背景填充灰色到黑色径向渐变，这样就完成了整个药盒效果的绘制，如图 12-40 所示。

图 12-39

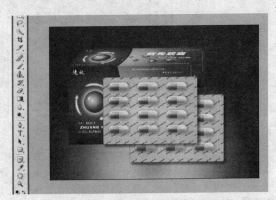

图 12-40

12.3 亿家净洗衣粉

最终效果图如下：

12.3.1 封面效果的绘制

步骤**01** 新建文件宽度为 21cm，高度为 29.7cm，分辨率为 300 像素/英寸，背景色为白色的 A4 文件，在工具栏中选择"矩形选区"工具 ，绘制出矩形，然后再选择"渐变"工具 ，并在属性栏的"渐变编辑器"中选择渐变的颜色为黄色，渐变的方式为线性渐变，给矩形填充渐变色，如图 12-41 所示。

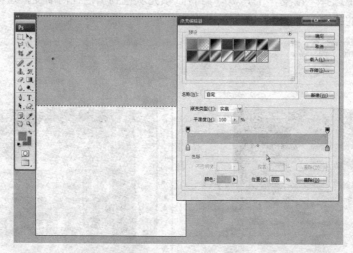

图 12-41

步骤**02** 在工具栏中选择"矩形选区"工具 ，在中间绘制出矩形，按 Ctrl+Alt+D 键进行羽化，设羽化值为 20 像素，然后在"前景色"中选择绿色进行填充，在工具栏中选择"矩形选区"工具 ，在下面绘制出矩形，然后再选择"渐变"工具 ，在属性栏中的"渐变编辑器"中选择渐变的颜色和渐变的方式为线性渐变，为矩形填充蓝色渐变，如图 12-42 所示。

步骤**03** 在工具栏中选择"钢笔"工具 ，绘制出页面中的白色图形，并按 Ctrl+Alt+D 键进行羽化，设羽化值为 50 像素，并在"前景色"中选择白色进行填充，如图 12-43 所示。

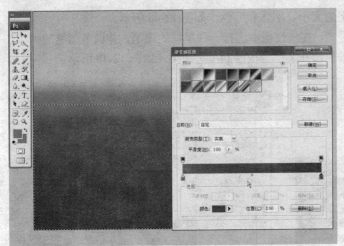 

图 12-42 　　　　　　　　　　　　　　　　　图 12-43

步骤 **04** 在工具栏中选择"钢笔"工具 🖊，绘制衣服的路径，将路径转换为选区，在"前景色"中填充白色，然后在"编辑"菜单栏中选择"描边"，将衣服轮廓描 5 像素黑边，然后再用"画笔"工具 🖌，画出衣服上的褶皱效果，如图 12-44 所示。

步骤 **05** 在工具栏中选择"钢笔"工具 🖊，绘制出领带的路径，将路径转换为选区，在"前景色"中填充黄色，然后在"编辑"菜单栏中选择"描边"，将领带描 5 像素黄边，如图 12-45 所示。

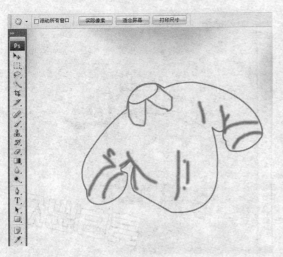 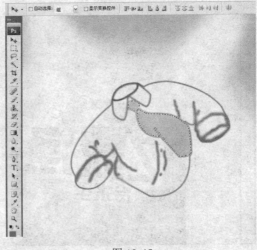

图 12-44 　　　　　　　　　　　　　　　　　图 12-45

步骤 **06** 在工具栏中选择"文字"工具 T，输入"亿家净"文字，在属性栏中调节文字的字体、大小和颜色，将文字图层栅格化，接着用"钢笔"工具 🖊，在文字上绘制心型和水滴图案，然后再双击文字图层，将文字添加投影效果，如图 12-46 所示。

步骤 **07** 在工具栏中选择"文字"工具 T，分别输入"冷水型洗衣粉"、"低温水洗"和"亮白出众"文字，并在属性栏中调节文字的字体、大小和颜色，在"编辑"菜单栏中选择"描边"，将"冷水型"和"亮白出众"进行描边，如图 12-47 所示。

步骤 **08** 在工具栏中选择"钢笔"工具 🖊，绘制出一段曲线路径，将路径转换为选区，在"前景色"中填充绿色，再绘制一条曲线，然后再用"文字"工具 T，沿路径输入"全新上市"

文字，并在属性栏中调节文字的大小、字体和颜色，如图 12-48 所示。

步骤 09 在工具栏中选择"画笔"工具 ✎，在属性栏中选择一种星星的画笔，并调节画笔的大小，然后在"前景色"调节画笔颜色，在文字周围绘制星星图案，如图 12-49 所示。

图 12-46

图 12-47

图 12-48

图 12-49

步骤 10 在工具栏中选择"文字"工具 T，绘制出页面上其他的文字，并在属性栏中设置字的颜色、大小和字体，如图 12-50 所示。

步骤 11 在工具栏中选择"钢笔"工具 ✎，在左下角绘制出弯曲矩形路径并将路径转换为选区，然后在"前景色"中选择蓝色进行填充，在"图层"面板中选择"图层样式"里的"描边"，在描边属性面板设置大小为 5，颜色为白色，接着再用"文字"工具 T，在图形上输入广告文字，然后在属性栏中单击"创建文字变形"，设样式为"拱形"，并调节弯曲为-22、水平扭曲为-27，如图 12-51 所示。

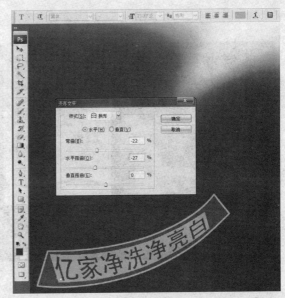

图 12-50   图 12-51

步骤 12 将前面绘制好的衣服复制一份到左下角，然后按 Ctrl+T 键调节复制衣服的大小和角度。在工具栏中选择"钢笔"工具 ✐，绘制裤子的路径，将路径转换为选区，在"前景色"中填充蓝色，然后在"编辑"菜单栏中选择"描边"，将裤子进行描边，如图 12-52 所示。

步骤 13 用前面绘制衣服的方法绘制其他衣服效果，如图 12-53 所示。

图 12-52   图 12-53

步骤 14 在工具栏中选择"画笔"工具 ✐，在属性栏中选择画笔 14，然后将"前景色"设为白色绘制效果，在衣服上方绘制亮光的效果，如图 12-54 所示。

步骤 15 在工具栏中选择"自定形状"工具 ✎，在属性栏中选择"填充像素"，然后选中雪花图案，在"前景色"中选择淡蓝色，在图形中绘制雪花图案，然后按 Alt 键进行复制，并将复制出来的图案用自由变换调节大小，然后再将其中几个的不透明度降低，如图 12-55 所示。

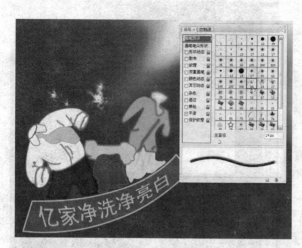

图 12-54	图 12-55

步骤 ⑯ 在工具栏中选择"椭圆选区"工具 ◯，绘制泡泡，按住 Ctrl+Alt+D 键进行羽化，设羽化的值为 10，在菜单栏中的"选择"里选择"修改"下的"收缩"，将边收缩 5 像素，并填充白色，然后选择"画笔"工具 ✐，点出高光，再选择"模糊"工具 ◌，将边缘进行模糊，将绘制好的气泡复制，并按 Ctrl+T 键进行大小的调节，如图 12-56 所示。

步骤 ⑰ 在工具栏中选择"椭圆选区"工具 ◯，绘制出椭圆，并在"前景色"选择绿色进行填充，然后在"图层"面板的选择"图层样式"里的"描边"，并设大小为 5 像素，颜色为黑色，在工具栏中选择"文字"工具 T，在椭圆上绘制出文字，并在属性栏中设置设字的颜色、大小和字体，包装的正面就绘制完成了，如图 12-57 所示。

图 12-56	图 12-57

12.3.2 立体效果的绘制

步骤 ① 新建文件宽度为 210mm，高度为 297mm，分辨率为 300 像素/英寸，背景色为白色的 A4

文件。在工具栏中选择"矩形选区"工具 ▭，绘制出一个矩形，在"前景色"中选择蓝色进行填充，然后在选择菜单下选择"变换选区"命令，将选区缩小，然后选择橙色进行填充，如图 12-58 所示。

步骤 02　在工具栏中选择"钢笔"工具 ✎，绘制出洗衣粉的正面，并将路径转换为选区，然后再选择"渐变"工具 ▭，在属性栏中的"渐变编辑器"中编辑白色到灰色的渐变，渐变的方式为线性渐变，在矩形内填充渐变色，如图 12-59 所示。

图 12-58

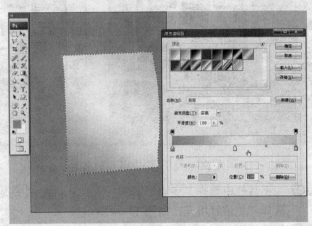

图 12-59

步骤 03　将上面绘制好的平面合并图层，并放在现在的页面中，然后按住 Ctrl+T 键，将图形缩小，放在绘制完成的矩形面上，如图 12-60 所示。

步骤 04　在工具栏中选择"钢笔"工具 ✎，绘制出侧面的形状，并将路径转换为选区，并在"前景色"中选择为 C：66、M：57、Y：37、K：0 的灰色进行填充，如图 12-61 所示。

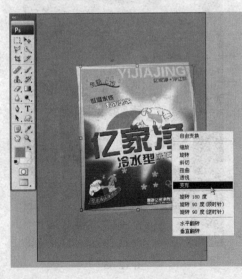

图 12-60

图 12-61

步骤 05　在工具栏中选择"钢笔"工具 ✎，继续绘制洗衣粉的侧面，并将路径转换为选区，并在"前景色"中选择 C：79、M：73、Y：61、K：27 的深灰色进行填充，如图 12-62 所示。

步骤 06　在工具栏中选择"钢笔"工具 ✎，绘制袋子的上面部分，并将路径转换为选区，然后再选择"渐变"工具 ▭，在图形内拉出白色到灰色线性渐变，如图 12-63 所示。

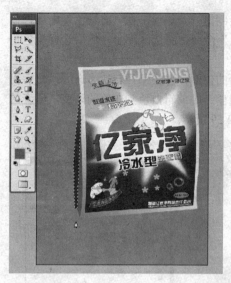

图 12-62

图 12-63

步骤 **07** 在工具栏中选择"多边形套索"工具 ✍ ，绘制手提的部分的暗面，然后在"前景色"中选择灰色进行填充，如图 12-64 所示。

步骤 **08** 把已做好的包装在图层面板中按 Ctrl+E 键合并图层，并复制一个，然后按下 Ctrl+T 键自由变换，单击右键"垂直翻转"做出倒影的效果，并调节图层透明度为 35%，绘制出完整洗衣粉包装效果，如图 12-65 所示。

图 12-64

图 12-65

12.4 薯片包装效果

最终效果图如下：

12.4.1 平面效果的绘制

步骤01 新建文件名称为"薯片",宽度 25cm、高度 20cm,分辨率 300 像素/英寸的文件。新建图层,在工具栏中选择"渐变"工具 ■,在"渐变编辑器"中编辑两边为黄色、中间为透明色的渐变,在属性栏中选择线性渐变,垂直拉出渐变,如图 12-66 所示。

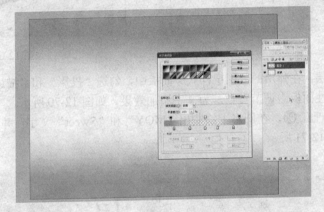

图 12-66

步骤02 在菜单栏中选择"文件"里的"置入",置入一张薯圈的图片,放在页面的中间,如图 12-67 所示。

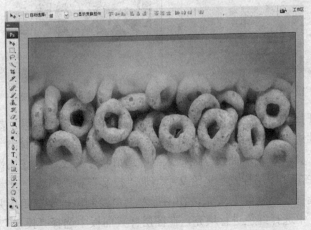

图 12-67

步骤 **03** 新建图层，在工具栏中选择"椭圆"工具 ◯ ，在页面绘制出一个正圆，然后选择"渐变"
工具 ■ ，在属性栏中的"渐变编辑器"中编辑浅蓝色到深蓝色的渐变，并选择渐变的方
式为径向渐变，为圆形填充蓝色渐变，如图 12-68 所示。

步骤 **04** 在工具栏中选择"钢笔"工具 ◊ ，绘制出一条曲线，然后再选择"文字"工具 T ，沿着
曲线绘制出英文字母"NEW"，在属性栏中设置文字的字体为黑体，颜色为白色，如图
12-69 所示。

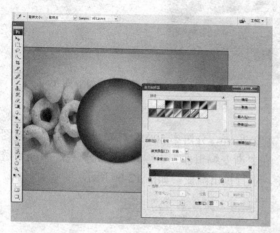

| 图 12-68 | 图 12-69 |

步骤 **05** 双击文字图层，在弹出的"图层样式"面板中，勾选"投影"和"描边"，并分别在投影
和描边的属性面板中调节参数，为文字添加效果，如图 12-70 所示。

步骤 **06** 重复步骤 **04** 和步骤 **05**，在圆形上绘制出"MOY"和"Sweet"文字，并在图层样式中增加
效果，如图 12-71 所示。

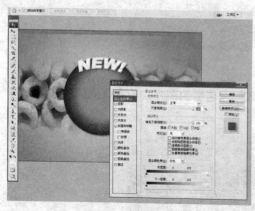

| 图 12-70 | 图 12-71 |

步骤 **07** 在工具栏中选择"钢笔"工具 ◊ ，绘制出笔触图形并将转换选区，然后在"前景色"里
选择深蓝色并进行填充，在工具栏中选择"钢笔"工具 ◊ ，绘制出一条曲线，然后再选
择"文字"工具 T ，沿着曲线绘制输入"味道好极了"文字，在属性栏中调节文字的字
体和颜色，并在"图层样式"里给文字增加"投影"和"描边"效果，如图 12-72 所示。

步骤 **08** 在工具栏中选择"钢笔"工具 ◊ ，在图形左上角绘制出一个三角形并转换为选区，然后
在"前景色"中选择红色进行填充，在图层样式面板中选择"投影"和"描边"，并分别
调节投影和描边的参数，如图 12-73 所示。

图 12-72　　　　　　　　　　　　　　　图 12-73

步骤 09 在工具栏中选择"文字"工具 T.，输入"NEW MURPHY"文字，在属性栏中设置文字的字体并设置字体的颜色为白色，然后按住 Ctrl+T 键对文字的位置和大小的调节，将文字放在三角形内，将绘制完成的三角形图层上按 Ctrl+E 键合并图层，然后按住 Alt 键复制两个放在右下角的位置，并调节大小，如图 12-74 所示。

步骤 10 选中图形中蓝色球形及上面的文字，并合并图层，然后按 Alt 键，将合并的图形复制到左上角，并缩小，如图 12-75 所示。

图 12-74

图 12-75

步骤 11 在工具栏中选择"矩形"工具 □，绘制出一个矩形条，放置在图标的下面，然后在图层样式里选择"投影"，并在投影的属性面板中对参数进行调节，如图 12-76 所示。

步骤 12 在工具栏中选择"文字"工具选择 T.，绘制出包装袋上两边的文字，然后在属性栏中设置字体、颜色和文字的大小，这样展开的包装袋就绘制完成了，如图 12-77 所示。

图 12-76

图 12-77

12.4.2　包装袋的绘制

步骤01 接下来，绘制包装带立体的效果，在工具栏中选择"裁剪"工具选择 ⊐，选中图形的正面，进行裁剪，如图 12-78 所示。

图 12-78

步骤02 在图层面板中，将包装袋正面上的对象合并图层。选择"滤镜"菜单中的"液化"命令，在弹出的液化面板中，调节笔头大小，将包装袋两侧向内移动，如图 12-79 所示。

图 12-79

步骤 03　按 Ctrl 键，然后在包装袋图层上单击，出现包装袋的选区，然后新建图层，在前景色中填充深灰色填充到选区内，然后用"减淡"工具 ，在黑色图形上绘制笔触，如图 12-80 所示。

步骤 04　在"素描"滤镜中选择"铬黄"命令，为黑色图形增加铬黄效果，然后在图层面板中选择"滤色"，将两层叠加在一起，绘制出有塑料效果的包装袋效果，如图 12-81 所示。

图 12-80

图 12-81

步骤 05　用同样的方法绘制其他颜色包装袋效果，并给背景添加渐变效果，完成了包装袋最终效果的绘制，如图 12-82 所示。

图 12-82

第**13**章

产品效果设计

本章导读

产品效果的设计，一般是通过一些三维设计软件来完成的，Photoshop 这一神奇的图像处理软件，不但有强大的图像编辑功能，而且利用软件也可以进行三维图形的绘制，本章节重点介绍利用 Photoshop 的图像编辑功能绘制产品效果，使用 Photoshop 软件，从图形的绘制、细节的调整，直到最终效果的完成，全部可以使用软件基本功能完成，最终效果比三维的软件做出的效果丝毫不差。

知识要点

学习使用 Photoshop 软件绘制产品效果，首先要熟练掌握 Photoshop 的基本工具，理解每一工具的功能和用法，并能综合的将各项功能综合起来运用。还有就是在绘图的时候，能够准确勾勒对象的形状，然后通过减淡、加深等功能或图层样式等功能进一步处理对象，对于不同的对象，处理出不同的质感，光影明暗变化，以及色彩的变化，这样才能使绘制出的对象更加真实。

13.1 保 温 杯

最终效果图如下：

13.1.1 杯体的绘制

步骤 01 选择"文件"菜单栏中的"新建"，在弹出的新建面板中，新建一个名称为"保温杯"的文件，宽度 18cm、高度 12cm、分辨率为 200 像素/英寸的文件。在工具栏中选择"钢笔"工具，绘制保温杯的杯体部分并转换为选区，然后在"前景色"中选择绿色进行填充，如图 13-1 所示。

步骤 02　在工具栏中选择"加深"工具 和"减淡"工具 ，在属性栏中将"曝光度"设为 33%，给杯体进行加深和减淡处理，绘制出立体感，如图 13-2 所示。

图 13-1

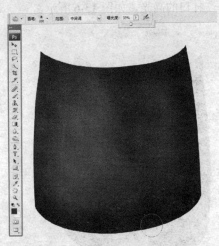

图 13-2

13.1.2　杯底的绘制

步骤 01　在工具栏中选择"钢笔"工具 ，绘制保温杯的底座路径并转换为选区，然后在"前景色"中选择灰色进行填充，如图 13-3 所示。

步骤 02　在工具栏中选择"加深"工具 和"减淡"工具 ，在属性栏中将"曝光度"设为 30%，给杯子的底座进行加深和减淡处理，如图 13-4 所示。

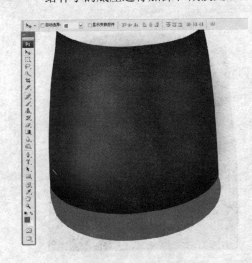

图 13-3

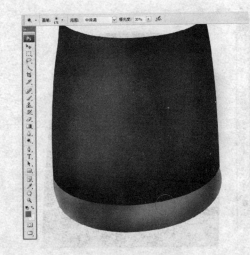

图 13-4

13.1.3　杯口的绘制

步骤 01　在工具栏中选择"钢笔"工具 ，绘制保温杯的杯口部分并转换为选区，然后在"前景色"中选择灰色进行填充，如图 13-5 所示。

步骤 02 在工具栏中选择"加深"工具 ⚫ 和"减淡"工具 🔍，在属性栏中将"曝光度"设为 30%，给杯口进行加深和减淡处理。在属性栏中将范围设为高光，用"减淡"工具 🔍，绘制出杯口的高光，如图 13-6 所示。

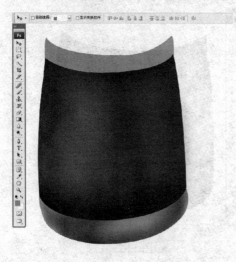

图 13-5

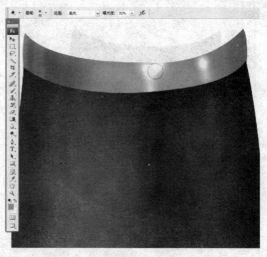

图 13-6

步骤 03 在工具栏中选择"椭圆选区"工具 ⬭，绘制保温杯的盖子部分，然后在"前景色"中选择黑色进行填充，如图 13-7 所示。

步骤 04 在工具栏中选择"椭圆选区"工具 ⬭，继续绘制保温杯的盖子部分，然后在"前景色"中选择灰色进行填充，接着使用"加深"工具 ⚫ 和"减淡"工具 🔍，给盖子的中间部分进行加深和减淡处理，如图 13-8 所示。

图 13-7

图 13-8

步骤 05 工具栏中选择"加深"工具 ⚫ 和"减淡"工具 🔍，在属性栏中将"曝光度"设为 30%，给盖子的边缘进行加深和减淡处理，如图 13-9 所示。

步骤 06 在工具栏中选择"钢笔"工具 ✒，绘制保温杯盖的中间的旋钮并转换为选区，然后在"前景色"中选择灰色进行填充，接着使用"加深"工具 ⚫ 和"减淡"工具 🔍，将盖子的中间部分进行加深和减淡处理，如图 13-10 所示。

图 13-9

图 13-10

步骤 07 在工具栏中选择"钢笔"工具 ◊.，绘制保温杯盖子旋钮的立面部分并转换为选区，然后在"前景色"中选择黑色进行填充，如图 13-11 所示。

步骤 08 在工具栏中选择"钢笔"工具 ◊.，绘制保温杯盖子上面开杯子的部分并转换为选区，然后在"前景色"中选择灰色进行填充，如图 13-12 所示。

图 13-11

图 13-12

步骤 09 在工具栏中选择"模糊"工具 ◊.，在属性栏中将模糊的强度设为 35%，将上图绘制的杯子开口部分的边缘进行模糊，如图 13-13 所示。

步骤 10 在工具栏中选择"钢笔"工具 ◊.，继续绘制保温杯的杯口开杯的部分立面并转换为选区，然后在"前景色"中选择黑色进行填充。在工具栏中选择"模糊"工具 ◊.，在属性栏中将模糊的强度设为 35%，将上图绘制的杯子开口部分立面的边缘进行模糊，如图 13-14 所示。

图 13-13

图 13-14

13.1.4 把子的绘制

步骤 01 在工具栏中选择"钢笔"工具，绘制出保温杯的把子轮廓并转换为选区，然后在"前景色"中选择黑色进行填充，如图 13-15 所示。

步骤 02 在工具栏中选择"钢笔"工具，绘制出把子上的亮面并转换为选区，然后再选择"减淡"工具，在属性栏中将"曝光度"设为 30%，将选区内的部分进行减淡处理，如图 13-16 所示。

图 13-15

图 13-16

步骤 03 使用上面同样的方法，绘制出把子顶部的面，并进行减淡处理，让把子看起来更具有立体感，如图 13-17 所示。

步骤 04 在工具栏中选择"钢笔"工具，绘制出保温杯把子上的高光区并转换为选区，然后在工具栏中选择"减淡"工具，在属性栏中将曝光度调节到 35%，在选区内进行减淡，这样把子上的高光就很明显了，如图 13-18 所示。

图 13-17

图 13-18

步骤 05 在工具栏中选择"钢笔"工具，绘制保温杯把子上的暗面部分并转换为选区，然后再选择"加深"工具，在选区内进行加深，并在属性栏中将"曝光度"调节到 40%，如图 13-19 所示。

步骤 06 在工具栏中选择"模糊"工具，在属性栏中将模糊的强度调节为 35%，将把子和杯子连接的部分进行模糊，如图 13-20 所示。

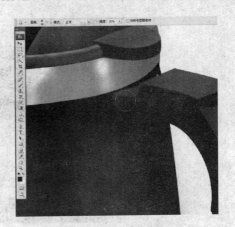

图 13-19　　　　　　　　　　　　　　　　图 13-20

步骤 **07** 在工具栏中选择"钢笔"工具，绘制出把子上的高光并转换为选区，并按 Ctrl+Alt+D 键进行羽化，羽化值为 5 像素，然后在"前景色"中选择白色进行填充，这样这个绿色保温杯就绘制完成了，如图 13-21 所示。

步骤 **08** 使用绘制绿色杯子的方法绘制出旁边红色保温杯，如图 13-22 所示。

图 13-21　　　　　　　　　　　　　　　　图 13-22

13.1.5　后期效果调整

步骤 **01** 在工具栏中选择"椭圆选区"工具，绘制出一个椭圆，然后按 Ctrl+Alt+D 键进行羽化，设羽化值为 15 像素，并在"前景色"中选择黑色进行填充，作为杯子的阴影，如图 13-23 所示。

步骤 **02** 在工具栏中选择"渐变"工具，在属性栏中的"渐变编辑器"中编辑灰色渐变，选择渐变方式为线性渐变，给背景填充灰色渐变，这样就完成了保温杯的绘制，如图 12-24 所示。

图 13-23

图 13-24

13.2 彩色的打火机

最终效果图如下:

13.2.1 出火口的绘制

步骤 01 新建一个名称为"打火机"的文件,宽度 20cm、高度 15cm、分辨率为 300 像素/英寸的文件。在图层面板中新建图层,在工具栏中选择"椭圆选区"工具 ○,按 Shift 键,绘制一个正圆,然后在前景色中选择 R:155、G:155、B:155 的灰色填充选区,如图 13-25 所示。

步骤 02 在"选择"菜单下选中"变换选区",并按 Shift+Alt 键,将选区向内缩小,然后在"前景色"中选择黑色,填充到圆形,如图 13-26 所示。

步骤 03 新建一个图层,在工具栏中选择"矩

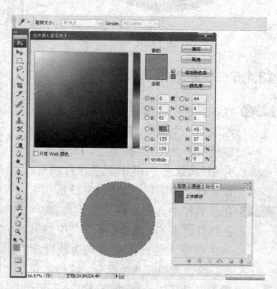

图 13-25

形选区"工具 □ ，在两个椭圆的中间绘制一个矩形选区，然后填充白色，如图 13-27 所示。

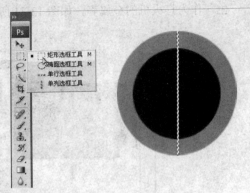

图 13-26   图 13-27

步骤 04 按 Ctrl+J 键，复制图层，然后在属性栏中的"设置旋转"中调节角度为 25°，用同样的方法复制旋转多个矩形条，如图 13-28 所示。

步骤 05 在图层面板中将绘制好的矩形条图层合并，然后再用工具栏中的"椭圆选区"工具 ◯，绘制一个正圆选区，将椭圆选区中的图形删除，如图 13-29 所示。

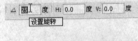

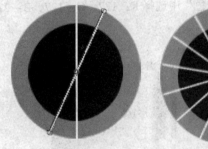

图 13-28   图 13-29

步骤 06 在工具栏中选择"钢笔"工具 ◊，绘制打火机的金属壳的路径，如图 13-30 所示。

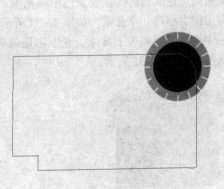

图 13-30

步骤 **07** 按 Ctrl+Enter 键，将路径转换为选区，然后在工具栏中选择"渐变"工具 ，在属性栏中选择"可编辑的渐变"，在弹出的"渐变编辑器"面板中编辑渐变，将选区内填充渐变色，作为打火机的金属壳，如图 13-31 所示。

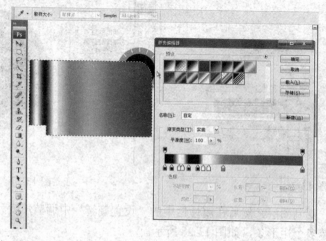

图 13-31

步骤 **08** 将金属壳图层复制一个，将复制的图层放置在金属壳图层的下面，按下键盘中的 Ctrl 键，单击复制出的图层，将图形建立选区，在前景色中填充白色，然后将复制的图层向上、向右各移动几个像素，如图 13-32 所示。

步骤 **09** 用绘制金属壳的方法绘制金属壳顶面，在"前景色"中选择 R：127、G：127、B：27 的灰颜色，填充到图形，如图 13-33 所示。

图 13-32

图 13-33

步骤 **10** 将金属壳顶面图层复制一个，将复制的图层放置在金属壳顶面图层的下面，按 Ctrl 键，单击复制的图层建立选区，在前景色中填充 R：220、G：220、B：220 的灰色，然后将复制的图层向上移动几个像素，如图 13-34 所示。

步骤 **11** 在工具栏中选择"钢笔"工具 ，绘制出顶部的内侧面，然后在"前景色"中分别填充黑色和灰色，如图 13-35 所示。

图 13-34

图 13-35

步骤 12 在工具栏中选择"文字"工具 T., 书写出"FIRER"字母，将文字放在金属壳上，并调节文字字体和大小，调节颜色为黑色，在文字图层上单击鼠标右键将文字图层栅格化，然后复制文字图层，将复制的文字图层建立选区，将选区内填充白色，向下移动作为文字的阴影，如图 13-36 所示。

步骤 13 在工具栏中选择"钢笔"工具 ◊.，绘制出打火机小孔的路径，然后将路径转换为选区，在前景色中填充黑色，如图 13-37 所示。

图 13-36

图 13-37

步骤 14 用同样的方法绘制小孔上的高光和阴影，将高光填充为白色，阴影填充为 R：150、G：150、B：150 的灰色，如图 13-38 所示。

步骤 15 在工具栏中选择"圆角矩形"工具 ▢，绘制一个圆角矩形，然后按 Ctrl+Enter 键，然后在路径面板中将矩形转换为选区，羽化值为 5 像素，在前景色填充 R：217、G：214、B：214 的灰色，如图 13-39 所示。

图 13-38

图 13-39

步骤 16 重复**步骤 15**，绘制一个圆角矩形选区，然后在前景色中填充 R：92、G：92、B：92 的灰色，放在前面绘制的圆角矩形上，如图 13-40 所示。

步骤 17 在工具栏中选择"钢笔"工具 ◊.，在圆角矩形上绘制图形，并转换为选区，然后在前景色中填充 R：210、G：209、B：209 的灰色，如图 13-41 所示。

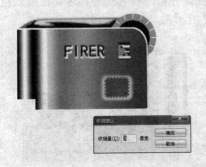

图 13-40

图 13-41

13.2.2 打火机上部的绘制

步骤 01 在工具栏中选择"矩形选区"工具 □，绘制一个矩形选区，在前景色中填充 R：254、G：172、B：45 的黄色，然后选择"加深"工具 ◌，调节笔头硬度为 0、范围为中间调、曝光度为 8，然后再将矩形周围加深，如图 13-42 所示。

步骤 02 在工具栏中选择"矩形选区"工具 □，绘制出金属壳侧面的图形，然后再用"渐变"工具 ■，填充从灰色到黑色的渐变，如图 13-43 所示。

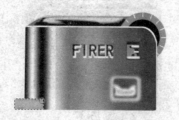

图 13-42

图 13-43

步骤 03 在工具栏中选择"钢笔"工具 ◌，绘制打火机机身上盖的路径，按 Ctrl+Enter 键，将路径转为选区，然后在前景色中填充 R：141、G：69、B：19 的褐色，如图 13-44 所示。

步骤 04 复制机身上盖图层，并在图层面板中建立成选区，然后将选区向上和向左各移动 3～5 个像素，然后再用"渐变"工具 ■，填充黄色到橘黄色渐变色，如图 13-45 所示。

图 13-44

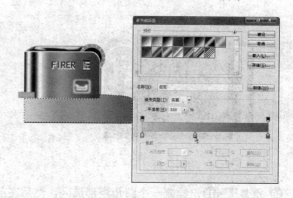

图 13-45

步骤 05 在工具栏中选择"钢笔"工具 ◌，绘制打火机机身上盖的顶面图形，然后在前景色中填充 R：168、G：98、B：1 的褐色，如图 13-46 所示。

步骤 06 再用"钢笔"工具 ◌，绘制出打火机扳机的路径，并将路径转换为选区，在前景色中填充 R：220、G：91、B：32 的黄色，如图 13-47 所示。

图 13-46

图 13-47

步骤 **07** 在工具栏中选择"钢笔"工具 ☝，绘制扳机上高光的路径，并将路径转换为选区，然后按 Ctrl+Alt+D 键进行羽化，羽化值为 3 像素，然后在前景色中填充 R：252、G：148、B：48 的黄色，如图 13-48 所示。

步骤 **08** 用"钢笔"工具 ☝，绘制扳机顶面的路径，将路径转换为选区，然后在前景色中填充 R：200、G：83、B：31 的褐色，如图 13-49 所示。

图 13-48　　　　　　　　　　　　　　　图 13-49

13.2.3　打火机机身的绘制

步骤 **01** 在工具栏中选择"圆角矩形"工具 ☐，绘制打火机机身的路径，将路径转换为选区，在前景色中填充 R：163、G：78、B：57 的褐色，然后在图层中将机身图层不透明度调节为 70%，如图 13-50 所示。

步骤 **02** 在工具栏中选择"圆角矩形"工具 ☐，分别绘制出打火机机身正面和侧面的图形，转换为选区，并填充不同的颜色，然后在图层中调节图层不透明度为 70%，绘制出有立体感的机身，如图 13-51 所示。

步骤 **03** 在工具栏中选择"圆角矩形"工具 ☐，绘制打火机底部路径，将路径转换为选区，然后在前景色填充 R：249、G：131、B：46 的黄色，将此图层放置到打火机底部，如图 13-52 所示。

图 13-50　　　　　　　　　　图 13-51　　　　　　　　　　图 13-52

步骤 **04** 在工具栏中选择"钢笔"工具 ☝，绘制打火机机身侧面的阴影路径，将路径转换为选区，然后在前景色填充 R：228、G：98、B：63 的黄色，然后将不透明度调节为 70%，如图 13-53 所示。

步骤 **05** 在工具栏中选择"圆角矩形"工具 ▢，在机身中间绘制圆角矩形路径，并将路径转换为选区，然后在前景色中填充 R：251、G：157、B：29 的黄色，如图 13-54 所示。

步骤 **06** 在工具栏中选择"钢笔"工具 ▯，绘制打火机里的气的水平面路径，将路径转换为选区，然后在前景色填充 R：202、G：144、B：84 的褐色，将不透明度调节为 50%。然后复制水平面的图层，放置在另外一边，然后按 Ctrl+T 键，将水平面旋转一点角度，并向下移动，如图 13-55 所示。

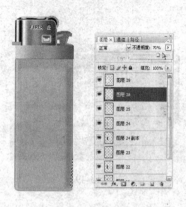

图 13-53   图 13-54   图 13-55

步骤 **07** 在工具栏中选择"圆角矩形"工具 ▢，绘制一个白色圆角矩形，在图层中将不透明度降低到 30%，将绘制出的圆角矩形复制，并调节不透明度调节为 35%，并将两个矩形层叠在一起，如图 13-56 所示。

步骤 **08** 在工具栏中选择"矩形选区"工具 ▭，绘制一个矩形选区，然后再用"渐变"工具 ▭，填充渐变色，将不透明度降低到 15%，如图 13-57 所示。

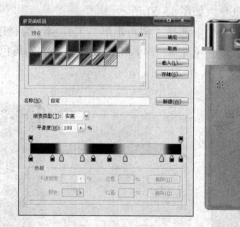

图 13-56   图 13-57

步骤 **09** 在工具栏中选择"矩形选区"工具 ▭，绘制出通气管，然后再用"渐变"工具 ▭，在"渐变编辑器"面板中编辑渐变，在选区内水平拉出渐变，形成通气管，并将不透明度降低到 15%，如图 13-58 所示。

步骤 **10** 复制通气管图层，并移动到水平面下。在工具栏中选择"钢笔"工具 ▯，绘制一个不规则的路径，将路径转换为选区，在前景色中填充白色，然后在图层面板中将图形不透明度降低到 25%，如图 13-59 所示。

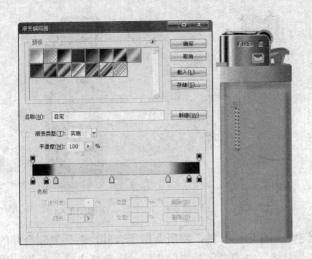 

图 13-58   图 13-59

步骤⑪ 在工具栏中选择"矩形选框"工具 ▣，绘制一个矩形选区，然后再用"渐变"工具 ▣，
在"渐变编辑器"面板中编辑渐变，在选区内水平拉出渐变，形成管状，然后将不透明
度降低到 20%，如图 13-60 所示。

步骤⑫ 在工具栏中"矩形选区"工具 ▣，在整个机身绘制一个矩形选区，然后填充白色，将不
透明度降低到 10%，如图 13-61 所示。

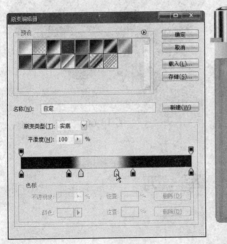 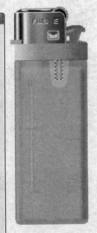 

图 13-60   图 13-61

13.2.4 后期效果的调整

步骤① 在工具栏中选择"文字"工具 T，书写出"火到运来"文字，在属性栏中选择字体和大
小，调节颜色为白色，如图 13-62 所示。

步骤② 在工具栏中选择"钢笔"工具 ◊，绘制一个叶子的路径，将路径转换为选区，并在前景
色中填充白色，如图 13-63 所示。

步骤③ 在工具栏中选择"文字"工具 T，书写出"晴天"两个字，在属性栏中选择字体和大小，
字体为白色，如图 13-64 所示。

图 13-62 图 13-63 图 13-64

步骤 04 将打火机的图层选中，并按下键盘上的 Ctrl+E 键，将所有图层合并，然后复制合并的图层，并选择"图像"菜单栏中"调整"中的"色相/饱和度"，调节打火机的色相，色相值为 10，如图 13-65 所示。

步骤 05 用同样的方法复制打火机，并调节不同的颜色，然后按 Ctrl+T 键，将打火机旋转放置一个扇形，绘制出最终效果图，如图 13-66 所示。

图 13-65

图 13-66

13.3 瑞 士 军 刀

最终效果图如下：

13.3.1　刀体的绘制

步骤 01 新建一个宽度 15cm、高度 18cm、分辨率 300 像素/英寸、颜色模式 RGB 的文件。在工具栏中选择"钢笔"工具 ◊ ，绘制刀体的路径，如图 13-67 所示。

步骤 02 新建一个图层，然后按 Ctrl+Enter 键，将路径转换为选区，然后在"前景色"中填充黑色。将刀体选中并复制一个，然后填充成深灰色，放置在底层，使两层层叠，如图 13-68 所示。

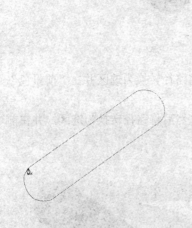

图 13-67

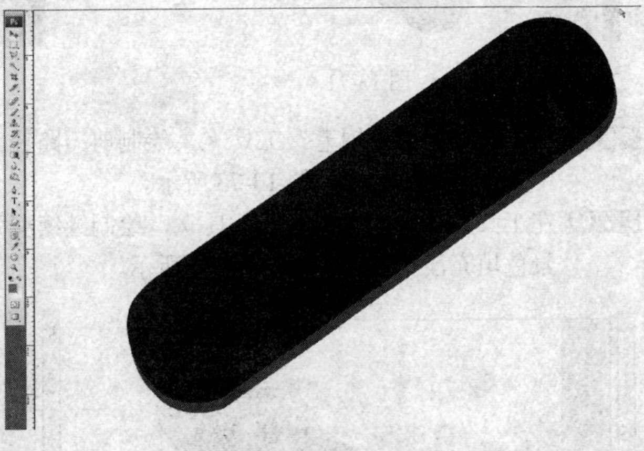

图 13-68

步骤 03 重复**步骤 02**，将复制出的图层，在复制两次，并向下层叠，选中第三层，并填充成浅灰色，形成刀锋效果，如图 13-69 所示。

步骤 04 选择黑色形状图层，向上复制，并形成层叠效果，按下 Ctrl 键，在图层上单击，将图形转换为选区，然后在"前景色"中填充蓝色，作为刀面，如图 13-70 所示。

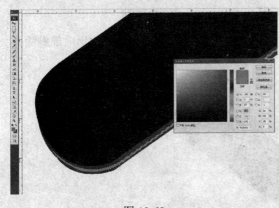

图 13-69

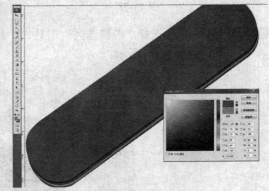

图 13-70

13.3.2　刀具的绘制

步骤 01 在工具栏中选择"钢笔"工具 ◊ ，绘制刀子的路径，将绘制的路径转换为选区并填充浅灰颜色，如图 13-71 所示。

步骤 02 在工具栏中选择"钢笔"工具 ◊ ，绘制矬子的路径，绘制完成后将路径转换为选区，并在前景色中填充浅灰颜色，如图 13-72 所示。

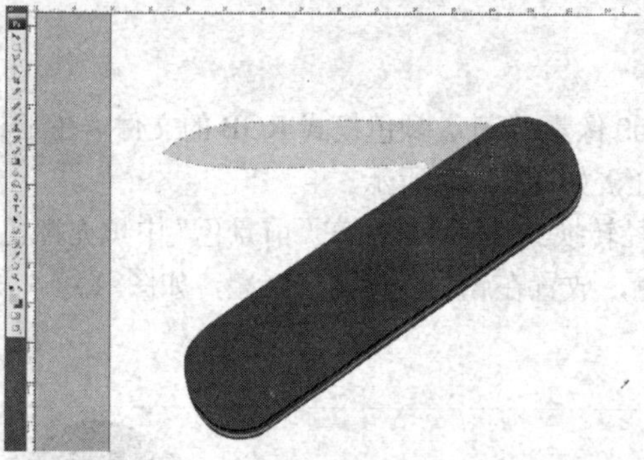

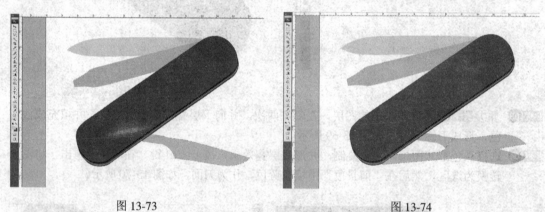

图 13-71 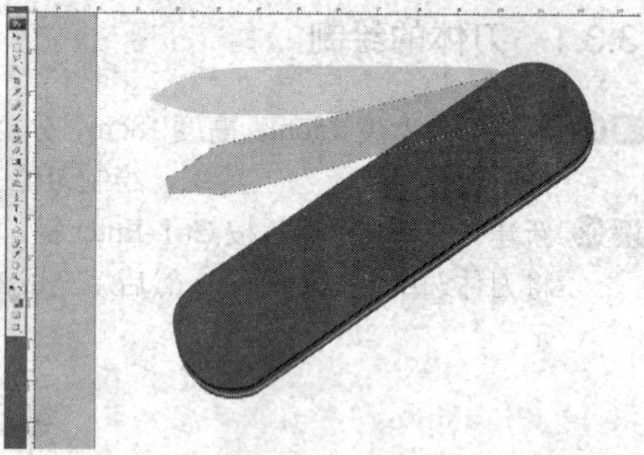   图 13-72

步骤 **03** 在工具栏选择"钢笔"工具 ◊，绘制剪刀路径，然后将路径转换为选区并在"前景色"中填充浅灰颜色，如图 13-73 所示。

步骤 **04** 在工具栏中选择"钢笔"工具 ◊，绘制继续剪刀路径，然后将路径转换为选区，并在前景色填充浅灰颜色，如图 13-74 所示。

图 13-73   图 13-74

步骤 **05** 在工具栏中选择"椭圆选区"工具 ○，绘制出剪刀中间的圆形，然后将圆形内部删除为空，如图 13-75 所示。

图 13-75

13.3.3 立体效果的编辑

步骤 **01** 选中刀面图层，并在图层上双击，在弹出的"图层样式"面板中勾选"内阴影"和"斜面和浮雕"，并分别在两个面板中调节参数，给刀把添加效果，使刀面有立体感，如图 13-76 所示。

步骤 02 选中刀图层，并在图层上双击，在弹出的"图层样式"面板中勾选 "斜面和浮雕"，给刀添加立体效果，如图 13-77 所示。

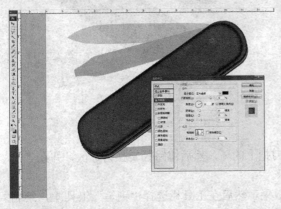

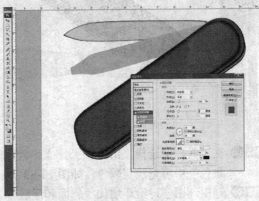

图 13-76   图 13-77

步骤 03 重复**步骤 02**，分别给锉子和剪刀添加立体效果，如图 13-78 所示。

步骤 04 在工具栏中选择"钢笔"工具，绘制刀把上面的矩形形状，并将路径转换为选区，然后在"前景色"中填充为白色，并在图层面板中将不透明度调节为 15%，如图 13-80 所示。

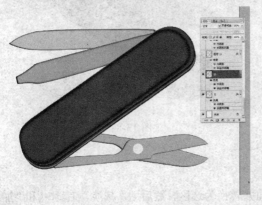

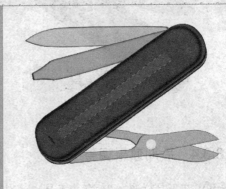

图 13-78   图 13-79

步骤 05 在工具栏中选择"钢笔"工具，绘制出到面上的标志路径，然后将绘制的路径转换为选区，在"前景色"中填充为白色，如图 13-80 所示。

步骤 06 在工具栏中选择"椭圆选区"工具，绘制圆形，然后在"前景色"中填充为黑色，将圆形连续复制，并摆放在刀面，作为刀面上的轴面，如图 13-81 所示。

步骤 07 在工具栏中选择"文字"工具，绘制出刀把上的文字，然后在属性栏中选择字体和字体颜色，在图层的"混合模式"里选择"投影"和"斜面和浮雕"，给文字添加效果，如图 13-82 所示。

图 13-80

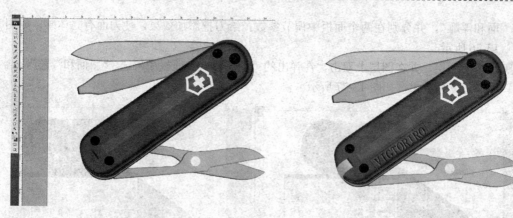

| 图 13-81 | 图 13-82 |

步骤 08 在工具栏中选择"钢笔"工具 ，绘制刀把上的环，然后将路径转换为选区，并在"前景色"中填充浅灰颜色，如图 13-83 所示。

步骤 09 选中环图层，给环增加"斜面和浮雕"效果。然后在工具栏选择"钢笔"工具 ，绘制出刀上的扣槽，将扣槽转换为选区后，填充为深灰色，并将扣槽复制到剪刀上，如图 13-84 所示。

图 13-83

图 13-84

13.3.4 后期效果调整

步骤 01 在工具栏选择"钢笔"工具 ，勾选出刀面并转换为选区，然后用"减淡"工具 和"加深"工具 ，对刀面调节。在工具栏中选择"文字"工具 ，绘制出刀把上的文字，并填充为浅灰色，如图 13-85 所示。

步骤 02 在工具栏选择"钢笔"工具 ，勾勒出锉子中间的圆角矩形，并转换为选区，然后选择"滤镜"菜单栏中"杂色"中的"添加杂色"，然后使用"减淡"工具 和"加深"工具 ，对锉子进行进一步的修饰，如图 13-86 所示。

图 13-85

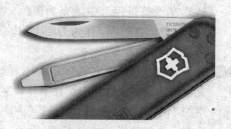

图 13-86

步骤03 在工具栏中选择"钢笔"工具 、"减淡"工具 和"加深"工具 ，对剪刀和吊环进行进一步的修饰，如图 13-87 所示。

步骤04 在图层面板中，分别为每个对象增加阴影。选择背景图层，在"前景色"中选择深蓝色添加到背景层，这样军刀就绘制完成了，如图 13-88 所示。

图 13-87

图 13-88

13.4　褐　色　的　皮　鞋

最终效果图如下：

13.4.1　鞋子外形的绘制

步骤01 在工具栏中选择"钢笔"工具 ，绘制鞋底路径，然后将路径转换为选区，并在"前景色"选择黑色填充到鞋底，如图 13-89 所示。

步骤02 在工具栏中选择"钢笔"工具 ，绘制鞋底厚度，然后将路径转换为选区，并在前景色中填充深灰色，如图 13-90 所示。

图 13-89

图 13-90

步骤03 在工具栏中选择"钢笔"工具 ◊，绘制鞋面路径，然后将路径转换为选区，并在前景色中填充咖啡色，如图 13-91 所示。

步骤04 在工具栏中选择"钢笔"工具 ◊，绘制鞋口的路径，然后将路径转换为选区，并在前景色中填充深咖啡色，如图 13-92 所示。

图 13-91

图 13-92

步骤05 在工具栏中选择"钢笔"工具 ◊，绘制鞋面上的装饰带，然后将路径转换为选区，并在前景色中填充土红颜色，如图 13-93 所示。

步骤06 在工具栏中选择"钢笔"工具 ◊，绘制出鞋面上的装饰扣，然后将路径转换为选区，并在前景色填充黄颜色，如图 13-94 所示。

图 13-93

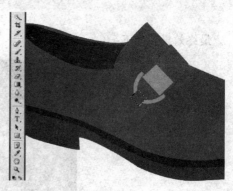

图 13-94

步骤07 在工具栏中选择"钢笔"工具 ◊，绘制鞋沿和鞋面，然后将路径转换为选区并在前景色中填充深红色，如图 13-95 所示。

13.4.2 鞋子立体感效果的调整

步骤01 在工具栏中选择"减淡"工具 ，在属性栏中调节调节画笔笔头大小，范围为中间调，曝光度为 30%，分别给鞋面、鞋沿、鞋体进行减淡，处理出亮面，让鞋子看起来更具真实感，如图 13-96 所示。

图 13-95

步骤02 在工具栏中选择"加深"工具 ，在属性栏中调节画笔笔头大小，范围为中间调，曝光度为 30%，分别给鞋面、鞋沿、鞋体和鞋底进行加深处理，处理出暗面，如图 13-97 所示。

图 13-96   图 13-97

步骤 03 选择鞋沿图层并双击，在弹出的"图层样式"面板中勾选"内阴影""斜面和浮雕"，并分别在内阴影、斜面和浮雕面板中调节参数，给鞋沿添加效果，如图 13-98 所示。

步骤 04 选择鞋面图层并双击，在弹出的"图层样式"面板中勾选"内阴影"、"斜面和浮雕"，并分别在内阴影、斜面和浮雕面板中调节参数，给鞋面添加效果，如图 13-99 所示。

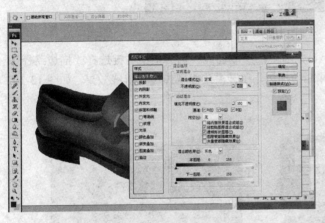

图 13-98   图 13-99

步骤 05 重复上述步骤，分别给鞋带和鞋扣添加效果，如图 13-100 所示。

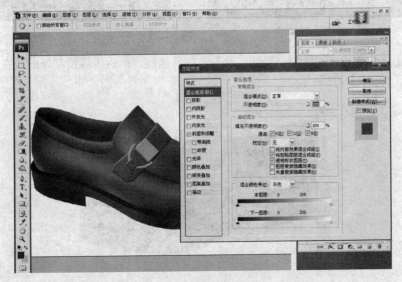

图 13-100

步骤 06 在工具栏中选择"笔画"工具 ，在画笔属性栏中调节画笔的直径为 15%、间距为 150%，硬度为 100%的画笔，如图 13-101 所示。

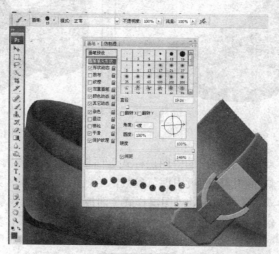

图 13-101

步骤 07 在工具栏中选择"钢笔"工具 ，沿着鞋沿绘制曲线，然后单击右键选择"描边路径"，在弹出的面板中选择"画笔"，并路径描边，在鞋沿边出现虚线针缝线效果，如图 13-102 所示。

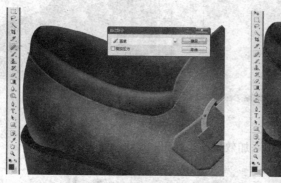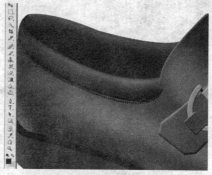

图 13-102

步骤 08 重复上述步骤，分别绘制出鞋面，鞋带上的针缝线，然后再将绘制好的线在图层上进行复制，如图 13-103 所示。

图 13-103

13.4.3　后期效果的调整

步骤 01　选中鞋体图层，然后选择"滤镜"菜单栏中"杂点"里的"添加杂点"，给鞋面添加杂点，让皮鞋具有皮的感觉，如图 13-104 所示。

步骤 02　在工具栏中选择"钢笔"工具 ，绘制出鞋子上的标志图形，然后将路径转换为选区并在前景色中填充深黄色，如图 13-105 所示。

图 13-104

图 13-105

步骤 03　选中标志图层并双击，在弹出的"图层样式"面板中勾选""，在斜面和浮雕面板中选择样式为"枕状浮雕，大小为 16 像素，角度为 120°，给商标添加效果，如图 13-106 所示。

图 13-106

步骤 04　在工具栏中选择"文字"工具 ，输入"JIPU"字样，然后双击文字层，在弹出的"图层样式"面板里勾选"内阴影"和"斜面和浮雕"，对文字添加效果，接着按 Ctrl+T 键，将编辑好的文字做变形调节，并旋转角度，放在鞋带上，如图 13-107 所示。

图 13-107

步骤 05 在图层面板中选择背景层，然后在"前景色"面板中选择黑色，给鞋子添加黑色背景色，如图 13-108 所示。

图 13-108

步骤 06 将绘制完成的鞋子在图层面板中合并图层，然后在 "图层样式"里勾选"外发光"，并调节外发光的大小为 100，扩展为 20，给鞋子添加外发光效果，如图 13-109 所示。

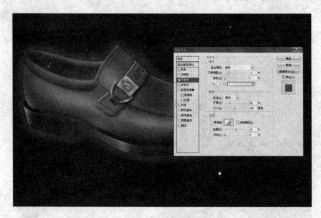

图 13-109

步骤 07 将绘制完成的鞋子复制一个，然后按下键盘中的 Ctrl+T 键，在弹出快捷菜单中选择"水平翻转"，并移动位置，这样就完成了鞋子效果的绘制，如图 13-110 所示。

图 13-110

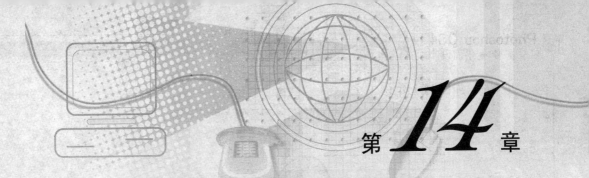

第**14**章

卡 通 漫 画 设 计

本章导读

　　卡通漫画设计在当今商业广告中应用的范围越来越广泛，它独特的设计风格，很受青少年的青睐，Photoshop 在卡通、漫画领域也有着广泛的应用，利用 Photoshop 丰富的绘图功能，可以完成卡通漫画轮廓的绘制，颜色的添加，以及整体效果的调整和后期的处理。很多专业的漫画师和漫画公司也都在使用 Photoshop 进行动漫创作，因此学习和掌握使用 Photoshop 绘制漫画卡通是十分必要的。本章节通过介绍不同风格的漫画和卡通形象，来学习和了解绘制漫画卡通的方法和流程。

知识要点

　　在学习绘制本章节卡通漫画过程中，首先要使用钢笔工具勾勒对象外轮廓，用填充工具给对象填充颜色，再用加深工具、减淡工具对画面局部进行处理，不同的漫画、卡通有不同的风格和绘画方法，在绘制过程中要注意风格和效果的把握。

14.1　可　爱　的　小　蚂　蚁

最终效果图如下：

14.1.1　头部的绘制

步骤 01　选择"文件"菜单栏中的"新建"，在弹出的新建面板中，新建一个名称为"小蚂蚁"的文件，宽度 20cm、高度 20cm、分辨率为 300 像素/英寸的文件。在图层面板中新建图层，在工具栏中选择"钢笔"工具 ，绘制小虫头部路径，然后按 **Ctrl+Enter** 键，将路径转换为选区，在前景色中填充 R：245、G：210、B：75 的黄色，然后在"编辑"菜单栏中选择"描边"，在弹出的描边面板中设置描边宽度为 4px、颜色为黑色，绘制出蚂蚁的头部，如图 14-1 所示。

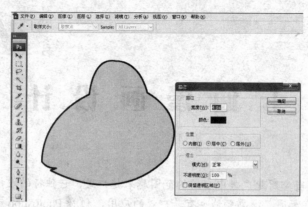

图 14-1

步骤 02 在工具栏中选择"钢笔"工具 ，绘制蚂蚁眼眶的路径，按 Ctrl+Enter 键，将路径转换为选区，在"前景色"中填充白色，然后在"编辑"菜单栏中选择"描边"，在弹出的界面中设置描边宽度为 3px、颜色为黑色，如图 14-2 所示。

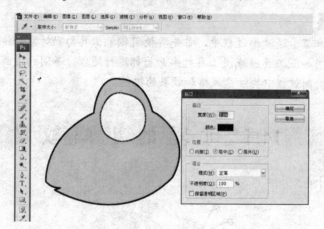

图 14-2

步骤 03 新建图层，在工具栏中选择"钢笔"工具 ，分别绘制出蚂蚁的眼球和瞳孔的高光，并分别填充黑色和白色，绘制出蚂蚁的眼睛，如图 14-3 所示。

步骤 04 重复前面步骤，新建图层，绘制出蚂蚁红色的脸蛋，如图 14-4 所示。

图 14-3

图 14-4

步骤 **05** 在工具栏中选择"钢笔"工具 ，先绘制蚂蚁头部暗面的路径，将路径转换为选区新建图层，在"前景色"中填充 R：235、G：195、B：45 的深黄色，然后再绘制脸部亮面的路径，将路径转换为选区，在"前景色"中填充 R：245、G：220、B：125 淡黄色，如图 14-5 所示。

步骤 **06** 在工具栏中选择"钢笔"工具 ，绘制嘴巴的路径，将路径转换为选区新建图层，然后在"前景色"中填充黑色，如图 14-6 所示。

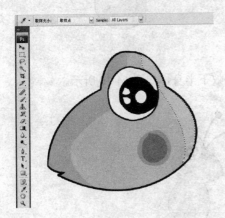

图 14-5

图 14-6

步骤 **07** 新建图层，在工具栏中选择"钢笔"工具 ，先绘制蚂蚁触角的路径，将路径转换为选区，在"前景色"中填充黑色，然后再绘制触角顶部的圆形，将路径转换为选区，在"前景色"中填充黄色，如图 14-7 所示。

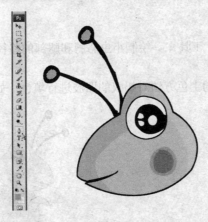

图 14-7

14.1.2　身体的绘制

步骤 **01** 在工具栏中选择"钢笔"工具 ，创建蚂蚁上半身的路径，并调节外形，如图 14-8 所示。

步骤 **02** 新建图层，将路径转换为选区，在前景色中将上半身填充 R：245、G：210、B：75 的黄色，然后在"编辑"菜单栏中选择"描边"命令，将身体描 3px 黑边。在工具栏中选择"钢笔"工具 ，先绘制蚂蚁身体暗面的路径，将路径转换为选区，在"前景色"中填充 R：235、G：195、B：45 的深黄色，然后再绘制身体亮面的路径，将路径转换为选区，在"前景色"中填充 R：245、G：220、B：125 淡黄色，如图 14-9 所示。

图 14-8   图 14-9

步骤 03 新建图层，重复**步骤 02**，用同样的方法绘制出蚂蚁下半身，如图 14-10 所示。

图 14-10

14.1.3　四肢的绘制

步骤 01 在工具栏中选择"钢笔"工具 ，绘制小虫胳膊和腿部的路径，并调节形状，如图 14-11 所示。

步骤 02 新建图层，用以上相同的上色方法对蚂蚁的四肢进行填色，如图 14-12 所示。

图 14-11   图 14-12

14.1.3　食物的绘制

步骤 01 在工具栏中选择"钢笔"工具 ，绘制出蚂蚁肩膀上食物的路径，并调节路径外形，如图 14-13 所示。

步骤 02　在图层面板中新建图层，将路径转换为选区，描边并填充颜色，然后绘制亮面和暗面，
　　　　　如图 14-14 所示。

图 14-13

图 14-14

步骤 03　在图层面板中新建图层，在工具栏中将前景色设为黑色，然后选择"画笔"工具 ，在
　　　　　属性栏中调节笔头大小，绘制出食物上的黑点，这样就完成了小虫的绘制，如图 14-15
　　　　　所示。

图 14-15

14.2　可爱的小女孩

最终效果图如下：

14.2.1 头部的绘制

步骤 01 新建一个名称为"小女孩"的文件，宽度 20cm、高度 26cm、分辨率为 300 像素/英寸的文件。新建图层，在工具栏中选择"钢笔"工具 ，绘制帽子路径，然后按 Ctrl+Enter 键，将路径转换为选区，并在"前景色"中填充 R：254、G：245、B：248 的颜色，接着在"编辑"菜单栏中选择"描边"，给帽子描 3px 的黑边，如图 14-16 所示。

步骤 02 在工具栏中选择"钢笔"工具 ，绘制帽子亮面的路径，然后将路径转换为选区，并在"前景色"中填充白颜色，如图 14-17 所示。

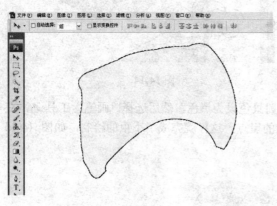

图 14-16   图 14-17

步骤 03 在工具栏中选择"钢笔"工具 ，绘制帽顶路径，然后单击右键选择"描边路径"，在弹出的面板中选择"画笔"，进行描边，在工具栏中选择"椭圆"工具 ，绘制女孩帽子的圆球的选区，并在"前景色"中填充黄色，然后在"编辑"菜单栏中选择"描边"，为圆形描宽度为 3px 的黑边，如图 14-18 所示。

步骤 04 在工具栏中选择"钢笔"工具 ，绘制脸部路径，然后将路径转换为选区，并在"前景色"中填充 R：250、G：223、B：210 的肉色，将脸部描 3px 的黑边，如图 14-19 所示。

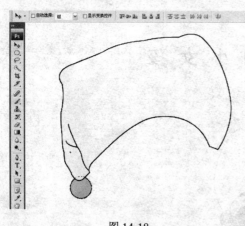
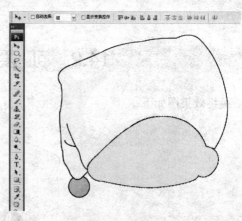

图 14-18   图 14-19

步骤 05 在工具栏中选择"钢笔"工具 ，绘制脸部亮面路径，然后将路径转换为选区，并在"前景色"中填充 R：53、G：233、B：224 的颜色，如图 14-20 所示。

步骤 06 在工具栏中选择"画笔"工具 ，在属性栏中调节笔头大小为 3px，硬度为 100%，绘制出脸部轮廓和耳朵结构，如图 14-21 所示。

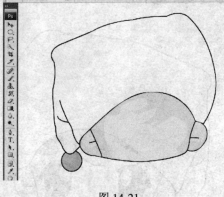

图 14-20　　　　　　　　　　　　　　　　　图 14-21

步骤 07 在工具栏中选择"钢笔"工具 ，绘制眉毛路径，然后将路径转换为选区，并在"前景色"中填充黑颜色，如图 14-22 所示。

步骤 08 在工具栏中选择"钢笔"工具 ，绘制眼眶的路径，然后将路径转换为选区，并在"前景色"中填充白颜色，如图 14-23 所示。

步骤 09 在工具栏中选择"钢笔"工具 ，绘制眼球路径，然后将路径转换为选区，并在"前景色"中填充黑颜色，如图 14-24 所示。

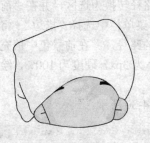　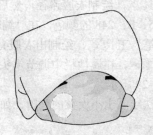　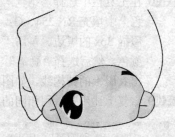

图 14-22　　　　　　　　　图 14-23　　　　　　　　　图 14-24

步骤 10 将绘制好的眼睛在图层面板中合并图层，并进行复制，然后按下键盘中的 Ctrl+T 键，在自由变换选框上单击右键选择"水平翻转"，绘制出右边的眼睛，如图 14-25 所示。

步骤 11 在工具栏中选择"椭圆"工具 ，绘制椭圆作为脸蛋，然后在"前景色"中填充橘黄色。将绘制好的椭圆复制到右边，绘制出小女孩的脸蛋，如图 14-26 所示。

图 14-25　　　　　　　　　　　　　　　　　图 14-26

步骤 12 在工具栏中选择"钢笔"工具 ，绘制头发路径，然后将路径转换为选区，在"前景色"中填充紫色，并描 3px 黑边。用选择"钢笔"工具 ，勾勒出头发的亮面，并在"前景色"中填充浅紫色，如图 14-27 所示。

步骤 13 重复**步骤 12**，用同样的方法，绘制头发的鬓角，并填充颜色，如图 14-28 所示。

图 14-27

图 14-28

14.2.2 身体的绘制

步骤 01 在工具栏中选择"钢笔"工具 ，绘制衣服路径，然后将路径转换为选区，并在"前景色"中填充 R：254、G：245、B：248 的颜色，在"编辑"菜单栏中选择"描边"，将衣服描 3px 的黑边。再用"钢笔"工具 ，绘制出衣服亮面的路径，并在前景色中填充白颜色。然后选择"画笔"工具 ，在属性栏中调节笔头大小为 3px，硬度为 100%，绘制出衣服上的结构线，如图 14-29 所示。

步骤 02 重复上述步骤，用相同的方法绘制出小女孩的胳膊，如图 14-30 所示。

图 14-29

图 14-30

步骤 03 重复前面的步骤，用相同的方法绘制出小女孩的双腿和双脚，如图 14-31 所示。

步骤 04 在工具栏中选择"文字"工具 ，在属性栏中设置文字的颜色、大小和字体，给衣服上添加文字，如图 14-32 所示。

图 14-31　　　　　　　　　　　　　　　图 14-32

14.2.3　小熊的绘制

步骤 **01** 在工具栏中选择"钢笔"工具 ，绘制小熊的脸部路径，然后将路径转换为选区，并在"前景色"中填充黄颜色，在"编辑"菜单栏中选择"描边"，将小熊的脸部描 3px 黑边，如图 14-33 所示。

步骤 **02** 在工具栏中选择"钢笔"工具 ，分别绘制出小熊脸和鼻子的图形，然后将路径转换为选区，并在"前景色"中分别填充白色和黑色，如图 14-34 所示。

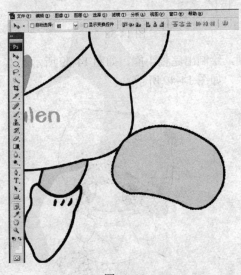

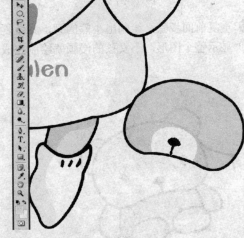

图 14-33　　　　　　　　　　　　　　　图 14-34

步骤 **03** 重复前面的步骤，绘制出小熊左边的一个耳朵，并复制到右边，如图 14-35 所示。

步骤 **04** 在工具栏中选择"椭圆选区"工具 ，绘制小熊的眼睛选区，并填充颜色，将绘制好的眼睛复制一个到右边，然后按 Ctrl+T 键将复制眼睛旋转合适角度，如图 14-36 所示。

步骤 **05** 在工具栏中选择"钢笔"工具 ，绘制小熊的衣服路径，然后将路径转换为选区，并在"前景色"中填充黄颜色，并将衣服描 3px 黑边，如图 14-37 所示。

步骤 **06** 用同样的方法，绘制出小熊的胳膊，如图 14-38 所示。

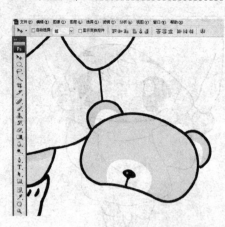

图 14-35

图 14-36

图 14-37

图 14-38

步骤 07 重复前面步骤，绘制出小熊的脚，并做复制，绘制出完整小熊，如图 14-39 所示。

步骤 08 显示整个图形，小女孩的漫画就绘制完成了，如图 14-40 所示。

图 14-39

图 14-40

14.3 母 女 俩

最终效果图如下：

14.3.1　五官的绘制

步骤 01 新建一个名称为"小女孩"的文件，宽度 21cm、高度 29.7cm、分辨率为 300 像素/英寸，颜色模式为 CMYK 的 A4 文件。在图层面板中新建图层 1，在工具栏中选择"钢笔"工具，绘制出女孩的整个身体的路径，然后按下键盘中的 Ctrl+Enter 键，将路径转换为选区，在前景色中填充 C：4、M：27、Y：34、K：0 的肉色，如图 14-41 所示。

步骤 02 新建图层 2，在工具栏中选择"钢笔"工具，绘制出女孩头发的路径，将路径转换为选区，设前景色为 C：43、M：94、Y：13、K：0，填充到头发选区，如图 14-42 所示。

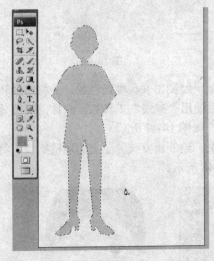

图 14-41

图 14-42

步骤 03 新建图层 3，在工具栏中选择"钢笔"工具，绘制出女孩眉毛的路径，将路径转换为选区，设前景色为 C：55、M：77、Y：99、K：29，填充到眉毛，如图 14-43 所示。

步骤 04 新建图层 4，在工具栏中选择"钢笔"工具，绘制出女孩眼眶的路径，将路径转换为选区，设前景色为白色，填充到眼眶。用同样的方法绘制出睫毛，并填充为黑色，如图 14-44 所示。

图 14-43   图 14-44

步骤 05 新建图层 5，在工具栏中选择"椭圆选区"工具，绘制出女孩眼珠的路径，设前景色为黑色，填充前景色，如图 14-45 所示。

步骤 06 新建图层 6，在工具栏中选择"钢笔"工具，绘制出女孩鼻子的路径，填充为黄色，然后再用"加深"工具，进行加深处理，如图 14-46 所示。

图 14-45   图 14-46

步骤 07 新建图层 7，在工具栏中选择"钢笔"工具，绘制出女孩嘴巴路径，并将路径转换为选区，设前景色为红色，并填充前景色，然后使用"减淡"工具，涂抹出嘴缝效果，然后再用"画笔"工具，绘制出嘴巴高光，如图 14-47 所示。

步骤 08 新建图层 8，在工具栏中选择"钢笔"工具，绘制出女孩脖子上的项链路径，将路径转换为选区，分别填充不同的灰色，如图 14-48 所示。

图 14-47   图 14-48

14.3.2 衣服的绘制

步骤 **01** 新建图层 9，在工具栏中选择"钢笔"工具 ✎，绘制出女孩衣服的路径，让路径转换为选区，设前景色为 C：6、M：15、Y：88、K：0，填充到衣服，如图 14-49 所示。

步骤 **02** 新建图层 10，在工具栏中选择"钢笔"工具 ✎，绘制出衣服上条纹的路径，将路径转换为选区，设前景色为 C：76、M：13、Y：77、K：0，填充到衣服条纹，如图 14-50 所示。

图 14-49

图 14-50

步骤 **03** 新建图层 11，在工具栏中选择"钢笔"工具 ✎，绘制出裤子的路径，将路径转换为选区，设前景色为 C：76、M：13、Y：77、K：0，填充到裤子，用同样的方法绘制出裤管，如图 14-51 所示。

步骤 **04** 新建图层 12，在工具栏中选择"钢笔"工具 ✎，绘制出女孩双手的路径，将路径转换为选区，设前景色为 C：4、M：27、Y：34、K：0，填充到双手，如图 14-52 所示。

图 14-51

图 14-52

步骤 **05** 新建图层 13，绘制出书包带子，并填充为黑色，如图 14-53 所示。

步骤 **06** 新建图层 14，在工具栏中选择"钢笔"工具 ✎，分别绘制出书包的正面、侧面和底面，并填充不同的颜色，如图 14-54 所示。

图 14-53

图 14-54

14.3.3　小熊的绘制

步骤 01　新建图层 15，在工具栏中选择"钢笔"工具 ♦️，绘制出小熊整个路径，将路径转换为选区，设前景色为 C：18、M：25、Y：60、K：0，填充到小熊，如图 14-55 所示。

步骤 02　在工具栏中选择"钢笔"工具 ♦️，分别绘制出小熊的耳朵和围巾，并填充咖啡色和红色，选择"椭圆选区"工具 ◯，绘制出小熊的眼睛和鼻子，并填充为黑色，如图 14-56 所示。

步骤 03　新建图层 16，在工具栏中选择"椭圆选区"工具 ◯，绘制出小熊的四肢，并填充浅咖啡色。在工具栏中选择"钢笔"工具 ♦️，绘制出口袋，并填充为白色，如图 14-57 所示。

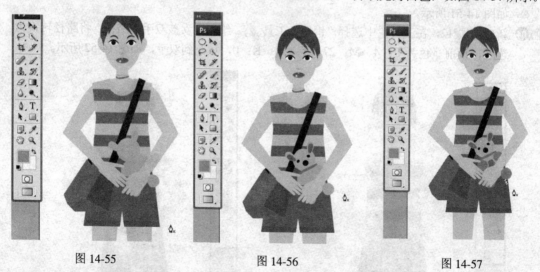

图 14-55　　　　　　　　图 14-56　　　　　　　　图 14-57

14.3.4　鞋子的绘制

步骤 01　新建图层 17，在工具栏中选择"钢笔"工具 ♦️，绘制出高跟鞋的路径，并将路径转换为选区，并在前景色中选择深红色，填充到鞋子，如图 14-58 所示。

步骤 02　在工具栏中选择"钢笔"工具 ♦️，绘制出高跟鞋鞋跟的内侧面，并填充浅红色，用同样的方法绘制出鞋面，并填充橘黄色，如图 14-59 所示。

步骤 ⓸ 新建图层 18，在工具栏中选择"钢笔"工具 ⬧，绘制出高跟鞋上的花的路径，并在前景色中填充橘黄色，然后再用"椭圆选区"工具 ⬭，绘制出花心选区，并在前景色中填充为浅黄色，如图 14-60 所示。

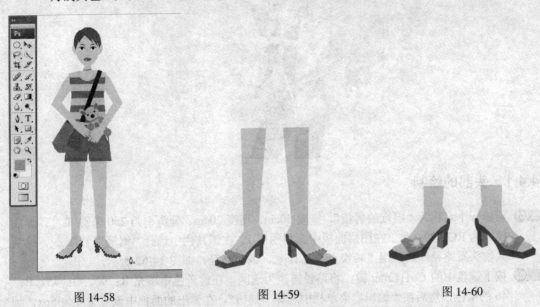

图 14-58　　　　　　　　　　图 14-59　　　　　　　　　　图 14-60

步骤 ⓸ 用绘制女孩的方法绘制妈妈的效果，最终效果人物组合卡通，如图 14-61 所示。

图 14-61

14.4　唱 歌 的 男 孩

最终效果图如下：

14.4.1 头部的绘制

步骤01 新建一个名称为"唱歌的男孩"，宽度 30cm、高度 20cm、分辨率为 250 像素/英寸，颜色模式为 RGB 的文件。在图层面板中新建图层 1，在工具栏中选择"钢笔"工具，绘制人物头发路径，然后用"转换点"工具，调节路径，如图 14-62 所示。

步骤02 按下键盘中的 Ctrl+Enter 键，将路径转换为选区，在前景色中填充 R：90、G：45、B：46 的褐色，然后在"编辑"菜单栏中选择"描边"，在弹出的面板中设置宽度为 5px，颜色为黑色，如图 14-63 所示。

图 14-62

图 14-63

步骤03 新建图层 2，在工具栏中选择"钢笔"工具，绘制人物脸部路径，然后用"转换点"工具，调节路径，然后按下键盘中的 Ctrl+Enter 键，将路径转换为选区，在前景色中填充 R：251、G：218、B：193 的肉色，并将脸部描 5px 深红色边。新建图层 3，用同样的方法绘制后面的头，并填充 R：90、G：45、B：46 的褐色，如图 14-64 所示。

步骤04 新建图层 4，用绘制脸部的方法绘制眉毛和睫毛，分别填充不同程度的褐色，并将眉毛描 3px 黑边，如图 14-65 所示。

步骤05 在工具栏中选择"钢笔"工具，绘制人物眼眶的路径，然后用"转换点"工具，调节路径，然后将路径转换为选区，在"前景色"中填充 R：64、G：27、B：26 的褐色，在工具栏中选择"椭圆选区"工具，绘制眼球的选区，然后在"前景色"中填充白色，如图 14-66 所示。

步骤 06 新建图层 5，用绘制眼球的方法绘制瞳孔和眼珠，然后在"前景色"中填充不同的褐色，如图 14-67 所示。

图 14-64

图 14-65

图 14-66

图 14-67

步骤 07 新建图层 6，在工具栏中选择"钢笔"工具，绘制人物鼻子的路径，然后用"转换点"工具，调节路径，然后将路径转换为选区，在"前景色"中填充 R：247、G：184、B：171 的肉色，如图 14-68 所示。

步骤 08 用绘制鼻子的方法绘制鼻梁和鼻孔，然后在"前景色"中填充 R：139、G：79、B：8 的褐色，如图 14-69 所示。

图 14-68

图 14-69

步骤 09 新建图层 7，在工具栏中选择"钢笔"工具 ，绘制人物嘴巴路径，并用"转换点"工具 ，调节路径，然后将路径转换为选区，在"前景色"中填充 R：146、G：93、B：91 的褐色，如图 14-70 所示。

步骤 10 用绘制嘴唇的方法绘制出牙齿、牙缝和下嘴唇、并分别填充为白色、灰色和深咖啡色，如图 14-71 所示。

图 14-70

图 14-71

步骤 11 新建图层 8，用上述方法绘制出人物的耳朵，填充和脸部一样的肉色，如图 14-72 所示。

图 14-72

14.4.2 上身的绘制

步骤 01 新建图层 9，在工具栏中选择"钢笔"工具 ，绘制人物身体的路径，然后用"转换点"工具 调节路径，将路径转换为选区，在"前景色"中填充 R：252、G：215、B：197 的肉色，如图 14-73 所示。

步骤 02 新建图层 10，重复步骤 01，绘制出左边的衬衫，并在前景色中填充 R：174、G：36、B：66 的红色，然后描宽度为 5px 的褐色边，新建图层 11，用同样的方法绘制右边的衬衫，如图 14-74 所示。

步骤 03 新建图层 12，在工具栏中选择"钢笔"工具 🖊️，绘制人物外套路径，并用"转换点"工具 ▶️，调节路径，然后将路径转换为选区，在"前景色"中填充白色，然后描 8 像素黑边，用同样的方法绘制右边的外套，如图 14-75 所示。

图 14-73

图 14-74

图 14-75

步骤 04 新建图册 13，重复前面步骤，用同样的方法绘制衬衣上的白条，如图 14-76 所示。

步骤 05 在工具栏中选择"钢笔"工具 🖊️，绘制裤子的路径，在"前景色"中填充深红色，然后在"编辑"菜单栏中选择"描边"，将裤子进行描 5px 的红边，如图 14-77 所示。

图 14-76

图 14-77

14.4.3　手部的绘制

步骤 01 新建图层 14，在工具栏中选择"钢笔"工具 🖊️，绘制人物左手大致的路径，并用"转换点"工具 ▶️，调节路径，然后将路径转换为选区，在前景色中填充 R：252、G：215、B：197 的肉色，然后在"编辑"菜单栏中选择"描边"，描边颜色为褐色，像素为 3px，用绘制左手的方法绘制右手，如图 14-78 所示。

步骤 02 在工具栏中选择"钢笔"工具 🖊️，绘制左边袖口的路径，转换为选区并填充 R：181、G：32、B：65 的红色，然后在"编辑"菜单栏中选择"描边"，描边颜色为 8px 灰色，如图 14-79 所示。

图 14-78

图 14-79

步骤 **03** 用绘制左边袖口的方法绘制右边袖口，然后在绘制出裤子的口袋，填充白色，并描 5 像素的褐色边，如图 14-80 所示。

图 14-80

14.4.4　皮带的绘制

步骤 **01** 新建图层 15，在工具栏中选择"钢笔"工具 ，绘制皮带的路径，将路径转换为选区并填充粉红色，然后在"编辑"菜单栏中选择"描边"，将皮带描边像素大小为 8、颜色为红色，如图 14-81 所示。

步骤 **02** 用同样的方法绘制皮带扣路径，将路径转换为选区并填充 R：188、G：38、B：76 的红色，在工具栏中选择"椭圆选区"工具 ，绘制皮带上小孔的选区，然后在"前景色"中填充红色，描边为深红色、像素为 5，然后将绘制好的小孔复制，排列在皮带上，如图 14-82 所示。

图 14-81   图 14-82

步骤 03 新建图层 16，在工具栏中选择"多边形"工具 ⬡，在属性栏中的自定形状中勾选星形，边数为 5 边，然后绘制一个五角星的路径，将路径转换为选区，并填充紫色，如图 14-83 所示。

步骤 04 用同样的方法再绘制一个小五角星，填充紫色，描边大小为 3 像素，颜色为深紫色，在该五角星内绘制一个更小的五角星，填充淡紫色，如图 14-84 所示。

图 14-83   图 14-84

14.4.5 话筒的绘制

步骤 01 在工具栏中选择"椭圆选区"工具 ◯，绘制话筒头的选区，然后再用"渐变"工具 ▭，在属性栏中将渐变模式改为径向渐变，再将选区内拉出蓝色渐变，并将椭圆描 3 像素黑边，如图 14-85 所示。

步骤 02 在工具栏中选择"钢笔"工具 ✎，绘制话筒把子的路径，将路径转换为选区并填充蓝色，描边为 3 像素，颜色为黑色，然后用"椭圆选区"工具 ◯，绘制话筒底部并填充浅蓝色，描边大小 3 像素，颜色黑色，如图 14-86 所示。

图 14-85

图 14-86

步骤 **03** 在工具栏中选择"钢笔"工具 ，绘制话筒的头部和把子接口处的路径，将路径转换为选区，再用"渐变"工具 ，填充渐变色，然后描 3 像素黄边，如图 14-87 所示。

步骤 **04** 在工具栏中选择"钢笔"工具 ，绘制拿话筒的手指路径，将路径转换为选区并填充肉色，如图 14-88 所示。

图 14-87

图 14-88

步骤 **05** 在工具栏中选择"钢笔"工具 ，绘制脖子上项链的绳子的路径，将路径转换为选区并填充深咖啡色，如图 14-89 所示。

步骤 **06** 在工具栏中选择"钢笔"工具 ，绘制出脖子上的锁，并用"减淡"工具 处理侧面，如图 14-90 所示。

图 14-89

图 14-90

步骤 **07**　重复前面的步骤，绘制出左手手指，并绘制出手指指甲，填充为白色，如图 14-91 所示。

步骤 **08**　在工具栏中选择"钢笔"工具 ，绘制出脖子、外衣和裤子上的褶皱线，并分别描边，
如图 14-92 所示。

图 14-91

图 14-92

14.4.6　后期效果的调整

步骤 **01**　在工具栏中选择"钢笔"工具 ，绘制头部的亮面的路径，将路径转换为选区，并按下
键盘中的 Ctrl+Alt+D 键，在弹出的羽化面板中设羽化值为 10 像素，在"前景色"中填充
浅褐色，如图 14-93 所示。

步骤 **02**　重复步骤 **01**，绘制出头发上高光、头发的阴影，以及脸部的暗面，如图 14-94 所示。

图 14-93

图 14-94

步骤 **03**　在工具栏中选择"加深"工具 和"减淡"工具 ，并
对头部暗面和高光分别进行加深和减淡处理，如图 14-95
所示。

步骤 **04**　用绘制头部的高光暗部的方法，绘制衣服和裤子上的高
光和暗面，如图 14-96 所示。

步骤 **05**　在工具栏中选择"加深"工具 和"减淡"工具 ，分
别对衣服和裤子上的高光和暗面进行加深和减淡处理，
如图 14-97 所示。

图 14-95

图 14-96

图 14-97

14.4.7 背景的绘制

步骤 01 将绘制好的人物图层全部隐藏，以便绘制背景。在工具栏中选择"矩形选区"工具 ，绘制一个矩形选区，然后再用"渐变"工具 ，将选区内拉出渐变，如图 14-98 所示。

步骤 02 在工具栏中选择"移动"工具 ，并按住 Alt 键，将绘制好的矩形向下连续复制多个，如图 14-99 所示。

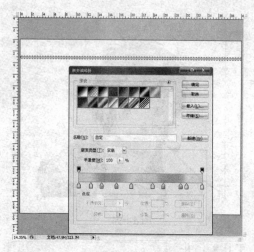

图 14-98

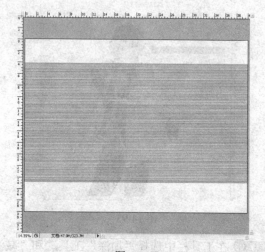

图 14-99

步骤 03 在工具栏中选择"多边形"工具 ，在属性栏中的自定形状中勾选星形，边数改为 8，然后绘制出一个八角星，在工具栏中选择"转换点"工具 ，按住 Ctrl 键，将其中 4 个角拉长，新建一个图层，然后转换为选区填充白色，如图 14-100 所示。

步骤 04 在工具栏中选择"移动"工具 ，按住 Alt 键，将绘制出的八角星连续复制，然后在用自由变换工具将复制的八角星缩小并任意排列，如图 14-101 所示。

步骤 05 在工具栏中选择"钢笔"工具 ，绘制背景上面的人物路径，将路径转为选区并填充白色，如图 14-102 所示。

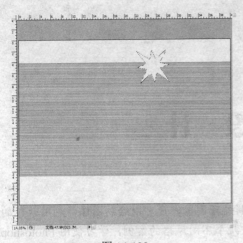

图 14-100

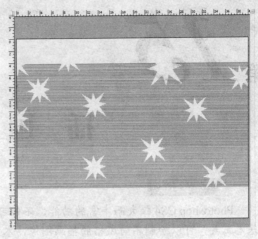

图 14-101

图 14-102

步骤 06 然后将前面绘制好的人物图层放置在背景图层的上面，这样就绘制出了最终效果图，如图 14-103 所示。

图 14-103

第15章

插 画 设 计

本章导读

Photoshop CS4 强大而丰富的功能，不但可以编辑处理图像，也可以绘制图像，利用软件的基本工具，可以绘制不同风格的插画图像，本章通过几个不同风格的案例，学习使用 Photoshop CS4 绘制插画图像。在绘制过程中注意绘图的步骤和方法，以及整体效果的把握。在创作插画插图时，如果有好的创意或想法，使用 Photoshop CS4 也能够绘制出比较出色的效果。

知识要点

在绘制插画时，要充分利用软件的各种基本功能，在绘制外形时常用画笔类工具、选区类工具和路径类工具，对图形填充时用填充、渐变类工具。对图像局部处理时，使用减淡、加深等工具。在绘图的过程中，注意灵活使用各种工具，同时也要注意图层的合理运用，从而完成插图的整体效果。

15.1 草 原

最终效果图如下：

15.1.1 背景的绘制

步骤 01 选择"文件"菜单栏中的"新建"命令，在弹出的新建面板中，新建一个名称为"插画"的文件，宽度18cm、高度13cm、分辨率为300像素/英寸的文件。在"前景色"中选择 R：91、G：179、B：243 的蓝色，填充到背景层，作为插画的背景，如图 15-1 所示。

步骤 02 新建一个图层，然后在工具栏中选择"钢笔"工具，绘制一个山坡的路径，然后按下键盘上的 Ctrl+Enter 键，将山坡的路径转换为选区，然后在工具栏中选择"渐变"工具，在渐变面板中编辑浅绿色到深绿色渐变，给山坡填充绿色渐变，如图 15-2 所示。

图 15-1

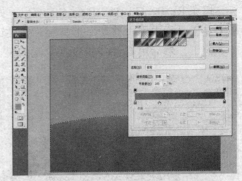

图 15-2

步骤 **03** 新建图层，用绘制山坡的方法，绘制出其他的小山坡，分别填充较深绿色渐变，如图 15-3 所示。

步骤 **04** 在工具栏中选择"钢笔"工具 ，绘制一条弯曲的小路路径，然后按下 Ctrl+Enter 键，将小路路径转换为选区，然后在"前景色"中填充 R：232、G：226、B：31 的黄色，如图 15-4 所示。

图 15-3

图 15-4

15.1.2 树木的绘制

步骤 **01** 在工具栏中选择"椭圆选框"工具 ，绘制一个椭圆选区做树冠，然后再用"渐变"工具 ，将树冠填充绿色的渐变色，如图 15-5 所示。

步骤 **02** 在工具栏中用"移动"工具 ，按住键盘 Alt 键，复制多个树冠，然后用 Ctrl+T 键分别变换复制的树冠大小，如图 15-6 所示。

图 15-5

图 15-6

步骤 03 在工具栏中选择"矩形选框"工具 ▢，绘制一个矩形选区做树干，然后在"前景色"中填充 R：0、G：31、B：46 的灰色，如图 15-7 所示。

步骤 04 在工具栏中用"移动"工具 ▸+，按住键盘中的 Alt 键，连续复制多个树干，并移动到树冠下，然后用 Ctrl+T 键变换复制的树干的粗细，如图 15-8 所示。

图 15-7

图 15-8

步骤 05 分别选中每棵树的树冠和枝干，然后用 Ctrl+E 键将树干和树冠合并图层，将合并的图层放置到山坡图层的下面，如图 15-9 所示。

15.1.3　白云的绘制

步骤 01 在工具栏中选择"钢笔"工具 ◊，绘制出云的路径，在路径面板中将云的路径转换为选区，在"前景色"中填充白色，然后在图层面板中将填充不透明度降低到 50%，如图 15-10 所示。

图 15-9

步骤 02 新建一个图层，用同样是方法绘制其他的云，不透明度同样降低到 50%，如图 15-11 所示。

图 15-10

图 15-11

15.1.4　房子的绘制

步骤 01 在工具栏中选择"矩形选框"工具 ▢，在山坡上绘制矩形选区，作为小屋的正面，然后在"前景色"中填充 R：235、G：249、B：248 的淡蓝色，如图 15-12 所示。

步骤 02 在工具栏中选择"钢笔"工具 ，绘制小屋侧面的路径，然后按下 Ctrl+Enter 键，将路径转换为选区，然后在"前景色"中填充 R：223、G：225、B：25 的灰色，如图 15-13 所示。

图 15-12

图 15-13

步骤 03 用绘制小屋侧面方法绘制屋檐顶，在"前景色"中填充 R：208、G：76、B：74 的红色，如图 15-14 所示。

步骤 04 在工具栏中选择"钢笔"工具 ，绘制出屋顶的窗户外框路径，然后按下 Ctrl+Enter 键，将路径转换为选区，然后在"前景色"中填充 R：215、G：46、B：30 的红色，用同样的方法绘制出屋檐，然后在"前景色"中填充 R：234、G：194、B：184 的红色，如图 15-15 所示。

图 15-14

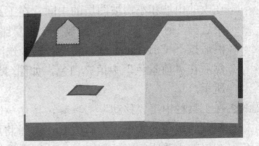

图 15-15

步骤 05 在工具栏中选择"矩形选框"工具 ，在屋顶的窗户上绘制玻璃的选区，然后在"前景色"中填充 R：86、G：76、B：191 的蓝色，将绘制好的窗户用 Ctrl+E 键合并图层，然后再用"移动"工具 ，按住 Alt 键复制一个窗户到右边，如图 15-16 所示。

步骤 06 在工具栏中选择"矩形选框"工具 ，绘制正面窗户的轮廓，然后在"前景色"里填充 R：100、G：111、B：214 的蓝色，在工具栏中用"移动"工具 ，按住 Alt 键复制一个窗户，然后将 2 个窗户图层合并，如图 15-17 所示。

图 15-16

图 15-17

步骤 07 在工具栏中用"移动"工具，按住 Alt 键，在屋子正面连续复制多个窗户，然后将复制的窗户排列整齐，如图 15-18 所示。

步骤 08 在工具栏中选择"矩形选框"工具，在屋子侧面绘制一个矩形选区，然后在前景色中填充白色，用同样的方法绘制玻璃选区，然后在"前景色"中填充蓝色，选中侧面的窗户，并将侧面的窗户和玻璃的图层合并，如图 15-19 所示。

图 15-18

图 15-19

步骤 09 在工具栏中用"移动"工具，按住键盘中的 Alt 键，连续复制多个窗户，然后排列在小屋的侧面，如图 15-20 所示。

15.1.5 星星的绘制

步骤 01 将小屋所有的图层合并，将小屋的图层放置在大的山坡和小山坡图层的中间。在工具栏中选择"钢笔"工具，绘制一个星星路径，然后按下 Ctrl+Enter 键，将路径转为选区，然后在"前景色"中填充白色，如图 15-21 所示。

图 15-20

步骤 02 在工具栏中用"移动"工具，按住 Alt 键，连续复制多个星星，然后按 Ctrl+T 键变换复制的星星的大小，然后按 Ctrl+E 键将所有星星的图层合并，然后在图层面板中将星星图层的不透明度降低到 60%，绘制出最终效果图，如图 15-22 所示。

图 15-21

图 15-22

15.2 树 阴 下

最终效果图如下：

15.2.1 背景的绘制

步骤 01 在"文件"菜单中单击"新建"命令，在弹出的"新建"面板中，新建一个名称为"插画"的文件，宽度 20cm、高度 20cm，分辨率 200 像素/英寸的文件。在图层面板中新建图层。在工具栏中选择"渐变"工具 ▣ ，在"渐变编辑器"中编辑蓝色透明渐变，垂直拉出淡蓝色渐变，如图 15-23 所示。

步骤 02 在图层面板中新建图层，在工具栏中选择"多边形套索"工具 ，绘制出背景上的白云形状，然后在"前景色"中选择白色进行进行填充，再在"滤镜"菜单栏中选择"模糊"下的"高斯模糊"，在模糊面板中设置模糊的半径为 56 像素，如图 15-24 所示。

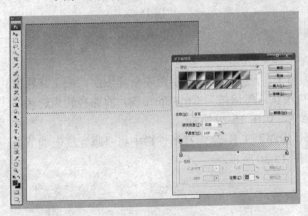

图 15-23   图 15-24

步骤 03 使用同样的方法绘制出背景上面的小色块，如图 15-25 所示。

步骤 04 新建图层，在工具栏中选择"钢笔"工具 ，绘制草地形状，然后按下 Ctrl+Enter 键，将路径转为选区，然后再选择"渐变"工具 ▣ ，并在"渐变编辑器"里编辑浅绿到深绿色渐变，在属性栏中选择渐变方式为线性渐变，给草地填充绿色渐变，如图 15-26 所示。

步骤 05 重复**步骤 04** ，使用同样的方法绘制出左边的草地，如图 15-27 所示。

步骤 06 新建图层，在工具栏中选择"钢笔"工具 ，绘制出山的形状，然后按下 Ctrl+Enter 键，将路径转为选区，然后再选择"渐变"工具 ▣ ，给山填充蓝灰色渐变。用同样的方法绘制出旁边的山，如图 15-28 所示。

图 15-25

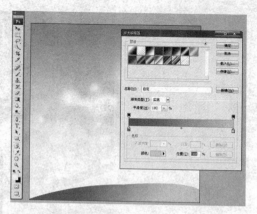

图 15-26

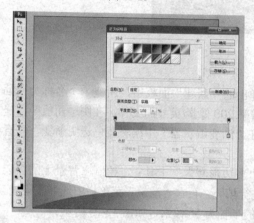

图 15-27

图 15-28

15.2.2　树木的绘制

步骤 01　在图层面板中新建图层组，并命名为树干，然后在树干图层组中新建图层，在工具栏中选择"钢笔"工具，绘制树根部位形状，然后按下 Ctrl+Enter 键，将路径转为选区，然后在"前景色"中选择褐色进行填充，如图 15-29 所示。

步骤 02　在工具栏中选择"减淡"工具和"加深"工具，在属性栏中将"曝光度"调节为 30%，绘制出树根的亮面和暗面，如图 15-30 所示。

图 15-29

图 15-30

步骤 03 新建图层，在工具栏中选择"钢笔"工具 ，绘制出树干形状并转换为选区，然后再选择"渐变"工具 ，在"渐变编辑器"中编辑咖啡色到蓝色渐变，在属性栏中选择渐变的方式为"线性"渐变，给树干填充渐变色，如图 15-31 所示。

步骤 04 在工具栏中选择"减淡"工具 ，将树干的下面进行减淡处理，在属性栏中将"曝光度"调节为 22%，如图 15-32 所示。

图 15-31　　　　　　　　　　　　　图 15-32

步骤 05 在工具栏中选择"钢笔"工具 ，绘制出树干上的绿色轮廓并转换为选区，然后再选择"渐变"工具 ，在属性栏中的"渐变编辑器"中编辑中绿到深绿色渐变，渐变方式为线性渐变，给树干填充渐变色，如图 15-33 所示。

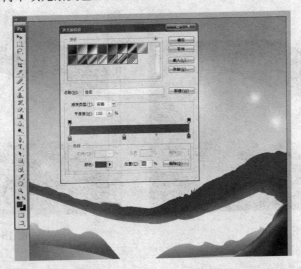

图 15-33

15.2.3　花草的绘制

步骤 01 新建图层，在工具栏中选择"钢笔"工具 ，绘制出草的形状并转换为选区，然后再选择"渐变"工具 ，在属性栏中的"渐变编辑器"中编辑深绿色到黄绿色渐变，渐变方式为线性渐变，为叶子填充绿色渐变，如图 15-34 所示。

步骤 **02** 在工具栏中选择"钢笔"工具 ，绘制出叶子上的纹理轮廓并建立成选区，然后按 Ctrl+Alt+D 键，进行羽化，羽化值为 5 像素，接下来按 Ctrl+H 键将选区进行隐藏，再选择"加深"工具 ，在隐藏的选区内进行加深，如图 15-35 所示。

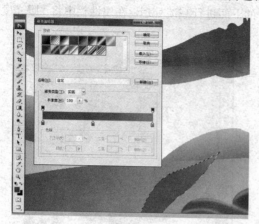

图 15-34

图 15-35

步骤 **03** 重复步骤 **02** ，用同样的方法绘制出其他的草，并将草的位置和顺序摆放好，如图 15-36 所示。

步骤 **04** 新建图层，在工具栏中选择"钢笔"工具 ，绘制出草旁边的花的形状并转换为选区，并在"前景色"中选择红色进行填充，然后再选择"减淡"工具 和"加深"工具 给花瓣进行减淡和加深。将绘制完成的花瓣向后复制一个，并用"钢笔"工具 绘制枝干，将枝干转换为选区并填充深咖啡色，如图 15-37 所示。

图 15-36

图 15-37

15.2.4 女孩的绘制

步骤 **01** 在图层面板中新建图层组，并命名为女孩，然后在该图层组中新建图层，在工具栏中选择"钢笔"工具 ，绘制出小女孩的帽子并转换为选区，然后在"前景色"选择白色和浅灰色进行填充，并选择"编辑"菜单栏中的"描边"，在弹出的描边面板中设置宽度为 3px，颜色为黑色，如图 15-38 所示。

步骤 **02** 在工具栏中选择"钢笔"工具 ，绘制出帽子上的装饰花边并转换为选区，然后在"前景色"中选择红色进行填充，如图 15-39 所示。

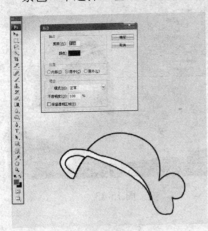

图 15-38

图 15-39

步骤 03 新建图层，在工具栏中选择"钢笔"工具 ，绘制出小女孩右边的头发并转换为选区，然后在"前景色"中选择紫色进行填充，并选择"编辑"菜单栏中的"描边"，在弹出的描边面板中设置宽度为 3px，颜色为黑色，如图 15-40 所示。

步骤 04 新建图层，在工具栏中选择"钢笔"工具 ，绘制出头发上的暗面并转换为选区，再按 Ctrl+Alt+D 键进行羽化，羽化的值为 5 像素，接下来按 Ctrl+H 键将选区隐藏，然后选择"加深"工具 进行加深，在属性栏中将"曝光度"调节为 22%，如图 15-41 所示。

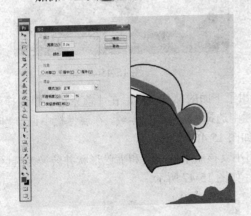

图 15-40

图 15-41

步骤 05 重复**步骤 03** 和**步骤 04**，用同样的方法绘制左边的头发，如图 15-42 所示。

步骤 06 新建图层，在工具栏中选择"钢笔"工具 ，绘制出小女孩的脸部轮廓并转换为选区，然后在"前景色"中选择肉色进行填充，并选择"编辑"菜单栏中的"描边"，在弹出的描边面板中设置宽度为 3px，颜色为黑色，如图 15-43 所示。

步骤 07 新建图层，在工具栏中选择"钢笔"工具 ，绘制出小女孩的裙子的轮廓并转换为选区，然后在"前景色"中选择紫色进行填充，并选择"编辑"菜单栏中的"描边"，在弹出的描边面板中设置宽度为 3px，颜色为黑色，如图 15-44 所示。

步骤 08 在工具栏中选择"钢笔"工具 ，绘制出小女孩的胳膊和腿的轮廓并转换为选区，然后在"前景色"中选择肉色进行填充并选择"编辑"菜单栏中的"描边"，在弹出的描边面板中设置宽度为 3px，颜色为黑色，如图 15-45 所示。

图 15-42

图 15-43

图 15-44

图 15-45

步骤 ⑨ 在工具栏中选择"钢笔"工具 ，绘制出裙子下面的部分，然后在"前景色"中选择蓝色进行填充，并描 3px 黑边"，最后在工具栏中选择"减淡"工具 ，在属性栏中调节"曝光度"为 16%，将裙子的边缘进行减淡，如图 15-46 所示。

步骤 ⑩ 在工具栏中找选择"钢笔"工具 ，绘制出小女孩脸上的眼睛和嘴巴形状并转换为选区，然后在"前景色"中选择深褐色进行填充，如图 15-47 所示。

图 15-46

图 15-47

步骤⑪ 新建图层，在工具栏中选择"钢笔"工具 🖊，绘制出小女孩手中的花枝干并转换为选区，然后在"前景色"中选择绿色进行填充，将绘制的花枝干放在人物的下面，然后再选择"减淡"工具 🔍，在属性栏中调节"曝光度"为 16%，将花枝干的边缘进行减淡，如图15-48 所示。

步骤⑫ 在工具栏中选择"钢笔"工具 🖊，绘制花的轮廓并转换为选区，然后在"前景色"中选择红色进行填充，在工具栏中选择"减淡"工具 🔍，并在属性栏中将"曝光度"设为 31%，给花瓣进行减淡；在工具栏中选择"加深"工具 ✏，并在属性栏中将"曝光度"设为 26%，给花的中心部位进行加深，如图 15-49 所示。

图 15-48

图 15-49

步骤⑬ 在工具栏中选择"钢笔"工具 🖊，将花瓣上的茎绘制出来并转换为选区，然后按 Ctrl+H 键将选区隐藏，再选择"加深"工具 ✏，在属性栏中将"曝光度"设为 38%，并把笔头调节大一些，将选区内的颜色进行加深，如图 15-50 所示。

步骤⑭ 在工具栏中选择"钢笔"工具 🖊，绘制出花蕊轮廓并转换为选区，在"前景色"中选择淡粉色进行填充，然后再选择"减淡"工具 🔍，在属性栏中将"曝光度"调节为 24%，将花蕊进行减淡处理。在工具栏中选择"画笔"工具 🖌，将"前景色"设为黄色，在中间点出花心，如图 15-51 所示。

图 15-50

图 15-51

步骤⑮ 再绘制出花瓣下的叶子，绘制的方法和前面绘制草的方法相同，如图 15-52 所示。

图 15-52

15.2.5 男孩的绘制

步骤01 在工具栏中选择"钢笔"工具 ◊.，绘制出小男孩的脸部轮廓并转换为选区，然后在"前景色"中选择肉色进行填充，并选择"编辑"菜单栏中的"描边"，在弹出的描边面板中设置宽度为 3px，颜色为黑色，为脸部描边，如图 15-53 所示。

步骤02 在工具栏中选择"钢笔"工具 ◊.，分别绘制出头发、眼睛和耳朵轮廓并转换为选区，然后在"前景色"中选择黑色填充。接着使用"钢笔"工具 ◊.勾勒出嘴巴的轮廓，选择嘴巴路径单击鼠标右键，在弹出的快捷菜单中选"描边路径"，选择"画笔"描边，画笔大小为 5px，如图 15-54 所示。

图 15-53

图 15-54

步骤03 在工具栏中选择"钢笔"工具 ◊.，绘制男孩脸上的红色脸蛋并转换为选区，然后按 Ctrl+Alt+D 键进行羽化，羽化值为 10 像素，再在"前景色"中选择红色进行填充，将脸部的红色复制到嘴巴，并按下 Ctrl+T 键，将形状缩小到嘴巴内，如图 15-55 所示。

步骤04 在工具栏中选择"钢笔"工具 ◊.，分别绘制出衣服轮廓并转换选区，然后在"前景色"中分别选择红色、蓝色、淡蓝色进行填充，并分别选择"编辑"菜单栏中的"描边"，在弹出的描边面板中设置宽度为 3px，颜色为黑色，如图 15-56 所示。

步骤05 在工具栏中选择"钢笔"工具 ◊.，绘制小男孩裤子轮廓并转换为选区，然后在"前景色"中选择深蓝色进行填充，如图 15-57 所示。

步骤06 在工具栏中选择"钢笔"工具 ◊.，绘制小男孩的胳膊和腿并转换为选区，然后在"前景色"中选择肉色进行填充,并选择"编辑"菜单栏中的"描边",在弹出的描边面板中设置宽度为 3px,颜色为黑色,如图 15-58 所示。

图 15-55

图 15-56

图 15-57

图 15-58

步骤 07 在工具栏中选择"文字"工具 T,,输入小男孩衣服上的文字,并在属性栏中设置文字的大小、字体和颜色,在图层面板中选中文字层,单击鼠标右键将文字栅格化,然后选择"编辑"菜单栏中的"描边",在弹出的描边面板中设置宽度为 3px,颜色为黑色。再在工具栏中选择"模糊"工具 ◌,,在属性栏中调节强度为 26%,模式为正常,将文字的边缘进行模糊处理,如图 15-59 所示。

步骤 08 在工具栏中,绘制出小孩的鞋子和袜子,选择绿色、淡黄色、褐色进行填充,并分别选择"编辑"菜单栏中的"描边",在弹出的描边面板中设置宽度为 3px,颜色为黑色。用"钢笔"工具 ◌,,勾勒出左边鞋子上的鞋带轮廓,然后在"前景色"中填充深绿色,如图 15-60 所示。

图 15-59

图 15-60

15.2.6　星星的绘制

步骤01 在工具栏中选择"钢笔"工具✒，绘制出星星轮廓并转换为选区，然后在"前景色"选择黄色进行填充，并选择"编辑"菜单栏中的"描边"，在弹出的描边面板中设置宽度为3px，颜色为黑色，如图15-61所示。

步骤02 再选择"加深"工具◉和"减淡"工具◉，在属性栏中将"曝光度"调节为26%，对星星的边缘进行加深和减淡处理，使其出现立体效果。在工具栏中选择"钢笔"工具✒，绘制出星星的眼睛和嘴巴，然后在"前景色"中选择黑色进行填充，如图15-62所示。

图 15-61　　　　　　　　　　　　　图 15-62

15.2.7　树叶的绘制

步骤01 新建图层，在工具栏中选择"钢笔"工具✒，绘制出树干的轮廓并转换为选区，然后在"前景色"中选择墨绿色进行填充，然后选择"加深"工具◉和"减淡"工具◉，绘制出树干的亮面和暗面，如图15-63所示。

步骤02 新建图层，在工具栏中选择"钢笔"工具✒，绘制出树叶的轮廓并转换为选区，然后再用"渐变"工具▬，将树叶填充深绿到浅绿色的渐变，并用"加深"工具◉绘制出叶子上的纹理。用同样的方法绘制出一组树叶，并合并图层，如图15-64所示。

图 15-63　　　　　　　　　　　　　图 15-64

步骤03 选中绘制完成的叶子，然后按下 Alt 键，进行连续复制，并按 Ctrl+T 键进行大小和位置的调节，然后将叶子摆放在顶部，这样就完成了整个插图的绘制，如图15-65所示。

图 15-65

15.3　戴花的女孩

最终效果图如下：

15.3.1　帽子的绘制

步骤 01 新建一个名称为"带花的女孩插画"的文件，宽度 30cm、高度 20cm、分辨率为 200 像素/英寸的文件。在图层面板中新建图层组，起名为帽子，然后在帽子图层组中新建图层，在工具栏中选择"钢笔"工具，绘制出帽子的轮廓并转换为选区，然后在"前景色"中选择黄色进行填充，并选择"编辑"菜单栏中的"描边"，在弹出的描边面板中设置宽度为 3px，颜色为黑色，如图 15-66 所示。

步骤 02 在工具栏中选择"加深"工具和"减淡"工具，在属性栏中将曝光度设为 26%，范围为"中间调"，给绘制的帽子进行加深和减淡处理，如图 15-67 所示。

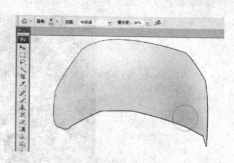

图 15-66 图 15-67

步骤 03 在工具栏中选择"钢笔"工具 ，绘制帽檐轮廓并转换为选区，然后在"前景色"中选择黄色进行填充，并选择"编辑"菜单栏中的"描边"，在弹出的描边面板中设置宽度为3px，颜色为黑色。然后在工具栏中选择"减淡"工具 ，在属性栏中设置曝光度设为20%，范围为"中间调"，将绘制的帽檐的边缘进行减淡处理，如图 15-68 所示。

步骤 04 在工具栏中选择"钢笔"工具 ，绘制出帽檐右下角束布的轮廓并转换为选区，然后在"前景色"中选择黄色进行填充，并描 3px 黑边，在工具栏中分别选择"减淡"工具 和"加深"工具 ，并在属性栏中设置曝光度为 17%，范围为"中间调"，分别将边缘进行减淡和加深处理，如图 15-69 所示。

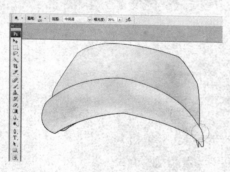
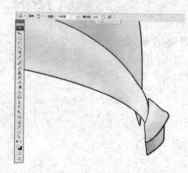

图 15-68 图 15-69

步骤 05 选择工具栏中的"钢笔"工具 ，绘制出帽檐下的丝巾轮廓并转换为选区，然后在"前景色"中选择黄色进行填充，并描 3px 黑边，然后用"画笔"工具 ，绘制出帽子上的褶皱线条。在工具栏中选择"减淡"工具 ，在属性栏中将将"曝光度"设置为 17%，范围为"中间调"，对丝巾进行减淡处理，如图 15-70 所示。

步骤 06 重复**步骤 05**，绘制出另一半丝巾，如图 15-71 所示。

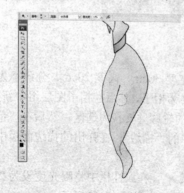
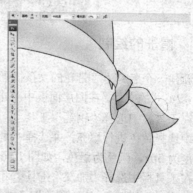

图 15-70 图 15-71

15.3.2　五官的绘制

步骤 01　在图层面板中新建名称为五官的图层组，并在图层组中新建图层，在工具栏中选择"钢笔"工具 ✎，绘制出女孩的脸部轮廓并转换为选区，然后在"前景色"中选择肉色进行填充，并选择"编辑"菜单栏中的"描边"，在弹出的描边面板中设置宽度为3px，颜色为黑色，如图 15-72 所示。

步骤 02　在工具栏中选择"加深"工具 ✋，在属性栏中设置"曝光度"为21%，范围为"中间调"，将人物脸部进行加深处理，如图 15-73 所示。

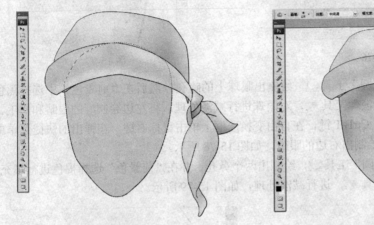

图 15-72

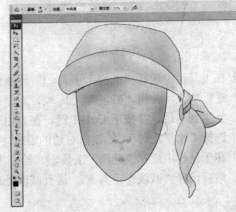

图 15-73

步骤 03　在工具栏中选择"减淡"工具 ✎，在属性栏中设置曝光度为 31%，范围为"中间调"，将脸部眼睛和鼻子部分进行减淡处理，如图 15-74 所示。

步骤 04　在工具栏中选择"钢笔"工具 ✎，绘制出女孩眼睛的上眼帘轮廓并转换为选区，然后在"前景色"中选择黑色进行填充，用同样的方法绘制出下眼帘，如图 15-75 所示。

图 15-74

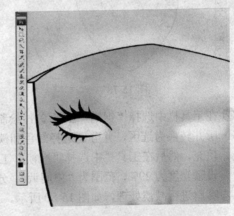

图 15-75

步骤 05　在工具栏中选择"钢笔"工具 ✎，绘制眉毛轮廓并转换为选区，然后在"前景色"中选择褐色进行填充，如图 15-76 所示。

步骤 06　在工具栏中选择"椭圆"工具 ⬭，绘制眼珠，然后在"前景色"中选择淡绿色进行填充，并描 3px 黑边，然后在工具栏中选择"减淡"工具 ✎，在属性栏中设置曝光度为 31%，范围为"中间调"，对眼珠进行减淡处理，如图 15-77 所示。

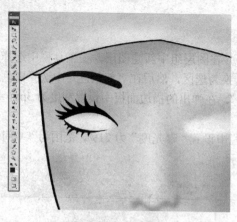

图 15-76　　　　　　　　　　　图 15-77

步骤 07 在工具栏中选择"椭圆"工具 ◯，绘制出眼球上的瞳孔，然后在"前景色"中选择黑色进行填充，并用"减淡"工具 🔍，对眼珠进行减淡处理。将左边绘制好的眼睛和眉毛，复制到右边，并按下 Ctrl+T 键，在自由变换选框上单击鼠标右键，在弹出的快捷菜单中选择"水平反转"，绘制出右边的眼睛，如图 15-78 所示。

步骤 08 在工具栏中选择"椭圆"工具 ◯，绘制出两个鼻孔，并在"前景色"选择褐色进行填充，然后选择"减淡"工具 🔍，进行减淡处理，如图 15-79 所示。

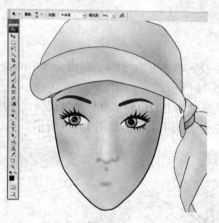

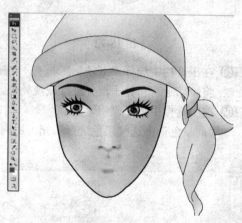

图 15-78　　　　　　　　　　　图 15-79

步骤 09 在工具栏中选择"钢笔"工具 ✒，绘制出嘴唇轮廓并转换为选区，并分别选择红色和淡红色进行填充，然后在工具栏中选择"减淡"工具 🔍，并设曝光度为29%，范围为"中间调"，分别对上下嘴唇进行减淡处理，如图 15-80 所示。

15.3.3 头发的绘制

步骤 01 图层面板中新建名称为头发的图层组，并在图层组中新建图层，在工具栏中选择"钢笔"工具 ✒，绘制出女孩的头发轮廓并转换为选区，然后在"前景色"中选择褐色进行填充，并描 3px 黑边，然

图 15-80

后使用"减淡"工具 ，在属性栏中调节"曝光度"为 30%，"范围"为中间调，在头发上进行减淡处理，如图 15-81 所示。

步骤 02 在工具栏中选择"钢笔"工具 ，绘制出头发并转换为选区，再按下 Ctrl+H 键，将选区隐藏，然后再选择"加深"工具 ，在属性栏中设置"曝光度"为 26%，"范围"为中间调，对头发进行加深处理，如图 15-82 所示。

图 15-81

图 15-82

步骤 03 在工具栏中选择"钢笔"工具 ，绘制出头发上的发束轮廓并转换为选区，然后在"前景色"中选择粉红色进行填充，并描 3px 黑边，然后用"减淡"工具 和"加深"工具 ，对发束进行加深和减淡处理，如图 15-83 所示。

图 15-83

15.3.4　上半身的绘制

步骤 01 在图层面板中新建名称为身体的图层组，并在图层组中新建图层，在工具栏中选择"钢笔"工具 ，绘制出女孩上身轮廓并转换为选区，然后在"前景色"中选择肉色进行填充，并选择"编辑"菜单栏中的"描边"，在弹出的描边面板中设置宽度为 3px，颜色为黑色，如图 15-84 所示。

步骤 02 在工具栏中选择"钢笔"工具 ，绘制出脖子和肩膀上头发的阴影轮廓并转换为选区，再按 Ctrl+Alt+D 键进行羽化，羽化值为 5 像素，并按 Ctrl+H 键将选区隐藏，然后再选择"加深"工具 ，进行加深处理，如图 15-85 所示。

图 15-84

图 15-85

步骤 03 在工具栏中选择"钢笔"工具 ，绘制出女孩的衣服并转换为选区，然后在"前景色"中选择淡蓝色进行填充，并描 3px 黑边，如图 15-86 所示。

步骤 04 设"前景色"为黑色，在工具栏中选择"画笔"工具 ，并在属性栏中对画笔的参数进行设置，绘制出衣服上的褶皱，如图 15-87 所示。

图 15-86

图 15-87

步骤 05 在工具栏中选择"加深"工具 ，在属性栏中设置"曝光度"为 26%，"范围"为中间调，并调节笔头大小，将衣服褶皱的边缘的部分进行加深处理，如图 15-88 所示。

步骤 06 在工具栏中选择"钢笔"工具 ，在衣服上绘制出围裙的轮廓并转换为选区，然后在"前景色"中选择淡紫色进行填充，并描 3px 黑边，如图 15-89 所示。

图 15-88

图 15-89

步骤 **07** 在工具栏中选择"加深"工具 ◔，然后在属性
栏中设置"曝光度"为 24%，"范围"为中间调，
对围裙进行加深处理，如图 15-90 所示。

15.3.5 手的绘制

步骤 **01** 在图层面板中新建名称为手的图层组，并在图
层组中新建图层，在工具栏中选择"钢笔"工
具 ◊，绘制出女孩的袖子并转换为选区，并在
"前景色"中选择蓝色进行填充，并描 3px 黑边，
然后用"减淡"工具 ◔，对袖子进行减淡处理，
如图 15-91 所示。

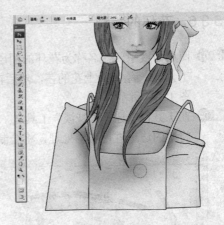

图 15-90

步骤 **02** 在工具栏中选择"钢笔"工具 ◊，绘制出女孩
的左手并转换为选区，并在"前景色"中选择肉色进行填充，并描 3px 黑边，然后在工
具栏中选择"加深"工具 ◔，将手的边缘进行加深，如图 15-92 所示。

图 15-91

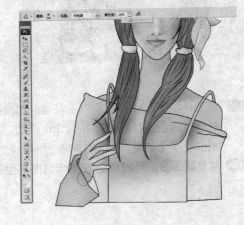

图 15-92

步骤 **03** 将绘制好的左边的袖子和手，复制到右边，并做水平反转，如图 15-93 所示。

图 15-93

15.3.6 花环的绘制

步骤 01 图层面板中新建名称为花环的图层组，并在图层组中新建图层，在工具栏中选择"钢笔"工具 ，绘制头上花的茎，然后在"前景色"中选择绿色进行填充，并描 3px 黑边，如图 15-94 所示。

步骤 02 在工具栏中选择"减淡"工具 ，在属性栏中设置"曝光度"为 19%，并调节笔头大小，将茎的边缘进行减淡处理，将绘制完成的茎进行复制，如图 15-95 所示。

图 15-94

图 15-95

步骤 03 在工具栏中选择"钢笔"工具 ，绘制出叶子的轮廓并转换为选区，然后在"前景色"中选择绿色进行填充，并描 3px 黑边，将前景色设为黑色，然后用"画笔"工具 ，绘制出叶子上的茎，如图 15-96 所示。

步骤 04 重复**步骤 03**，用同样的方法绘制出其他的叶子，并填充不同的颜色，如图 15-97 所示。

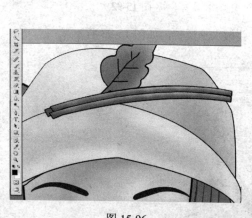

图 15-96

图 15-97

步骤 05 在工具栏中选择"钢笔"工具 ，绘制黄花的轮廓并转换为选区，然后在"前景色"中选择黄色进行填充，并描 3px 黑边，然后用"加深"工具 ，将边缘进行加深，如图 15-98 所示。

步骤 06 重复**步骤 05**，使用相同的方法绘制出其他花瓣，如图 15-99 所示。

图 15-98

图 15-99

步骤 07 在工具栏中选择"钢笔"工具 ✒️ ，绘制出一片花瓣的形状并转换为选区，并在"前景色"中选择红色进行填充，并描 3px 黑边，然后用"减淡"工具 🖌️ ，给花瓣的边缘进行减淡，如图 15-100 所示。

步骤 08 按住 Alt 键，将花瓣进行复制，然后按住 Ctrl+T 键进行角度和大小的调节，绘制出花朵的形状，如图 15-101 所示。

图 15-100

图 15-101

步骤 09 在工具栏中选择"钢笔"工具 ✒️ ，绘制花心并建立选区，然后在"前景色"中选择橙色进行填充，并描 3px 黑边，然后用"减淡"工具 🖌️ ，将花心进行减淡处理，如图 15-102 所示。

步骤 10 重复前面的步骤，绘制出左边长条形花瓣和黄色的花瓣，如图 15-103 所示。

图 15-102

图 15-103

15.3.7 背景的绘制

步骤 01 图层面板中新建名称为背景的图层组，并在图层组中新建图层，在工具栏中选择"矩形选区"工具 ▣ ，绘制出下面的矩形，并在"前景色"中选择绿色进行填充，如图 15-104 所示。

步骤 02 在工具栏中选择"多边形套索"工具 ▼ ，沿着女孩勾勒背景，然后按下 Ctrl+Alt+D 键进行羽化，设羽化值为 30 像素，然后在"前景色"中选择草绿色进行填充，绘制出背景，如图 15-105 所示。

图 15-104

图 15-105

步骤 03 将女孩头上的花朵进行复制，并按 Ctrl+T 键进行缩小，然后再选择"滤镜"菜单栏中"模糊"下的"高斯模糊"，并在模糊面板中设置模糊的半径为 1.8 像素，将花进行模糊，然后把模糊后的花瓣连续复制，并按 Ctrl+T 键进行缩小，如图 15-106 所示。

步骤 04 在工具栏中选择"钢笔"工具 ◊ ，绘制出背景上的花瓣形状并转换选区，然后在"前景色"中选择粉色进行填充，并描 3px 黑边，再选择"减淡"工具 ◖ ，将边缘进行减淡，如图 15-107 所示。

图 15-106

图 15-107

步骤 05 将绘制出的花瓣进行复制，并按 Ctrl+T 键进行旋转和缩小，然后用"模糊"工具 ，将其中一些花瓣进行模糊，绘制出完整图形，如图 15-108 所示。

图 15-108

第16章

综合实例

本章导读

　　本章作为本书的最后一章，通过几个不同的综合实例，复习和巩固基本操作，进一步掌握 Photoshop CS4 的使用方法。在使用软件时，应该充分发挥软件的各种功能，来实现不同的效果。在掌握了软件的功能和使用方法后，也可以学习使用软件进行设计和创意，进一步提高软件的应用能力。

知识要点

　　在绘制本章的案例时，要注意绘图的方法和步骤，用图层和变换工具对对象进行立体效果的表达，用减淡，加深工具对局部细节进行调整。还有要充分运用图层效果和滤镜，如绘制瓜果的纹理，要运用滤镜效果才能表现出来。在绘图过程中，对于复杂综合的对象，注意图层组的使用。在绘制过程中注意颜色运用、图形整体效果的体现，从而来达到图形的整体效果。

16.1 礼品包装盒

最终效果图如下：

16.1.1 盒面的绘制

步骤 **01** 在"文件"菜单中单击"新建"命令，在弹出的"新建"面板中，新建名称为"礼品包装盒"的文件，宽度 24cm、高度 12cm，分辨率 120 像素/英寸的文件。在图层面板中新建图层 1，然后在工具栏中选择"矩形选框"工具 [ ]，绘制矩形选区，接着使用"油漆桶"工具 ，在属性栏中选择"图案"的样式，然后在图案中选择"木纹"图案，填充到选区，如图 16-1 所示。

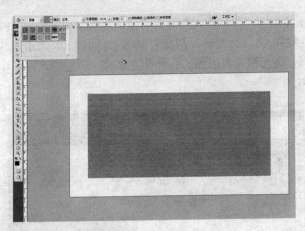

图 16-1

步骤 **02** 双击图层 1，在弹出的"图层样式"面板中勾选"斜面和浮雕"，在斜面和浮雕面板中设置样式为"内斜面"，方法为"平滑"，深度为 100，方向为上，大小为 10，锐化为 3，角度为 152，高度为 11，高光模式为虑色，不透明度为 66，阴影模式为正片叠底，不透明度 20，制作出剖面效果，如图 16-2 所示。

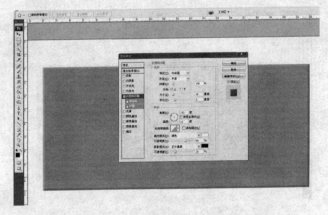

图 16-2

步骤 **03** 在图层面板中新建图层 2。在工具栏中选择"矩形选框"工具，绘制出矩形选区，然后再选择"渐变"工具，并在属性栏中的"渐变编辑器"中编辑浅灰色到深灰色的渐变，并调节渐变的方式为线性渐变，在矩形选区内水平拉出渐变，如图 16-3 所示。

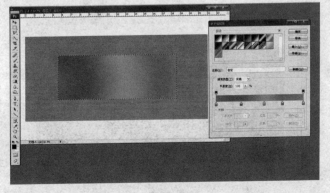

图 16-3

步骤 04 双击图层 2，在弹出的"图层样式"面板中勾选"斜面和浮雕"，在斜面和浮雕面板中设置样式为枕状浮雕，方法为平滑，深度为 100，方向为上，大小为 5，锐化为 0，角度为 152，高度为 11，高光模式为虑色，不透明度为 75，阴影模式为正片叠底，不透明度 75，如图 16-4 所示。

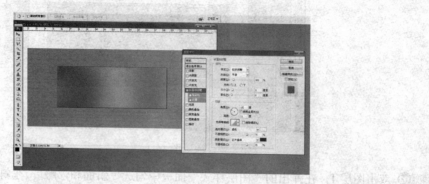

图 16-4

步骤 05 在工具栏中选择"文字"工具 **T**，在绘制完成的矩形上输入"万般皆非凡品"和"经典玉器"字样，并在并属性栏中分别设置字的字体和大小，如图 16-5 所示。

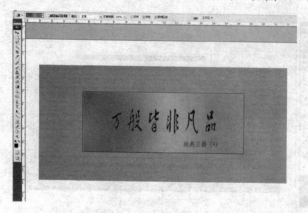

图 16-5

步骤 06 在工具栏中选择"矩形选区"工具，沿着灰色矩形绘制矩形选区，然后在"编辑"菜单栏中选择"描边"，在弹出的"描边"面板中，设置颜色为灰色，宽度为 3 像素，如图 16-6 所示。

图 16-6

16.1.2 立体盒子的绘制

步骤 ① 01 复制图层 1，并将图层 1 隐藏。在"图层"面板将绘制完成图形按 Ctrl+E 键合并图层，然后按 Ctrl+T 键进行位置的调节，如图 16-7 所示。

图 16-7

步骤 ② 02 将复制出的图层 1 副本显示出来，向下移动并按下 Ctrl+T 键，进行大小和角度的调节，如图 16-8 所示。

图 16-8

步骤 ③ 03 选中图层 1 副本，按下 Alt 键复制到左边，然后按 Ctrl+T 键调节角度和大小，绘制出侧面，如图 16-9 所示。

图 16-9

步骤 04 在工具栏中选择"直线工具" ，在属性栏中选择"填充像素"，并调节粗细为 5 像素，然后分别在盒子侧面和正面绘制黑色直线，作为盒子的中缝线，如图 16-10 所示。

图 16-10

16.1.3 盒子后期效果的调整

步骤 01 在工具栏中选择"减淡"工具 和"加深"工具 ，在属性栏在中设置"曝光度"为 32%，并调节画笔的大小，分别给盒子的侧面、上面和前面做减淡加深处理，如图 16-11 所示。

图 16-11

步骤 02 新建图层，在工具栏中选择"多边形套索"工具 ，绘制出盒子的阴影，并按下 Ctrl+Alt+D 键，在弹出的"羽化选区"面板中，设羽化的值为 20 像素，然后在"前景色"中选择灰色，并进行填充，并将图层移动到最底层，如图 16-12 所示。

图 16-12

步骤 03 在图层面板中选中背景层,在"前景色"中选择淡绿色,给背景填充淡绿颜色,绘制出完整的盒子包装效果,如图 16-13 所示。

图 16-13

16.2 胶卷包装

最终效果图如下:

16.2.1 胶卷包装图的绘制

步骤 01 在文件菜单中新建文件,新建名称为"胶卷"的文件,宽度 20cm、高度 16cm、分辨率 150 像素/英寸的文件。在图层面板中新建图层,按下 Ctrl+R 键,显示标尺,然后分别在水平和垂直方向拉出盒子平面的辅助线,如图 16-14 所示。

步骤 02 在工具栏中选择"钢笔"工具 ,沿着辅助线勾勒出盒子的轮廓,绘制出盒子展开图的整体轮廓。然后按下 Ctrl+Enter 键,将路径转换为选区,如图 16-15 所示。

步骤 03 在工具栏的"前景色"中选择红色填充到图形内部,然后选择"编辑"菜单栏中的"描边",在"描边"面板中选择描边的颜色为黑色,宽度为 3 像素,给平面的盒子进行描边,如图 16-16 所示。

步骤 **04** 在工具栏中选择"钢笔"工具 ，绘制出面上的图形并转换为选区，然后再选择"渐变"
工具 在属性栏中的"渐变编辑器"中编辑白色到灰色渐变，同时选择渐变的方式为线
性渐变，为图形填充灰色到白色的渐变，如图 16-17 所示。

图 16-14

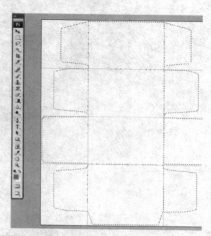

图 16-15

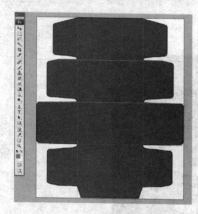

图 16-16

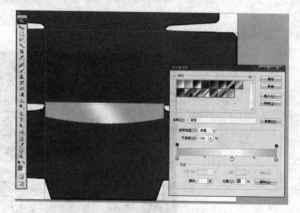

图 16-17

步骤 **05** 在工具栏中选择"钢笔"工具 ，在绘制完成的图上继续绘制装饰色块，并转换为选区，
在"前景色"中选择黄色进行填充，如图 16-18 所示。

步骤 **06** 在工具栏中选择"文字"工具 ，在色块下面输入"真色彩"文字，并在属性栏中设置
字的颜色、大小和字体，如图 16-19 所示。

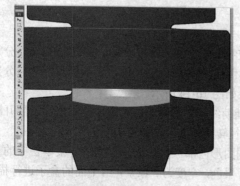

图 16-18

图 16-19

步骤 **07** 选中文字图层双击，在弹出的"图层样式"里勾选"描边"，在描边面板中设置大小为 3 像素，位置为外部，混合模式为正常，填充类型为渐变，样式为线性，角度为 90，缩放为 100，如图 16-20 所示。

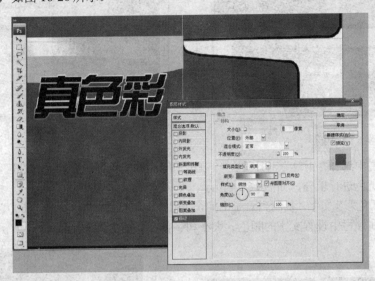

图 16-20

步骤 **08** 在工具栏中选择"文字"工具 **T**，输入"ZSC"字母，并在"图层"面板中选择"图层样式"里的"投影"、"斜面和浮雕"、"光泽"、"渐变叠加"和"描边"，分别在它们的属性面板中对参数进行设置，为文字增加效果，如图 16-21 所示。

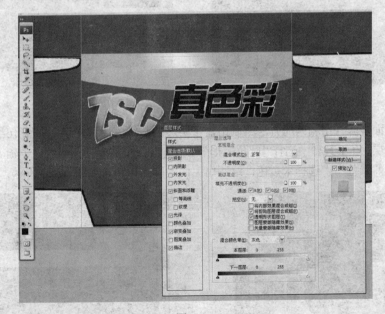

图 16-21

步骤 **09** 在工具栏中选择"文字"工具 **T**，输入"真实色彩胶卷"、"36EXP"文字以及英文说明文字。并在属性栏中设置字的颜色、大小和字体，如图 16-22 所示。

步骤 **10** 在工具栏中选择"钢笔"工具 ，绘制出中间面的弧形图形，并转换为选区，然后再选择"渐变"工具 ，填充灰色到白色渐变线性渐变，如图 16-23 所示。

图 16-22

图 16-23

步骤⑪ 在工具栏中选择"钢笔"工具 ，绘制出中间面的黄色区域并转换为选区，在"前景色"中选择黄色进行填充，如图 16-24 所示。

步骤⑫ 选中"真色彩"文字，复制到盒子中间，并用"文字"工具 T，输入"600"和"36EXP"，然后在属性栏中设置文字的颜色、大小和字体，如图 16-25 所示。

图 16-24

图 16-25

步骤⑬ 重复前面步骤，用相同的方法绘制出盒子两边的装饰色块和文字，如图 16-26 所示。

步骤⑭ 新建图层，在工具栏中选择"圆角矩形"工具 ，圆角的半径在属性栏中输入为 20 像素，并在"前景色"中选择米黄色，绘制出上面的圆角矩形，如图 16-27 所示。

图 16-26

图 16-27

步骤 ⑮ 选中圆角矩形图层并双击，在弹出的"图层样式"里勾选"投影"、"斜面和浮雕"、"光泽"、"渐变叠加"和"描边"，分别在它们的属性面板中设置参数，如图 16-28 所示。

图 16-28

步骤 ⑯ 使用相同的方法绘制出上面小的矩形，如图 16-29 所示。

步骤 ⑰ 在工具栏中选择"文字"工具 T，在色带上面和下面输入文字，并在属性栏中设置颜色、大小和字体，如图 16-30 所示。

图 16-29

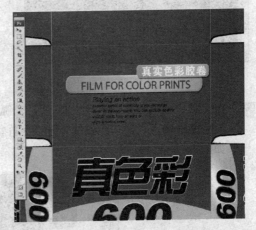

图 16-30

步骤 ⑱ 在工具栏中选择"矩形选区"工具，在右上角绘制矩形，然后在"前景色"中选择白色进行填充，如图 16-31 所示。

步骤 ⑲ 在工具栏中选择"矩形选区"工具，在白色矩形上面连续绘制矩形，并在"前景色"中选择黑色进行填充，然后再选择"文字"工具 T，输入下面的数字，绘制出条形码，如图 16-32 所示。

步骤 ⑳ 在工具栏中选择"文字"工具 T，在条形码左侧输入文字，并在属性栏中设置字的颜色、大小和字体，如图 16-33 所示。

步骤 ㉑ 在工具栏中选择"画笔"工具，在属性面板中设置画笔的间距和画笔的大小，然后在工具栏中选择"钢笔"工具，沿辅助线绘制半椭圆形，然后在"路径"面板中，沿弧线描黑边，如图 16-34 所示。

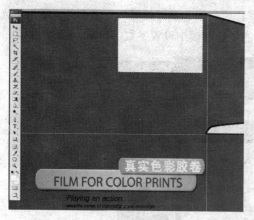

图 16-31

图 16-32

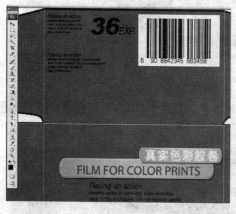

图 16-33

图 16-34

步骤 22 在工具栏中选择"钢笔"工具 ，沿弧线绘制出曲线，然后再选择"文字"工具 ，
沿着路径输入"请按此虚线打开"字样，并在属性栏中选择文字的颜色、大小和字体，
如图 16-35 所示。

图 16-35

16.2.2 包装盒的绘制

步骤 01 在图层面板中将绘制的盒子合并图层，并将合并的盒子文件复制三个，然后在工具栏中选择"裁剪"工具 ⬚，沿辅助线裁剪出盒子的正面，如图 16-36 所示。

步骤 02 用同样的方法，沿辅助线裁剪出盒子的顶面和侧面。再新建一个页面文件，将裁剪的三个面拖到页面，按住键盘"Ctrl+T"键，将正面和顶面进行角度的调节，如图 16-37 所示。

图 16-36

图 16-37

步骤 03 选中侧面，按住键盘中的 Ctrl+T 键，将侧面进行角度的调节，绘制出包装盒的效果，如图 16-38 所示。

步骤 04 在工具栏中选择"渐变"工具 ▭，在属性栏中的"渐变编辑器"中选择渐变的颜色，并选择渐变的方式为线性渐变，给背景填充咖啡色到黑色的渐变，如图 16-39 所示。

图 16-38

图 16-39

步骤 05 这样这个胶卷盒就绘制完成了，最终效果如图 16-40 所示。

图 16-40

16.3 瓜 果 飘 香

最终效果图如下：

16.3.1 西瓜的绘制

步骤 01 在文件菜单中新建文件，新建名称为"瓜果飘香"的文件，宽度 30cm、高度 20cm，分辨率为 150 像素/英寸的文件。在图层面板中新建图层组，并命名为西瓜，在图层组中新建图层。在工具栏中选择"椭圆选区"工具 ◯，绘制出一个椭圆，然后再选择"渐变"工具 ▇，在属性栏中的"渐变编辑器"中编辑绿色渐变，并选择渐变的方式为径向渐变，给西瓜填充绿色渐变，如图 16-41 所示。

步骤 02 新建图层，在工具栏中选择"钢笔"工具 ◊，绘制出几条直线，如图 16-42 所示。

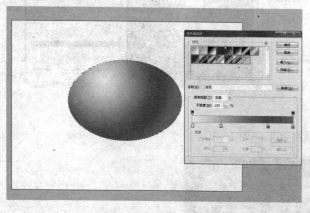

图 16-41

图 16-42

步骤 03 将"前景色"的颜色调为绿色，然后再选择"画笔"工具 ✎，在属性栏中设置画笔的大小为 5 像素，选中所有路径，单击右键选择"描边路径"里的"画笔"，为路径描边，如图 16-43 所示。

步骤 04 选择"滤镜"菜单里的"扭曲"下的"波纹"滤镜，在弹出的波纹面板中设置数量为 999，大小为中，为直线添加波纹效果，如图 16-44 所示。

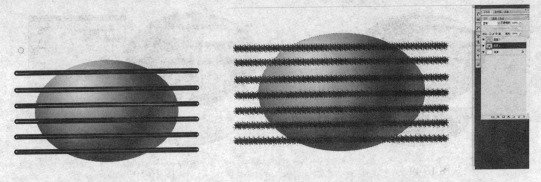

图 16-43   图 16-44

步骤 05 选中椭圆层,按下"Ctrl"键单击,出现椭圆形选区,然后选中直线纹理图层,并按 Ctrl +Shift+I 键进行反选,按下 Delete 键,删除椭圆以外的纹理,如图 16-45 所示。

步骤 06 再次按下 Ctrl +Shift+I 键,选中椭圆范围,再选择"滤镜"菜单栏里的"扭曲"下的"球面化"滤镜,在球面化面板中设置数量为 77,模式为正常,为纹理增加球面化效果,作出西瓜皮效果,如图 16-46 所示。

图 16-45   图 16-46

步骤 07 在工具栏中选择"钢笔"工具 🖊,绘制西瓜把,将绘制的西瓜把的路径转转为选区,然后在"前景色"中选择绿色,填充到选区,并取消选区,如图 16-47 所示。

步骤 08 在工具栏中选择"钢笔"工具 🖊,绘制旁边西瓜牙,然后将路径转换为选区,如图 16-48 所示。

图 16-47   图 16-48

步骤 09 在"前景色"中选择绿色进行填充,然后将选区向上移动,如图 16-49 所示。

步骤 10 在工具栏中选择"渐变"工具 ▬,在属性栏中的"渐变编辑器"中编辑浅绿色到白色的渐变颜色,并选择渐变的方式"线性渐变",垂直方向拉出渐变,如图 16-50 所示。

图 16-49 　　　　　　　　　　　　　　　　图 16-50

步骤 11 在"选择"菜单中选择"变换选区"命令，将选区从底部向上缩小，在工具栏中选择"渐变"工具 ，在属性栏中的"渐变编辑器"中编辑浅红到深红色的渐变，并选择渐变的方式为"线性渐变"，垂直方向拉出红色西瓜渐变，如图 16-51 所示。

步骤 12 在工具栏中选择"多边形套索"工具 ，在瓜瓤上绘制西瓜子轮廓，并在"前景色"中选择黑色进行填充，并将瓜子复制。将绘制完成的西瓜牙按 Ctrl+E 键合并图层，再按下 Alt 键，向前复制一个，如图 16-52 所示。

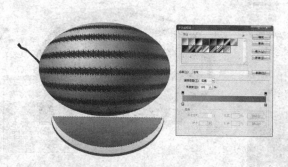

图 16-51 　　　　　　　　　　　　　　　　图 16-52

16.3.2　哈密瓜的绘制

步骤 01 在图层面板中新建图层组，命名为哈密瓜，在哈密瓜图层组中新建图层。在工具栏中选择"椭圆选区"工具 ，绘制一个椭圆作为哈密瓜，然后在工具栏中选择"渐变"工具 ，在属性栏中的"渐变编辑器"中编辑浅黄色到深黄色的渐变，并选择渐变的方式径向渐变，拉出球体渐变，如图 16-53 所示。

图 16-53

步骤 **02** 新建图层,在工具栏中选择"椭圆选区"工具 ⬭ ,绘制椭圆形选区并填充深灰色渐变,然后在"滤镜"菜单栏中选择"纹理"中的"染色玻璃"滤镜,并调节参数,如图 16-54 所示。

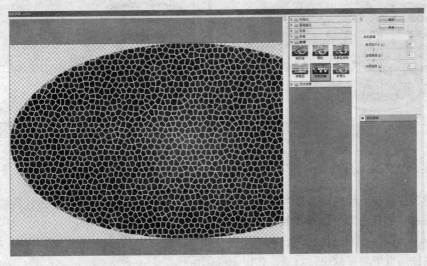

图 16-54

步骤 **03** 选中染色玻璃层,在图层面板中选择"叠加",和下层叠加出现哈密瓜纹理效果,如图 16-55 所示。

步骤 **04** 新建图层,在工具栏中选择"钢笔"工具 ⬮ ,绘制哈密瓜把,将路径转换为选区,在"前景色"中选择淡绿色进行填充,如图 16-56 所示。

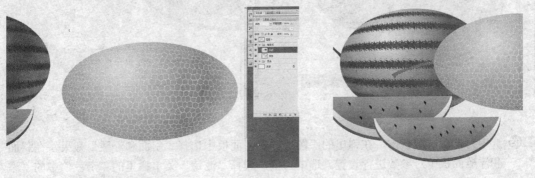

图 16-55   图 16-56

16.3.3 水果刀的绘制

步骤 **01** 在图层面板中新建图层组,命名为水果刀,在水果刀图层组里新建图层。在工具栏中选择"钢笔"工具 ⬮ ,绘制水果刀路径,并将路径转换为选区,然后选择"渐变"工具 ▬ ,并在属性栏中的"渐变编辑器"中编辑灰色到白色到灰色的渐变,并选择渐变的方式为线性渐变,如图 16-57 所示。

步骤 **02** 在工具栏中选择"矩形选区"工具 ▢ ,分别绘制矩形选区作为水果刀把和把头,并在"选择"菜单中"修改"下"平滑"中,调节平滑值,然后分别选择灰色和木纹图案进行填充,如图 16-58 所示。

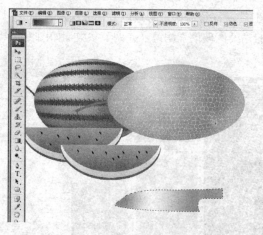

图 16-57　　　　　　　　　　　　　　　　图 16-58

步骤 03 新建图层，在工具栏中选择"钢笔"工具 ◊.，绘制出刀刃，并将绘制的路径转换为选区，然后在"前景色"中选择淡灰色进行填充，如图 16-59 所示。

步骤 04 选中刀刃图层并双击，在弹出的"图层样式"里选择"斜面和浮雕"效果，在斜面和浮雕属性面板中对参数进行设置，如图 16-60 所示。

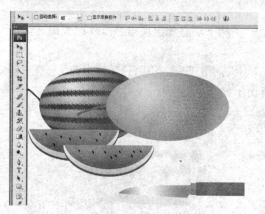

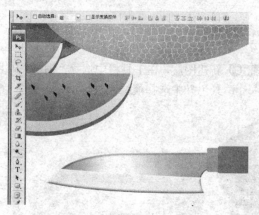

图 16-59　　　　　　　　　　　　　　　　图 16-60

步骤 05 选中刀把头层并双击，在弹出的"图层样式"面板中选择"斜面和浮雕"效果，在斜面和浮雕面板中对参数进行设置。选中刀把，选择"滤镜"菜单栏里的"杂色"中的"添加杂色"，给刀把添加杂点，如图 16-61 所示。

步骤 06 双击刀把图层，在弹出的"图层样式"里选择"内阴影"、"斜面和浮雕"和"光泽"，并分别在面板中设置参数。然后按下 Ctrl+T 键，在属性栏中选择"在自由变换和变形模式间切换"按钮，并向外调节节点，绘制出完整刀把，如图 16-62 所示。

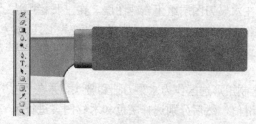

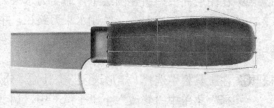

图 16-61　　　　　　　　　　　　　　　　图 16-62

16.3.4 绿皮甜瓜的绘制

步骤01 在图层面板中新建图层组，并命名绿皮甜瓜，并在绿皮甜瓜组中新建图层。在工具栏中选择"椭圆选区"工具⬭，绘制一个椭圆，然后再选择"渐变"工具▣，在属性栏中的"渐变编辑器"中编辑绿色渐变，并选择渐变方式选择为径向渐变，填充深绿色渐变，如图 16-63 所示。

步骤02 新建图层，在新图层上为椭圆形选区填充深灰色渐变，在"滤镜"菜单栏中选择"纹理"中的"染色玻璃"滤镜，并调节参数，绘制出玻璃纹理效果。然后在工具栏中选择"魔术棒"工具✎，选中黑色纹理，然后按下 Ctrl +Shift+I 键，反选对象，并删除，如图 16-64 所示。

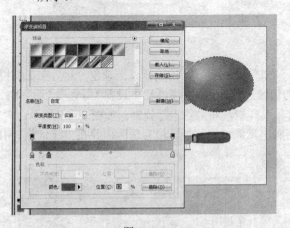

图 16-63   图 16-64

步骤03 再次按下 Ctrl +Shift+I 键，反选纹理，并在"前景色"中选择浅黄色进行填充，作为瓜的纹理。在工具栏中选择"钢笔"工具✎，绘制哈密瓜把，然后再选择"渐变"工具▣，填充绿色线性渐变，如图 16-65 所示。

步骤04 在工具栏中选择"钢笔"工具✎，绘制哈密瓜瓣，然后在"前景色"选择深绿色进行填充，如图 16-66 所示。

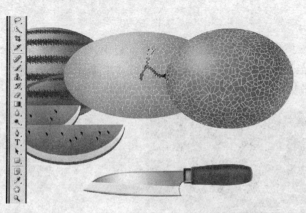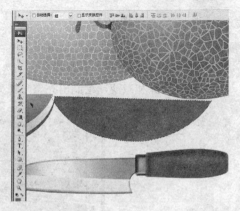

图 16-65   图 16-66

步骤05 重复**步骤02**～**步骤04**，为瓜牙制作出纹理，如图 16-67 所示。

步骤06 在工具栏中选择"钢笔"工具✎，绘制哈蜜瓜瓜瓤，将路径转换为选区，并在"前景色"中选择淡绿色进行填充，如图 16-68 所示。

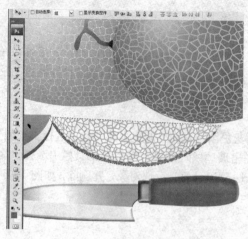

图 16-67

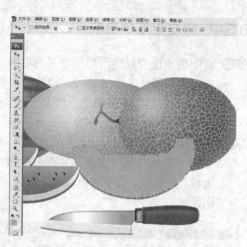

图 16-68

步骤 07 在菜单栏选择"滤镜"里的"杂色"下的"添加杂色",给瓜牙添加杂色。然后在工具栏中选择"加深"工具 ,对哈密瓜牙的边缘进行加深,并属性栏中设置"曝光度"为 30%,并调节画笔大小。然后再选择"模糊"工具 ,将边缘进行模糊,如图 16-69 所示。

步骤 08 在工具栏中选择"钢笔"工具 ,绘制出瓜瓢,将路径转换为选区,并在"前景色"中选择橙色进行填充,如图 16-70 所示。

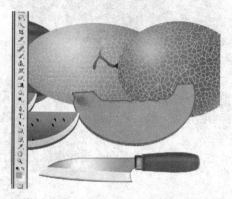

图 16-69

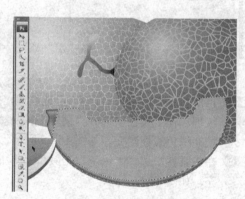

图 16-70

步骤 09 选中瓜瓢,在"滤镜"菜单栏中选择"滤镜库",在弹出的滤镜库面板中,选择"艺术效果"中的"海绵",并调节参数。然后再选择"加深"工具 和"减淡"工具 ,对瓜瓢进行加深和减淡,绘制出完整瓜瓢效果,如图 16-71 所示。

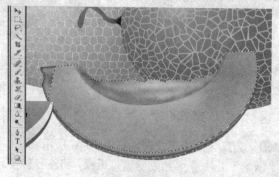

图 16-71

步骤⑩ 在工具栏中选择"钢笔"工具 ，绘制瓜蒂处的白色，然后按 Ctrl+Alt+D 键进行羽化，羽化的值为 6 像素，并在图层中调节"不透明度"为 85%，如图 16-72 所示。

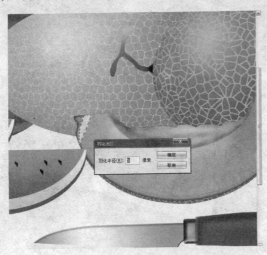

图 16-72

16.3.5 后期效果的调整

步骤① 将完成的水果按 Ctrl+E 键分别合并图层，然后再进行位置的调节，并在图层面板中选择"图层样式"里的"投影"添加效果，在投影面板中对参数进行设置，为每个对象都添加阴影效果，如图 16-73 所示。

步骤② 在工具栏中选择"渐变"工具 ，在属性栏中选择的"渐变编辑器"中选择渐变的颜色，并选择渐变的方式为线性渐变，给背景填充渐变色，绘制出最终效果，如图 16-74 所示。

图 16-73

图 16-74

16.4 浪漫之旅——小提琴与玫瑰花

最终效果图如下：

16.4.1　玫瑰花的绘制

步骤 01 在文件菜单中新建名称为"小提琴"的文件，宽度 25cm、高度 18cm，分辨率为 200 像素/英寸的文件。在图层面板中新建图层组，并命名为玫瑰花，在图层组中新建图层。在工具栏中选择"钢笔"工具，绘制玫瑰花其中一个花瓣的路径，然后用"转换点"工具，调节路径的形状，如图 16-75 所示。

步骤 02 按 Ctrl+Enter 键，将路径转换为选区，然后在"前景色"中填充 R：160、G：21、B：28 的红色，如图 16-76 所示。

步骤 03 选择"滤镜"菜单栏中"杂点"中的"添加杂色"滤镜，在弹出的添加杂色面板中设数量为 8%、勾选高斯分布和单色，如图 16-77 所示。

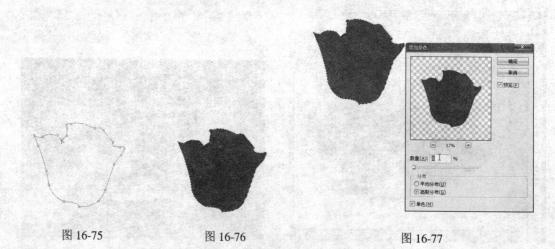

图 16-75　　　　　　　图 16-76　　　　　　　　图 16-77

步骤 04 重复**步骤 01**～**步骤 03**，用同样的方法绘制其他两个花瓣，如图 16-78 所示。

步骤 05 在工具栏中用"加深"工具和"减淡"工具，对绘制出的花瓣进行加深和减淡，在属性栏中设置参数为硬度为 0、范围为中间调、曝光度为 15%，笔头大小随即改变，绘制出花瓣的亮面和暗面，将后面绘制好的两个花瓣做的更加逼真，如图 16-79 所示。

步骤 06 用上面的方法将底层下面的一个花瓣的高光、阴影做出来，如图 16-80 所示。

图 16-78   图 16-79   图 16-80

步骤 07 用前面绘制花瓣的方法绘制其他花瓣，如图 16-81 所示。

步骤 08 将绘制好的这朵花瓣的图层放置在两边花瓣和下面大的花瓣之间，然后再选择"加深"工具 和"减淡"工具 ，在属性中调节参数，调节高光和阴影，如图 16-82 所示。

步骤 09 用同样的方法绘制出左边侧着的花瓣，并用"加深"工具 和"减淡"工具 ，对花瓣调节，如图 16-83 所示。

图 16-81   图 16-82   图 16-83

步骤 10 然后合并绘制好的花瓣所有的图层，然后按 Ctrl+U 键进行色相饱和度的调节，使玫瑰花调节得更亮一点，如图 16-84 所示。

步骤 11 在工具栏中选择"钢笔"工具 ，绘制玫瑰花叶子的路径，然后选择"转换点"工具 ，调节路径的形状，如图 16-85 所示。

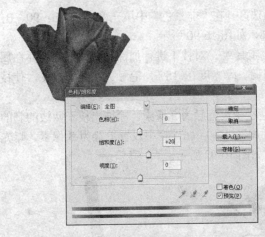

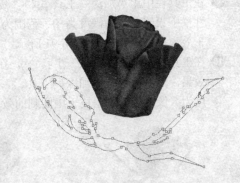

图 16-84   图 16-85

步骤 12 新建图层，在路径面板中将叶子路径转换为选区，在"前景色"中填充 R：0、G：119、B：0 的绿色，然后将叶子移动到花瓣的底部，如图 16-86 所示。

步骤 13 在"滤镜"菜单栏中的"杂色"中选择"添加杂点"，在弹出的"添加杂色面板中设置数量为 8%、勾选高斯分布和单色，如图 16-87 所示。

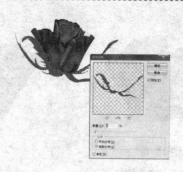

图 16-86　　　　　　　　　　　　　　　　图 16-87

步骤14 在工具栏中用"加深"工具 和"减淡"工具 ，对叶子进行加深和减淡处理，并在属性栏中设置参数为硬度为 0、范围为中间调、曝光度在 12%，笔触大小随即改变，使叶子更加逼真，如图 16-88 所示。

步骤15 在工具栏中选择"钢笔"工具 ，绘制玫瑰花枝干的路径，然后选择"转换点"工具 ，调节路径的形状，如图 16-89 所示。

图 16-88　　　　　　　　　　　　　　　　图 16-89

步骤16 新建图层，在路径框中将枝干路径转换为选区，在"前景色"中填充 R：63、G：90、B：39 的绿色，然后将枝干移动到叶子的底部，如图 16-90 所示。

步骤17 在工具栏中用"加深"工具 和"减淡"工具 ，对枝干进行加深和减淡处理，并在属性栏中设置参数为硬度为 0、范围为中间调、曝光度在 15%，笔触大小随即改变，使枝干效果更加逼真，如图 16-91 所示。

步骤18 在工具栏中选择"涂抹"工具 ，在属性栏中设笔触为 3 像素，涂抹出枝干两边的刺的效果，然后再选择"加深"工具 ，进行加深，并在属性栏中设置笔触为 3 像素、曝光度为 8 像素，绘制出枝干中间刺的效果，如图 16-92 所示。

图 16-90　　　　　　　　图 16-91　　　　　　　　图 16-92

16.4.2　小提琴的绘制

步骤 01 在图层面板中新建图层组，并命名为小提琴，并在小提琴组中新建图层，在工具栏中选择"钢笔"工具 ✎，绘制小提琴琴面的路径，然后选择"转换点"工具 ↖，调节路径的形状，如图 16-93 所示。

步骤 02 在路径面板中将琴面路径转换为选区，在"前景色"中填充 R：215、G：104、B：28 的黄色，如图 16-94 所示。

图 16-93　　　　　　　　　　　　　　　　图 16-94

步骤 03 选择"滤镜"菜单下"杂点"中的"添加杂点"，在弹出的添加杂点面板中调节参数，设数量为 5%，勾选高斯分布和单色，如图 16-95 所示。

步骤 04 在"滤镜"菜单中"模糊"里选择"动感模糊"，在弹出的动感模糊对话框中设距离为 10 像素，如图 16-96 所示。

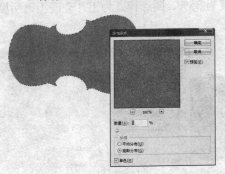

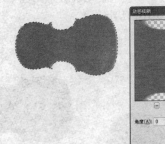

图 16-95　　　　　　　　　　　　　　　图 16-96

步骤 05 双击琴面图层，在弹出的"图层样式"面板中调节参数，勾选斜面和浮雕，样式为内斜面、方法平滑、深度为 100%、方向为上、大小为 5 像素、软化为 0 像素、角度为 120 度、高度为 30 度、高光模式为滤色不透明度为 75%、阴影模式为正片叠底不透明度为 75%，如图 16-97 所示。

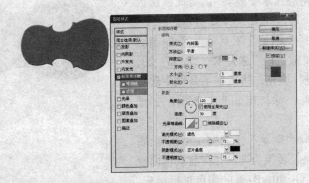

图 16-97

步骤 **06** 在工具栏中选择"加深"工具，曝光度为13%之间，并调节画笔的大小，将琴面的四周颜色加深，如图 16-98 所示。

步骤 **07** 在工具栏中选择"钢笔"工具，绘制琴面两边的发音孔路径，然后选择"转换点"工具，调节路径的形状，如图 16-99 所示。

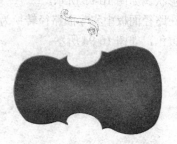

图 16-98   图 16-99

步骤 **08** 新建图层，在路径框中将发音孔路径转换为选区，在"前景色"中填充 R：26、G：25、B：14 的黑色，然后将发音孔移动到琴面上，如图 16-100 所示。

步骤 **09** 双击图层，在弹出的"图层样式"面板中勾选"斜面和浮雕"，然后在调节参数样式为内斜面、方法为平滑、深度为 670%、方向为上、大小为 1 像素、软化为 0 像素、角度为 80°、高度为 50°、高光模式为滤色不透明度为 35%、阴影模式为正片叠底不透明度为 0%，如图 16-101 所示。

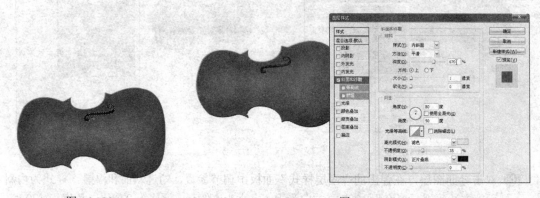

图 16-100   图 16-101

步骤 **10** 将音孔图层复制一个，然后按下 Ctrl+T 键，单击鼠标右键将图层"水平翻转"，将此图层放置在琴面的另一边，如图 16-102 所示。

步骤 **11** 在工具栏中选择"钢笔"工具，绘制出底部的腮托，在"前景色"选择 R：27、G：20、B：8 的黑色进行填充，然后在工具栏中选择"减淡"工具，涂抹出高光的效果，如图 16-103 所示。

步骤 **12** 在工具栏中选择"钢笔"工具，绘制出底部的琴枕，将路径转换为选区，在前景色面板中选择 R：27、G：20、B：8 的黑色进行填充，

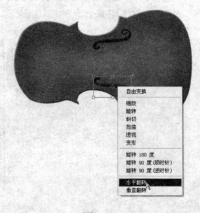

图 16-102

然后在工具栏中选择"减淡"工具 ，涂抹出高光的效果，如图 16-104 所示。

图 16-103　　　　　　　　　　　　　　　　图 16-104

步骤⑬ 在工具栏中选择"钢笔"工具 ，绘制出琴径，将路径转换为选区，在"前景色"选择
R：27、G：20、B：8 的黑色进行填充，如图 16-105 所示。

步骤⑭ 使用同样的方法，绘制出小提琴的琴头和旋钮，并用"减淡"工具 和"加深"工具
调节，涂抹出高光和暗面的效果，如图 16-106 所示。

图 16-105　　　　　　　　　　　　　　　　图 16-106

步骤⑮ 在工具栏中用"钢笔"工具 ，绘制出琴
弦路径，然后在路径面板中将路径进行"描
边路径"，颜色为灰色，如图 16-107 所示。

步骤⑯ 为了使小提琴更加真实，再复制一个琴面，
然后双击复制的图层，在弹出的"图层样式"
中勾选内发光，混合模式为滤色、不透明度
为 75%、杂色 0%、方法为柔和、源为边缘、

图 16-107

阻塞为 1%、大小为 5 像素、范围为 50%、抖动为 0%，绘制出更加逼真的效果，如图 16-108
所示。

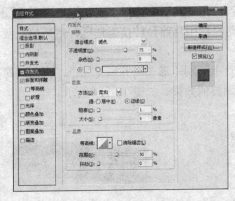

图 16-108

步骤 ⑰ 在工具栏中选择"钢笔"工具 🖊，绘制小提琴弓的路径，然后选择"转换点"工具 ▷，调节路径的形状，在路径框中将弓路径转换为选区，在"前景色"中填充 R：215、G：104、B：28 的黄色，如图 16-109 所示。

步骤 ⑱ 在"滤镜"菜单中的"杂点"里选择"添加杂点"，在弹出的添加杂点面板中调节参数，数量为 5%，勾选高斯分布和单色，如图 16-110 所示。

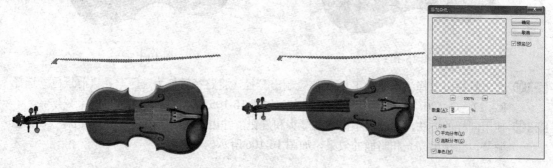

图 16-109   图 16-110

步骤 ⑲ 在"滤镜"菜单里的"模糊"中选择"动感模糊"，在弹出的动感模糊面板中调节参数，距离为 10 像素，如图 16-111 所示。

步骤 ⑳ 在工具栏中选择"矩形选框"工具 ▭，绘制套管的选区，然后再选择"渐变"工具 ▭，在属性栏中的"渐变编辑器"中选择渐变的颜色，并选择渐变的样式为线性渐变，填充深灰色到白色到深灰色渐变，如图 16-112 所示。

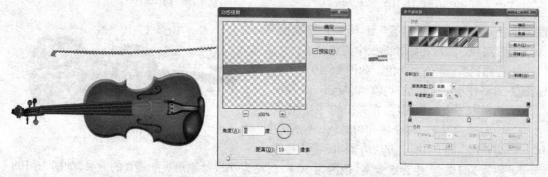

图 16-111   图 16-112

步骤 ㉑ 用同样的方法绘制一个灰色到白色渐变的套管，在工具栏中选择"圆角矩形"工具 ▢，在白色套管后面绘制一个圆角矩形路径，在路径框中将路径转换为选区，然后填充灰色渐变，如图 16-113 所示。

步骤 ㉒ 在工具栏中选择"矩形选框"工具 ▭，在套管上绘制矩形选区并填充黑色，再用"橡皮擦"工具 ◢，将黑色小矩形两边擦出，擦出螺旋的效果，如图 16-114 所示。

图 16-113   图 16-114

步骤 **23** 先用"钢笔"工具 ，勾出弓弦支柱的路径，转换为选区后填充颜色，然后再用"加深"工具 和"减淡"工具 ，擦出明暗和高光部分，如图 16-115 所示。

步骤 **24** 用"矩形选框"工具 ，在弓弦支柱下面绘制矩形选区，然后选择"渐变"工具 ，填充浅灰色到白色渐变，在工具栏中用"椭圆选框"工具 ，在弓弦支柱右边绘制一个圆形选区，然后填充白色，并用"编辑"菜单栏中的"描边"命令，将椭圆描 1 像素的黑边，如图 16-116 所示。

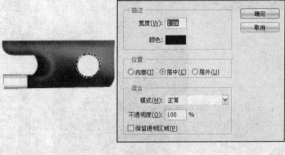

图 16-115   图 16-116

步骤 **25** 在工具栏中选择"钢笔"工具 ，绘制一条曲线路径做弓弦，然后在路径面板中将路径进行描边，颜色为灰色，如图 16-117 所示。

图 16-117

步骤 **26** 在图层面板中分别将玫瑰花、小提琴和琴弦合并图层，然后调节到合适的位置，然后分别给三个对象增加投影效果，如图 16-118 所示。

步骤 **27** 选择背景层，然后在"前景色"中选择紫色进行填充，为画面增加紫色背景，如图 16-119 所示。

图 16-118   图 16-119

16.4.3 五线谱的绘制

步骤 **01** 新建图层组，并命名为乐谱，并在图层组中新建文件，在工具栏中选择"矩形选框"

工具，绘制一个矩形选区，然后在"前景色"中选择白色进行填充，如图 16-120 所示。

步骤 **02** 新建图层，在工具栏中选择"直线"工具 ，在水平方向绘制直线，然后将直线复制五个，作为五线谱的五根线，将复制出的线合并图层。按下 Ctrl+R 键，将辅助线调出，然后在左右两边分别拉出两条辅助线，将绘制好的一行五线谱，沿着辅助线向下连续复制满页面，如图 16-121 所示。

图 16-120　　　　　　　　　　　　　　　　图 16-121

步骤 **03** 将辅助线隐藏，在工具栏中选择"自定形状"工具 ，然后在属性栏中调出音符，然后在五线谱上绘制音符，如图 16-122 所示。

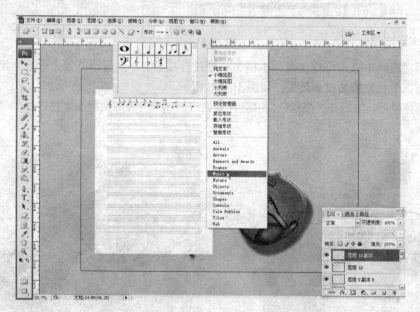

图 16-122

步骤 **04** 将绘制好的音符连续复制满整个页面，然后用"移动"工具 ，将音符排列整齐，形成乐谱页面效果，如图 16-123 所示。

步骤 **05** 将绘制好的音符、线和纸张图层合并，将合并的图层放置在玫瑰花及小提琴和弓的下面，如图 16-124 所示。

图 16-123

图 16-124

步骤 06 按下 Ctrl+T 键，将乐谱旋转个角度，然后在给乐谱加一个投影效果，这样就绘制出最终效果图，如图 16-125 所示。

图 16-125

《中文版Flash CS4标准教程》

作者： 王智强，张桂敏 编著　**出版社：** 中国电力出版社
出版时间： 2009-7　**书号：** 978-7-5083-8672-0

《中文版Dreamweaver CS4标准教程》

作者： 朱印宏　**出版社：** 中国电力出版社
出版时间： 2009-7　**书号：** 978-7-5083-8772-7

《Premiere Pro CS4影视编辑标准教程》

作者： 龚茜茹，高山泉，尹小港 编著　**出版社：** 中国电力出版社
出版时间： 2009-7　**书号：** 978-7-5083-8777-2

《中文版InDesign CS4标准教程》

作者： 刘建，谢默 编著　**出版社：** 中国电力出版社
出版时间： 2009-7　**书号：** 978-7-5083-8895-3

《中文版CorelDRAW X4标准教程》

作者： 崔建成，周新 主编　**出版社：** 中国电力出版社
出版时间： 2009-11　**书号：** 978-7-5083-9344-5

《中文版Photoshop CS4标准教程》

《中文版Illustrator CS4标准教程》

作者： 李东博 编著　**出版社：** 中国电力出版社
出版时间： 2009-10　**书号：** 978-7-5083-9053-6

《After Effects CS4 影视特效制作标准教程》

作者： 陈 伟 编著　**出版社：** 中国电力出版社
出版时间： 2009-11　**书号：** 978-7-5083-9258-5

中国电力出版社
www.cepp.com.cn

中国电力出版社用电技术出版中心
地址：北京市西城区三里河路6号（100044）
电话：010-58383409　传真：010-58383409
E-mail：zhi_hui@cepp.com.cn 网址：www.cepp.com.cn